Kabeljau

Das Buch

Mit leichter Hand und lakonischem Humor beschreibt Mark Kurlansky die immense Bedeutung des Kabeljaus, dem Hafenstädte in Kanada und Neuengland ihre Existenz verdanken, der das Leben von Fischern, Seefahrern, Sklaven und Kaufleuten bestimmte und für die Politik der deutschen Hanse eine entscheidende Rolle spielte. Und was den kulinarischen Aspekt angeht: Die Rezepte, mit denen Kurlansky seine Biographie garniert, lassen einem das Wasser im Munde zusammenlaufen.

Der Autor

Mark Kurlansky ist Journalist und schreibt für verschiedene Gourmet-Zeitschriften. Aufgewachsen in Neuengland, arbeitete er viele Jahre als Fischer auf Hochseekuttern. Wenn er nicht gerade auf Weltreise ist, lebt er in New York.

Mark Kurlansky

Kabeljau

Der Fisch, der die Welt veränderte

Aus dem Amerikanischen von
Ulrich Enderwitz

List Taschenbuch Verlag

List Taschenbuch Verlag 2000
Der List Taschenbuch Verlag ist ein Unternehmen der
Econ Ullstein List Verlag GmbH & Co. KG, München

Titel der amerikanischen Originalausgabe:
Cod. A Biography of the Fish That Changed the World
(Walker & Company, New York)
Übersetzung: Ulrich Enderwitz
Umschlagkonzept- und gestaltung:
HildenDesign, München – Stefan Hilden
(nach einer Idee von Krystyna Skalski)
Titelabbildung: Off the Banks, Stahlstich von Milton J. Burns,
Peabody Essex Museum, Sale, MA (oben)
Handkolorierter Stich, Besitz des Autors (Mitte)
Photographie aus dem Norsk Folkemuseum, Oslo (unten)
Druck und Bindearbeiten: Clausen & Bosse, Leck
Printed in Germany
ISBN 3-612-65004-1

»Die Frage aller Fragen für die Menschheit – das Problem, das allen anderen zugrunde liegt und mehr interessiert als jedes andere –, dreht sich darum, welchen Platz der Mensch in der Natur einnimmt und wie seine Beziehungen zur Welt der Dinge beschaffen sind.«

H. Thomas Henry Huxley, *Man's Place in Nature*

»Was uns die Geschichte demnach zuallererst lehrt, ist dies, daß Leben Konkurrieren bedeutet. Konkurrenz belebt nicht nur das Geschäft, sie ist auch das Geschäft des Lebens – ein friedliches Geschäft, solange Nahrung im Überfluß vorhanden ist, ein gewalttätiges, wenn zu viele Mäuler gestopft werden wollen. Tiere fressen einander ohne große Umstände, zivilisierte Menschen verschlingen sich nach Recht und Ordnung.«

Will und Ariel Durant, *The Lessons of History*

Inhalt

Teil eins: Eine Fischgeschichte

Teil zwei: Grenzen

Teil drei: Die letzten Jäger

Eine Kochgeschichte: Sechs Jahrhunderte Kabeljaurezepte

Prolog: Wacht auf der Landspitze (So nahe bei Irland)

»Der Hering steht nicht mehr wie einst in der Flut,
Wie hat durch sein Knarren der Fischkarren oft mich beschwert,
Der zu Markte nach Sligo Town brachte den Fang, das Handelsgut,
Und ich noch ein Knabe, und mein Herz unversehrt.«

William Butler Yeats,
The Meditation of the Old Fisherman

Dies sind die Fischer, die über die Kabeljaubestände vor den felsigen Küsten Nordamerikas wachen, die Fischer, die auf See fuhren, aber ihren Schreibstift vergaßen.

Sam Lee in schwarzen Gummistiefeln und einer roten funkelnagelneuen Schwimmweste steuert seinen Kleintransporter neuester Bauart durch die letzten Schwaden der Nacht hinunter zu den Kaianlagen, die sich hinaus ins Wasser erstrecken, bis dort, wo ein Fischerboot mit flachem Kiel anlegen kann. Die Lagerhäuser, Treffpunkte und Angelbedarfsgeschäfte stehen alle auf Pfählen über dem Flachwasser. Dadurch konnte der schmale Streifen flachen Landes am Fuße der fast bis an die Wasserkante vorgeschobenen steilen, niedrigen Berge unbebaut bleiben. Er wurde einst gebraucht, um die Tausende von aufgeklappten gesalzenen

Kabeljauen auszubreiten und an der frischen Luft zu trocknen.

Mit dem Einsalzen hat man bereits vor fast dreißig Jahren aufgehört, aber Petty Harbour macht immer noch den Eindruck eines belebten kleinen Hafens, mit seinen entlang dem Wasser eingezwängten Geschäftsbauten und den verstreuten Häusern, die sich bis zu den Berghängen hinaufziehen.

Auf dem Kai trifft sich Sam mit Leonard Stack und Bernard Chafe, die Taschenlampen tragen und sich über Sams neue Jacke lustig machen, deren Glanz sie so blendet, daß sie schützend die Hand vor die Augen halten müssen. Während sie sich grummelnd über die Fischereipolitik ereifern, darüber, daß am Abend zuvor im Fernsehen die Rede davon war, den Grundfischfang in begrenztem Maße wieder für die Öffentlichkeit freizugeben, steigen sie hinunter in Leonards elf Meter langes ungedecktes Reusenboot.

Befragt, ob er sich mit dieser Weste wirklich über Wasser halten könne, antwortet Sam: »Darauf ankommen lassen möcht' ich's nicht!« Und das ist ihr einziger Kommentar zu dem schwarzen Wasser, während ihr Boot im ersten, violetten Licht des Septembermorgens hinausfährt. Der Kabeljau mag das Wasser um diese Jahreszeit, weil er es warm findet. Allerdings kommen sieben Grad höchstens einem Kabeljau warm vor, und das Dollbord, das ein Reusenboot umgibt, liegt nur wenige Zentimeter über dem Wasser. Am gleichen Tag werden in einer anderen Gemeinde die Leichen zweier Fischer gefunden, die über Bord gegangen waren. Für Fischer ist das kein Thema.

Sie fahren auf die See hinaus. Sam, ein kleiner dunkelhaariger Mann mit rosigem Schimmer auf den glattrasierten Wangen, steckt in seiner scharlachfarbenen Schwimmweste. Leonard befindet sich im Ruderhaus, während Bernard in seinem grell orangenen Overall zusammen mit Sam auf dem offenen Deck steht und nachdenklich auf die ruhige See mit ihrer dunklen, polierten Fläche schaut. Das Licht fängt an, den klaren Himmel mit Wärme zu füllen. Nachdem die Sonne aufgegangen ist, sind die einzigen sichtbaren Wolken der Zuckerwatteschaum, der zwischen den felsigen, noch grünen Hügeln der frühherbstlichen Küstenlinie klebt.

Ihre Fischgründe finden sie mit Hilfe von Orientierungsmarken auf dem Festland. Wenn ein brauner Fels genau hinter dem Kirchturm emporragt, wenn gewisse Häuser erstmals auftauchen oder wenn sie zuerst den weißen Fleck auf einem Fels erspähen, den sie »die Madame« nennen, weil er in ihrer Phantasie aussieht wie ein Rock und eine Haube, dann stehen sie bereit, den Anker fallen zu lassen, und fangen an zu fischen.

Nur haben sie heute vergessen, einen Schreibstift mitzunehmen, und fahren deshalb hinüber zu dem anderen Boot, wo die dreiköpfige Mannschaft bereits mit Handleinen Kabeljau einholt. Nach ein paar Scherzen über die Armseligkeit der gefangenen Jungfische wirft jemand einen Stift herüber, und nun kann der Fischzug beginnen.

Diese Männer gehören zur Fischereiwacht, der einzigen staatlich erlaubten Kabeljaufischerei, die es in Neufundland noch gibt. Im Juli 1992 sperrte die kanadische Regierung die Gewässer um Neufundland, die Grand Banks und den größten Teil des Sankt-Lorenz-Golfs für den Grundfischfang. Grundfische, unter denen der Kabeljau der begehrteste ist, nennt man die Fische, die im Meer in Bodennähe leben. Als die Fischerei ausgesetzt wurde, hatten die Fischer von Petty Harbour, die sahen, wie ihre einst reichlichen Fänge rasant abnahmen, dies bereits jahrelang gefordert. Sie hatten geltend gemacht, und mittlerweile wird das auch zugegeben, daß die Hochseetrawler den Kabeljau fast bis aufs letzte Exemplar wegfischten. In den achtziger Jahren hatten die regierungsamtlichen Wissenschaftler den Klagen der Küstenfischer, daß der Kabeljau im Begriff sei zu verschwinden, noch keine Beachtung geschenkt. Daß sie sich so taub stellten, erwies sich als teurer Spaß.

Gegenwärtig sind zwei Boote aus Petty Harbour an der Fischereiwacht beteiligt, einem Programm, bei dem Wissenschaftler und Fischer zusammenarbeiten sollen. Ein paar Fischer in jeder Gemeinde betätigen sich als Wächter, das heißt, sie überwachen mittels Fischfang, welche Fortschritte der Kabeljaubestand macht, und reichen ihre Befunde an die Wissenschaftler der Regierung weiter. Die Männer auf Leonards Boot fangen so viele Fische wie sie können, um sie dann wieder freizulassen. Gleichzeitig sollen die Männer auf dem anderen Boot genau hundert Exemplare fangen, sie aufschneiden, um zu sehen, ob es männliche oder weibliche Tiere sind, und einen winzigen Knochen aus dem Kopf herausholen, den Otolith, der dem Kabeljau hilft, sein Gleichgewicht zu halten. Die Ringe des Otolith verraten, wie alt der Fisch ist.

Morgen oder am nächsten guten Tag mit ruhiger See werden die beiden Boote die Funktionen vertauschen. Schlechtem Wetter die Stirn zu bieten ist witzlos. Die Fischer auf ihren Booten bekommen für diese Arbeit nur einen bescheidenen Lohn, aber sie sind froh, die Arbeit zu haben, denn so können sie sich beschäftigen, statt bloß ihre Arbeitslosenunterstützung zu kassieren, die das seefahrende Kanada unter dem Namen »das Paket« kennt. Sie tun es auch deshalb gerne, weil ständig darauf gedrängt wird, die Fischerei wieder freizugeben. In der laufenden Woche wird darüber diskutiert, ob man den Leuten erlauben solle, ein paar Fische »einfach nur zum Essen« zu fangen. Mit ihrem spärlichen Fang zu kleiner und zu junger Exemplare beweist die Fischereiwacht, daß es immer noch nicht genug Kabeljau gibt, um Fischerei, egal, in welchem Umfang, zuzulassen.

»Hier ist der Punkt. Hier sind wir am äußersten Ende«, ruft Sam den Leuten immer wieder ins Gedächtnis. Die Fischer von Petty Harbour sind stolz darauf, in der östlichsten Fischereigemeinde Nordamerikas zu leben – das erste von drei Dingen, für die Petty Harbour berühmt ist. Zusammen mit St. John's in der nächsten Bucht und der zwischen ihnen liegenden Felsspitze kommt die kleine Ortschaft den Gebieten im Nordatlantik am nächsten, die ein Jahrtausend hindurch als Kabeljaugründe legendären Ruf genossen.

Daß Petty Harbour sich an der östlichsten Stelle des Kontinents befindet, bedeutet auch, daß es näher bei Irland liegt als alle anderen nordamerikanischen Orte, und das ist das zweite, worauf die Stadt stolz ist. Auch wenn sich der Name Petty Harbour vom französischen *petit* herleitet, sind die Menschen hier irischer Abstammung. Neufundländer der fünften Generation sprechen immer noch mit dem melodiösen Akzent Südirlands. Dieser Akzent ist nicht nur entlang der ganzen Küste Neufundlands zu hören, Petty Harbour selbst ist Irland im Kleinformat – allerdings ein auf den Kopf gestelltes Irland. Der Ort mit seinen fast tausend Einwohnern liegt an der Mündung eines kleinen Flusses. Auf der Nordseite leben die Katholiken, auf der Südseite die Protestanten. Die kleine Brücke war eine Grenze, und die Menschen auf beiden Seiten vermischten sich nie. Sam, Leonard und Bernard sind allesamt katholisch. Sie, die Ende der fünfziger und Anfang der sechziger Jahre aufwuchsen, gehörten indes zur ersten Generation von Kindern, die über die Brücke gingen, um miteinander zu spielen. Sam heiratete eine Protestantin. Das tat auch Bernard, der mit seinen mittlerweile einundvierzig Jahren fünf Jahre jünger ist als Sam. Der einzige Sozialkonflikt in der Stadt verlor seine Bedeutung – aber mit dem Schwund des Kabeljaus traten neue Probleme an seine Stelle.

Sam zufolge ist mehr als nur der Kabeljau verschwunden. Er blickt zum Horizont und sagt: »Kein einziger Wal, nichts.« Seit Jahren hat er keine Heringe oder Lodden mehr gesehen, die der Buckelwal jagt. Auch der Tintenfisch scheint verschwunden. Die Fischer von Petty Harbour verbrachten früher eine Stunde damit, den Hafen mit dem Heintzblinker nach Tintenfisch abzugrasen, um ihn als Köder zu verwenden. An diesem Morgen benutzen sie Tintenfisch, den sie tiefgefroren gekauft haben.

Als der Kabeljau noch da war, kam er im Sommer so nah an die Küste heran, daß ihn die Fischer in Fallen fangen konnten, in einfallsreichen Vorrichtungen, die im 19. Jahrhundert in Labrador erfunden worden waren. Ein Garnnetz wurde am Land verankert, so daß es parallel zum Ufer eine Wand im Wasser bildete, und die Kabeljaue, die von beiden Seiten geschwommen kamen, folgten der Wand und fanden sich in einem großen, von Maschen umgebenen Raum unter Wasser, den sie ohne weiteres wieder verlassen konnten. Nur, daß die meisten das nicht taten! Die ohne Köder ausgelegten Fallen blieben den Juli und den August über im Wasser und wurden zweimal am Tag eingeholt. Tausende von Kabeljauen schwammen im Sommer regelmäßig entlang der felsigen Küste in diese Fallen. Zum Zeitpunkt der Aussetzung des Fischfangs legten die 125 Fischer von Petty Harbour entlang der tiefen kleinen Bucht fünfundsiebzig Fallen aus.

Dann, im September, wenn der Kabeljau anfing, weiter hinaus ins Meer zu wandern, begann die Handleinensaison. Das Fischen mit der Handleine reicht bis in die Eisenzeit zurück. Ein Haken wird mit einem Köder versehen, und ein 120 Gramm schweres Bleigewicht zieht ihn mitsamt der schweren Leine, an der er hängt, auf den Meeresgrund. In den Fischgründen von Petty Harbour angeln die Männer in einer Tiefe zwischen fünfzehn und dreißig Faden (also etwa zwischen achtundzwanzig und fünfundfünfzig Metern). Der Fischer schlingt sich die Leine um die Hand, und wenn er einen Ruck spürt, reißt er heftig an der Leine, um den Haken im Maul des Fisches fest zu verankern. Er muß in einer einzigen, kontinuierlichen Bewegung an der Leine reißen und sie einzuziehen beginnen, weil jedes Lockerlassen dem Fisch die Möglichkeit gibt, sich freizuzappeln. Allerdings entrinnen nur wenige Tiere diesen Fischern.

Wenn der Haken erst festsitzt, gibt der Kabeljau den Kampf auf, und es geht nur noch darum, die Last hochzuziehen. Geschick erfordern ausschließlich die ersten Augenblicke; der Rest ist Plackerei. Die Fischer holen an die sechzig Meter Leine ein, indem sie ihre zwei Zeigefinger in ausholender Bewegung kreisen lassen. In den alten Zeiten hatte jeder von ihnen eine Leine draußen: zwei auf der flutzugewandten Bootsseite und eine auf der gegenüberliegenden Seite. Das offene Deck und das niedrige Dollbord mochten bei rauher See gefährlich sein, aber sie machten es leicht, den Fisch ins Boot zu holen. Den ganzen Tag über waren die Männer damit beschäftigt, Fische an Bord zu ziehen, die zwischen acht und dreißig Pfund oder mehr wogen – einen nach dem anderen, ohne Unterbrechung, bis das Deck und die beiden Fischkästen von einem Meter Tiefe nichts mehr faßten. Jedes der Boote kehrte mit zwischen zwei- bis dreitausend Pfund Kabeljau zurück. Fünfzig oder mehr Boote von Petty Harbour waren mit zwei oder drei Mann starken Mannschaften draußen, die Fische hochhievten und sich von Boot zu Boot Scherzworte zuriefen.

Das dritte, was Petty Harbour berühmt gemacht hat: In der Gemeinde sind seit den ausgehenden vierziger Jahren die Massenfischereitechniken mit der Langleine und dem Treibnetz untersagt. Seit der allgemeinen Aussetzung des Fischfangs wird von Umweltschützern rühmend hervorgehoben, daß Petty Harbour diesen Schritt unternahm, Jahrzehnte bevor in Neufundland irgend jemand das Wort Naturschutz in den Mund nahm. Im Jahre 1995 stellte die Naturschutzgruppe Sierra Club in ihrer Zeitschrift fest: »Vor über einer Generation ächteten die Fischer von Petty Harbour zerstörerische Praktiken wie die Fischerei mit Schleppnetzen und mit Wandnetzen. Petty Harbour gestattet nur umweltschutzorientierte Fischereiutensilien – altmodische Handleinen ... und Reusen.«

In Wahrheit allerdings wurde das Verbot deshalb verhängt, weil bei 125 Fischern, die ein- und dieselbe Bucht befischten, für solche Praktiken einfach nicht genug Raum gewesen wäre. »Heute versuchen sich alle einzureden, daß es wegen dem Naturschutz war«, sagt Sam. »Aber Naturschutz, so etwas existierte gar nicht. Verdammt noch mal, es gab genug Fische, um in ihnen zu waten. Der Grund war einfach, daß es nicht genug Platz gab.«

Die Küstenfischer Neufundlands befischen nur die Gewässer ihrer eigenen Bucht. Wenn ein Boot von Petty Harbour jenseits des letzten Felsvorsprungs der Einbuchtung von Petty Harbour arbeiten wollte, dann holte es sich dafür bei den Fischern von St. John's in der Nachbarbucht die Erlaubnis. Das war damals, in den gesitteten Zeiten, vor der Aussetzung des Fischfangs, als es noch genug Fisch für alle zu geben schien und die Konfession der einzige Knochen war, um den man sich balgte.

Seit der Fischfang ausgesetzt ist, hat die Gesittung noch stärker abgenommen als der Kabeljau. Sechs Boote von Petty Harbour fuhren vor aller Augen zum Fischen mit dem Wandnetz hinaus, und es brauchte zwei Jahre gerichtlicher Auseinandersetzungen und politischen Druckes, um sie davon abzubringen.

Geschäftlich gesehen sind Sam, Bernard und Leonard keine Partner in der Fischerei. Sam pflegte zusammen mit seinem Bruder zu fischen. Bernards Partner, mit dem er zwanzig Jahre lang zusammenarbeitete, versäumte es, sich eine Grundfischereilizenz zu beschaffen, als sie noch leicht zu kriegen war. Er hatte keine gebraucht. Falls irgendwann die Grundfischerei wieder gestattet werden sollte, wird die Fischmenge pro Lizenz strikt quotiert sein, und neue Lizenzen wird es nicht geben. Bernard wird seine Quote mit dem Partner teilen müssen, und der Fang wird wahrscheinlich für zwei nicht groß genug sein. »Und ich muß dann dem Mann, mit dem ich all die Jahre gefischt habe, sagen: ›Tut mir leid, ich muß mir jemanden mit einer Grundfischereilizenz suchen.‹ Sie wollen, daß die Leute die Fischerei an den Nagel hängen. Aber was bleibt uns sonst?«

»Früher konnte man hier gut leben«, sagt Sam, »aber das ist vorbei.«

»Es ist nicht zu glauben«, sagt Bernard, »wenn man bedenkt, wie sich noch vor ein paar Jahren alle Leute um ihre eigenen Angelegenheiten kümmerten und die anderen in Ruhe ließen. Jetzt neidet man dem anderen jeden Dollar, den er verdient. Alle beobachten sich argwöhnisch gegenseitig. Ich glaube, man kann in der Gemeinde nicht einmal mehr furzen, ohne daß ein anderer sich beklagt.«

Aber an diesem vollkommenen neufundländischen Septembermorgen mit wärmender Sonne und ruhiger See sind die Männer von der Fischereiwacht guter Laune; sie machen, was sie schon immer liebend gern gemacht haben: sie fahren mit ihren Freunden aus Kindertagen hinaus aufs Wasser und holen Fische herauf.

Die Ausbeute ist eine Katastrophe.

Der Kabeljau von Neufundland und Labrador, die sogenannte Nordrasse, ist ein hübscher Fisch mit bernsteinfarbenen Leopardenflecken auf dem olivgrünen Rücken, weißem Bauch und einem weißen durchgehenden Streifen längsseits zwischen Bauch und Rücken. Er ist weitaus hübscher als die Islandrasse mit ihrem Gelb auf Braun. Die Fischer messen jeden Kabeljau, während sie ihn ins Boot hieven, und stellen fest, daß die Länge von fünfundvierzig bis fünfundfünfzig Zentimeter reicht; das bedeutet, daß es sich um zwei oder drei Jahre alte Jungkabeljaue handelt, die nach dem Fischereiverbot zur Welt kamen und noch nicht einmal alt genug zur Fortpflanzung sind. Als Leonard zu guter Letzt einen Kabeljau von fünfundsiebzig Zentimetern Länge heraufzieht, der wahrscheinlich sieben Jahre alt ist und vor zehn Jahren der normale Fang gewesen wäre, albern sie herum: »O Gott, her mit dem Haken! Helft ihm doch!«

Mit ihrem schwungvollen irischen Akzent witzeln sie darüber, daß sie gar keine echten Fischer mehr seien. Das kleine Boot trifft auf eine leichte seitliche Dünung, und als es schlingert, jammert Sam: »Ohhh, ich glaube, ich werde seekrank.« Die anderen lachen.

Aufs Hochholen von Fischen verstehen sie sich. Aber das hier ist etwas anderes. Statt den Kabeljau aufs Deck zu werfen und den Haken rasch neu zu beködern und für den nächsten Fisch ins Wasser zurückzubefördern, müssen sie den Haken vorsichtig entfernen und sich bemühen, den Fisch nicht zu verletzen. Dann strecken sie ihn vorsichtig auf einem Brett aus und messen seine Länge in Zentimetern. Mit einer Art Tacker versenken sie eine wenige Zentimter lange Nadel im fleischigen Teil nahe der vorderen Rückenflosse und klicken einen Plastikfaden mit einem anhängenden Zahlenschild fest. Darauf verstehen sie sich nicht allzu gut.

Sam löst einen Fisch vom Haken, und er schnellt ihm aus den Händen und kracht aufs Deck. »Oh, tut mir leid«, sagt er zu dem Kabeljau in dem gleichen zarten, leisen Ton, den er zu Hause gegenüber seinem alternden Beagle anschlägt. Der Tacker funktioniert nicht richtig, also nimmt ihn Sam auseinander und baut ihn neu zusammen. Dinge auseinanderzunehmen und zu reparieren gehört zu den Fertigkeiten eines Fischers. Aber der Apparat ist immer noch nicht in Ordnung. Manchmal müssen sie in einen Fisch drei oder vier Mal hineinstechen, ehe sie ihn gekennzeichnet haben. Das beweist, was für ein zäher Bursche der Kabeljau ist. Ein Lachs würde diese Behandlung nie und nimmer überleben. Aber als sie schließlich den Kabeljau langsam ins Wasser zurücksinken lassen, mit dem Kopf zuerst, damit er wieder zu sich kommt, schwimmt er sogleich in Richtung seines Zuhause auf dem Meeresgrund. Für einen Kabeljau bedeutet der Meeresgrund Sicherheit. Deshalb konnten sie auch mit Grundschleppnetzen kommerziell ausgerottet werden.

Beim Versuch, die Markierung zu befestigen, stechen und piesacken die Männer einen der Kabeljaue so lange, daß er stirbt. Darüber ist niemand traurig, weil sie Hunger haben. Bernard kniet achtern vor einem Campingkocher. Mit seinem mächtigen Fischmesser schneidet er mageren Speck und Pökelrind in Würfel und schält Kartoffeln, die er in Scheiben schneidet. Er weicht Stücke Schiffszwieback ein und brät das Ganze mit ein paar Zwiebelringen in dem ausgebratenen Schweinefett an. Dann filetiert er den Kabeljau mit vier Messerschnitten pro Hälfte und befreit die Filets mit zwei weiteren Schnitten von ihrer Haut. Ehe er den Kadaver über Bord wirft, öffnet er ihn, sieht, daß es sich um ein Weibchen handelt, und entnimmt den Rogen. Den Kadaver an einer Kieme über den Bootsrand haltend, macht er zwei rasche Schnitte und reißt das Kehlstück, »die Kabeljauzunge« heraus; dann läßt er den Rest ins Meer fallen.

Während Bernard in seinem Topf rührt, notiert Sam mit dem Bleistift die Nummern der Plaketten und die Länge der Fische; am Bug zieht unterdes Leonard schweigend und mit raschen Bewegungen seiner in Fingerhandschuhen steckenden Zeigefinger einen jungen Kabeljau nach dem anderen herauf. »Leonard hat's gut, er amüsiert sich«, sagt Bernard mit gespieltem Mißmut.

Bernard packt das Essen auf ein großes Backblech, das sie auf einer Planke deponieren, die quer über einem der Fischkästen liegt; im Fischkasten stehend, in dem der Fang verstaut sein sollte, fangen sie an, sich mit Plastikgabeln zur Mitte durchzufuttern. Das Gericht, das »Fischerschmortopf« heißt, ist mit seinem grauweißen Schweinespeck, seinen grauweißen Kartoffeln und seinen verstreuten dunkleren Stücken Pökelrind von monotoner Färbung. Was allein heraussticht, sind die kraß weißen, dicken Flocken frischen Kabeljaus. Das ist das Fleisch, mit dem sie aufgewachsen sind; und wie so oft, wenn alte Freunde um das Essen ihrer Kindheit versammelt sind, fangen sie an, Erinnerungen auszutauschen.

Sportliche Aktivitäten, an die sie sich erinnern könnten, gab es für diese Männer nicht, keine Schulmannschaften; nicht einmal Hockeyfans waren sie. Als Kinder fuhren sie mit ihren Vätern jeden Morgen vor Tagesanbruch zum Fischen hinaus. Mittags kamen sie an Land und gingen zur Schule, bis die erste schwarze Wolke über ihnen vorbeizog und sie hinunter zum Hafen rennen mußten, zu den Stelling genannten Gerüsten, auf denen der gesalzene Kabeljau trocknete, um die Fische umzudrehen, so daß sie mit der Haut nach oben lagen und geschützt waren, falls es regnete.

Statt vom Sport erzählen sie vom Fischen, erzählen davon, wie kalt es immer war. Nicht, daß sich das Wetter geändert hätte. Aber damals, in den alten Zeiten, hatte man noch keine leichtgewichtigen Mikrofasern, um die Körperwärme zu stauen, hatte man noch nichts, um die Finger zu schützen, während sie die Leine einholten, die von eisigem Wasser troff. Und all das in einer Jahreszeit, in der es wenig wärmende Sonne oder auch nur Tageslicht gab. Man konnte bis in den Januar hinein gut fischen, aber seit 1957, als den Fischern erstmals Arbeitslosenunterstützung ab dem 15. Dezember zustand, war dies der Tag, an dem die Fischerei bis zum Frühjahr eingestellt wurde. Und Jahre später wurde das Datum dann auf den 15. November vorverlegt.

Aber sie erinnern sich an die Zeit, als man noch in den Winter hinein fischte. »Mein Gott«, sagt Bernard, »da draußen mit der Handleine im Schnee zu arbeiten. Man war vor Kälte erstarrt, wenn man zurückkam. Es gab noch nicht diese modernen Sachen zum Anziehen. Nur Wolle. Oder wenn es sie gab, wußten wir nichts davon.«

»Nein«, sagt Leonard, »es gab sie noch nicht.«

»Mein Gott, war das kalt.«

»Es blieb uns nichts anderes übrig.«

»Wir konnten nicht einmal so viel Pökelrind ins Essen tun.«

Die Unterhaltung wendet sich einem Lieblingsthema der Neufundländer zu, ihrer ungesunden Ernährung. Die traditionelle neufundländische Küche basiert auf Schweineschmalz. Alles wird darin gegart und dann mit Grieben gewürzt – mit ausgelassenen Würfeln mageren Specks.

»Gut für die Arterien«, sagt Bernard lachend. »Wissen Sie, was mein Bruder sagt. Man setzt ihm was vor, und er fragt jedesmal: ›Findest du es gut?‹ Wenn du ja sagst, sagt er: ›Dann mag ich es nicht.‹«

Sie beenden ihr Essen – Sam und Bernard teilen sich den Rogen, während Leonard die Zunge ißt – und fahren zurück in Richtung Hafen. Nur vierzig Fische sind markiert worden, und der größte war gerade einmal sechsundsiebzig Zentimeter lang. Vor zehn Jahren hätte dieser Rekordfisch kaum Durchschnittsgröße gehabt. Nur drei von den vierzig waren groß genug zum Laichen.

Die Männer in dem anderen Boot haben mit ihren drei Leinen die vorgesehenen hundert Fische gefangen, deren Gesamtgewicht 375 Pfund beträgt. Das bedeutet ein Durchschnittsgewicht von weniger als vier Pfund, und dies zu einer Jahreszeit, in der Petty Harbour üblicherweise seine größten Fischzüge machte – Boote mit dreihundert Fischen, deren Gesamtgewicht bei 3000 Pfund lag.

Sie sortieren die Portionen, die für die Wissenschaft bestimmt sind, aus und verteilen den Rest der Fische in Tüten, wobei auf jede Tüte etwa zehn Pfund Fisch kommen. Früher hätte eine Zehn-Pfund-Tüte einen einzigen Kabeljau bedeutet, aber jetzt stecken in den meisten Tüten zwei oder drei. Als die beiden Boote in den Hafen einlaufen, stehen dort bereits an die fünfzig Leute, die zumeist aus anderen Orten stammen, artig in einer Reihe.

Das ist Kanada. Diese Leute haben Arbeit oder beziehen

Arbeitslosenunterstützung – heutzutage zumeist letzteres. Sie leiden nicht Hunger, sondern sehnen sich einfach nur danach, wieder einmal ihr Lokalgericht zu schmecken. Die großen Fischereigesellschaften, die vor der Aussetzung des Kabeljaufanges mit ihren Grundschleppnetzen noch den letzten Fisch weggefangen haben, importieren heute aus Island, Rußland und Norwegen tiefgefrorenen Kabeljau. Aber die Menschen hier sind an frischen, weißen, flockigen Kabeljau gewöhnt, »bei dem die Nerven noch zucken«, wie die Tochter eines der Fischer es formuliert. Sam schickte einmal eine Sendung nach New Orleans, und der Küchenchef beklagte sich, das Fleisch sei zu frisch und falle auseinander. Nur in Fischergemeinden weiß man, wie wirklich frischer Kabeljau schmeckt.

Trotz der Kontingentierung des Kabeljaus auf zehn Pfund pro Person ist nicht genug da. Ein paar Leute werden abgewiesen, von denen einer die Fischer fragt: »Wo wird der restliche Fisch hingebracht?«

Das Problem der Menschen in Petty Harbour, hier draußen auf der äußersten Landspitze Nordamerikas, ist, daß sie sich am falschen Ende einer tausendjährigen Fischfangorgie befinden.

Teil eins

Eine Fischgeschichte

»Gesalzener Kabeljau, der vor den tristen,
dicken Händlern ausliegt und sie davon träumen läßt,
sich davonzumachen, auf Reisen zu gehen.«

Émile Zola,
Le Ventre de Paris, 1873

1: Der Wettlauf nach Kabeljauland

»Er sagte, es müsse Freitag sein, der Tag, an dem er nichts verkaufen könne außer Portionen eines Fisches, den man in Kastilien als Pollack und in Andalusien als Salzkabeljau kenne.«

Miguel de Cervantes,
Don Qixote, 1605–1616

Von einem mittelalterlichen Fischer wird erzählt, er habe einen Kabeljau von einem Meter Länge aus dem Wasser gezogen, was damals häufig genug vorkam. Und auch die Tatsache, daß der Kabeljau sprechen konnte, überraschte nicht sonderlich. Erstaunlich hingegen war, daß er ein unbekanntes Idiom sprach. Es war Baskisch.

Diese baskische Volkssage zeigt nicht nur die Anhänglichkeit der Basken an ihre Sprache, die einsam und allein in der Welt dasteht und von niemandem sonst verstanden wird, sondern auch ihre Verbundenheit mit dem atlantischen Kabeljau, *Gadhus morhua*, einem Fisch, den noch niemand in baskischen oder auch nur spanischen Gewässern angetroffen hat.

Die Basken sind ein rätselhaftes Volk. Sie leben seit unvordenklichen Zeiten in einem Gebiet, das den Nordwesten des heutigen Spaniens und ein kleines Stückchen des französischen Südwestens umfaßt, und nicht nur ihre Sprache ist unbekannt, sondern auch ihre eigene Herkunft bleibt in ein tiefes Geheimnis gehüllt. Einer Theorie zufolge handelt es sich bei diesen rotbackigen, dunkelhaarigen, langnasigen Menschen um die ursprünglichen Iberer, die durch Eindringlinge in diesen gebirgigen Winkel zwischen den Pyrenäen, der Sierra de Cantabria und der Biskaya abgedrängt wurden. Vielleicht waren sie aber auch seit jeher in diesem Gebiet heimisch.

Sie weiden Schafe auf unvorstellbar steilen, grünen Berghängen, die in ihrer Wildheit von faszinierender Schönheit sind. Sie singen ihre eigenen Lieder und schreiben ihre eigene Literatur in ihrer eigenen Sprache, dem Euskera. Euskera ist möglicherweise die älteste lebendige Sprache Europas und zählt zu den gerade einmal vier europäischen Sprachen – die anderen drei sind Estnisch, Finnisch und Ungarisch –, die nicht zur indo-europäischen Sprachfamilie gehören. Die Basken haben auch ihre eigenen Sportarten, unter denen *jai alai* besonders hervorsticht, und ihre eigene Kopfbedeckung, die Baskenmütze, die größer ist als jede andere barettartige Mütze.

Auch wenn sich ihr Siedlungsgebiet heute auf drei französische und vier spanische Provinzen verteilt, haben die Basken doch stets darauf bestanden, ein Vaterland zu besitzen, das sie Euskadi nennen. Alle mächtigen Völker, von denen sie umgeben waren – die Kelten und Römer, die Königshäuser von Aquitanien, Navarra, Aragon und Kastilien, spätere spanische und französische Monarchien, Diktaturen und Republiken –, haben versucht, sie zu unterwerfen und zu assimilieren; alle sind sie gescheitert. In den sechziger Jahren unseres Jahrhunderts, als ihre uralte Sprache nur noch geflüstert wurde, weil der Diktator Francisco Franco sie geächtet hatte, modernisierten die Basken sie heimlich, um ihre Verwendungsmöglichkeiten zu erweitern, und heute werden, obwohl es weltweit gerade einmal 800 000 Baskischsprechende gibt, fast tausend Buchtitel pro Jahr in Euskera veröffentlicht, die zu einem Drittel von Basken geschrieben sind, während es sich beim Rest um Übersetzungen handelt.

»*Nire aitaren etxea / defendituko dut. / Otsoen kontra*« (Das Haus meines Vaters / werde ich verteidigen. / Gegen die Wölfe) lautet der Anfang eines Gedichtes in modernem Euskera, das von Gabriel Aresti stammt, einem der Väter des modernisierten Sprachgebrauchs. Die Basken waren imstande, sich aller Unterdrückung und allen Kriegen zum Trotz in dieser unbeugsamen Eigenständigkeit zu behaupten, weil sie es die ganzen Jahrhunderte hindurch schafften, wirtschaftlich stark zu bleiben. Sie sind nicht nur Schafhirten, sondern auch ein seefahrendes Volk, das berühmt für seine kommerziellen Erfolge ist. Im Mittelalter, als die Europäer große Mengen Walfleisch aßen, fuhren die Basken in weit entfernte, unbekannte Gewässer und kamen mit Walfleisch nach Hause. Sie vermochten solche weiten Entfernungen zurückzulegen, weil sie große Kabeljauschwärme entdeckt hatten und ihre Fänge einsalzten; damit hatten sie nahrhafte Vorräte, die auf langen Fahrten nicht verdarben.

Die Basken waren nicht die ersten, die Kabeljau haltbar machten. Jahrhunderte zuvor waren die Wikinger von Norwegen nach Island und weiter nach Grönland und Kanada gefahren, und es ist kein Zufall, daß dies genau dem Verbreitungsgebiet des atlantischen Kabeljaus entspricht. Im 10. Jahrhundert fuhren Thorwald und sein mißratener Sohn Erik der Rote, nachdem man sie wegen Mordes aus Norwegen vertrieben hatte, nach Island, wo sie weitere Menschen totschlugen und abermals des Landes verwiesen wurden. Um das Jahr 985 stachen sie von der schwarzen Lavaküste Islands mit einer kleinen Mannschaft in einem kleinen offenen Schiff in See. Selbst im Hochsommer, wenn es die ganzen vierundzwanzig Stunden über fast gar nicht dunkel wird, ist das Meer dort grau und mit Schaumkronen bedeckt. Aber mit Segeln und Rudern schaffte es die kleine Truppe bis zu einem Land aus Gletschern und Felsen, in dessen Gewässern gefährliche, kristallblau gleißende Eisberge trieben. Im Frühling und Sommer brachen große Brocken von den Gletschern ab, stürzten mit Donnergeräusch, das in den Fjorden widerhallte, ins Meer und schickten riesige Flutwellen aus. Erik, der das Land zu besiedeln hoffte, nannte es Grönland, grünes Land, um seine Attraktion zu erhöhen.

Fast tausend Jahre später pflegten Walfänger aus Neuengland zu singen: »Ach, Grönland ist ein kahler Ort / ganz ohne Strauch und Baum / Mit Eis und Schnee / Und dem Wal in der See / Die Sonne sieht man kaum.«

Erik besiedelte dieses ungastliche Land und machte sich dann zu neuen Abenteuern auf. Er verletzte sich aber den Fuß und mußte zurückbleiben. Sein Sohn Leifur, später unter dem Namen Leif Eriksson bekannt, segelte weiter bis zu einem Ort, den er Steinland nannte und bei dem es sich wahrscheinlich um die kahle Felsenküste Labradors handelte. »Ich sah nicht eine einzige Wagenladung Erde, obwohl ich an vielen Stellen landete«, schrieb Jacques Cartier sechs Jahrhunderte später über diese Küste. Von dort fuhren Leifs Männer nach »Waldland« und dann weiter nach »Weinland«. Worum es sich bei diesen Orten handelt, ist umstritten. Waldland könnte Neufundland, Nova Scotia oder Maine gewesen sein, die alle drei bewaldet sind. Aber in Weinland fanden sie wildwachsende Trauben, die niemand sonst an einem dieser Orte je gesehen hat.

In Neufundland hat man die Reste eines Wikingerlagers entdeckt. Vielleicht war es dieser mildere Landstrich, in dem die Eingeborenen den Wikingern einen so kriegerischen und feindseligen Empfang bereiteten, daß den Ankömmlingen eine Besiedlung des Landes unmöglich erschien; bei Leuten, die regelmäßig verbannt wurden, weil sie die Angewohnheit hatten, Menschen kaltzumachen, überrascht diese defätistische Lagebeurteilung. Mehr als fünfhundert Jahre danach hinderte der neufundländische Beothuk-Stamm John Cabot daran, sich bei seinen Erkundungen weiter als eine Armbrustlänge vom Schiff zu entfernen. Die Beothuk schätzten offenbar die Europäer ganz richtig ein, denn kurz nach Cabot wurden sie von den Portugiesen versklavt, ins Landesinnere vertrieben, von den Franzosen und Engländern gejagt und binnen weniger Jahrzehnte ausgerottet.

Wie überlebten die Wikinger im grünpflanzenlosen Grönland und im erdkrumenlosen Steinland? Woher hatten sie die Vorräte, die sie brauchten, um weiter nach Waldland und nach Weinland vorzustoßen, wo sie sich nicht trauten, ins Landesinnere auf Nahrungssuche zu gehen und von wo sie dennoch mit genug Proviant losfuhren, um wieder nach Hause zu kommen? Wovon lebten diese Nordmänner auf den fünf Expeditionen, die sie zwischen 985 und 1011 nach Amerika unternahmen und von denen uns die Islandsagas berichten? Sie konnten all diese weit entfernten unfruchtbaren Küsten bereisen, weil sie gelernt hatten, Kabeljau dadurch zu konservieren, daß sie ihn in die frostige Winterluft hängten, bis er vier Fünftel seines Gewichtes verloren hatte und zu einem haltbaren, holzähnlichen Brett wurde. Sie konnten dann Stücke davon abbrechen und sie kauen wie man Schiffszwieback ißt. Noch vor Eriks Zeit, im neunten Jahrhundert, hatten die Nordmänner bereits in Island und Norwegen Trockenplätze für Kabeljau eingerichtet; den Überschuß vertrieben sie im nördlichen Europa.

Die Basken verfügten im Unterschied zu den Wikingern über Salz, und weil Fisch, den man vor dem Trocknen einsalzte, länger haltbar war, konnten die Basken noch längere Reisen unternehmen als die Wikinger. Sie waren noch in einer weiteren Hinsicht im Vorteil: Je haltbarer ein Produkt ist, um so leichter läßt sich mit ihm Handel treiben. Bis zur Jahrtausendwende hatten die Basken die Kabeljaumärkte zu einem wahrhaft internationalen Handelssystem erweitert, das sich weit über das nördliche Verbreitungsgebiet des Kabeljaus hinaus erstreckte.

Im Mittelmeerraum, wo es nicht nur Salzlagerstätten gab, sondern auch eine Sonne, die stark genug für die Meersalzgewinnung war, kannte man das Pökeln als Konservierungsmethode schon lange. Bereits vor den Zeiten der klassischen Antike hatten die Ägypter und die Römer Fisch gesalzen und einen schwunghaften Handel damit getrieben. Pökelfleisch erfreute sich allgemeiner Beliebtheit, und das römische Gallien war berühmt für seinen gepökelten und geräucherten Schinken. Ehe die Basken sich dem Kabeljau zuwandten, pökelten sie gelegentlich Walfleisch, das mit Erbsen als besonders schmackhaft galt; auch der geschätzteste Teil vom Wal, die Zunge, wurde oft gepökelt.

Bis zur Erfindung des Kühlschranks im 20. Jahrhundert war das Verderben von Lebensmitteln ein ständiger Fluch und bedeutete für den Handel mit vielen Erzeugnissen, zumal mit Fisch, eine ernsthafte Einschränkung. Als die baskischen Walfänger die Pökelmethoden, die sie bei Walfleisch benutzten, auf den Kabeljau anwandten, stellten sie fest, daß dieser sich besonders gut dafür eignete, weil er praktisch frei von Fett ist und deshalb in eingesalzenem und sorgfältig getrocknetem Zustand kaum verdirbt. Kabeljau hielt länger als das rote Walfleisch und auch länger als der Hering, ein fetter Fisch, der als Salzhering im Mittelalter zu einer beliebten Ware wurde.

Selbst getrockneter und gesalzener Kabeljau wird schlecht, wenn er zu lange einem heißen, feuchten Klima ausgesetzt ist. Aber für mittelalterliche Verhältnisse war er bemerkenswert haltbar – ein wahres Wunder, vergleichbar dem Schnellgefrierverfahren im 20. Jahrhundert – das ebenfalls mit dem Kabeljau seinen Anfang nahm. Kabeljau war

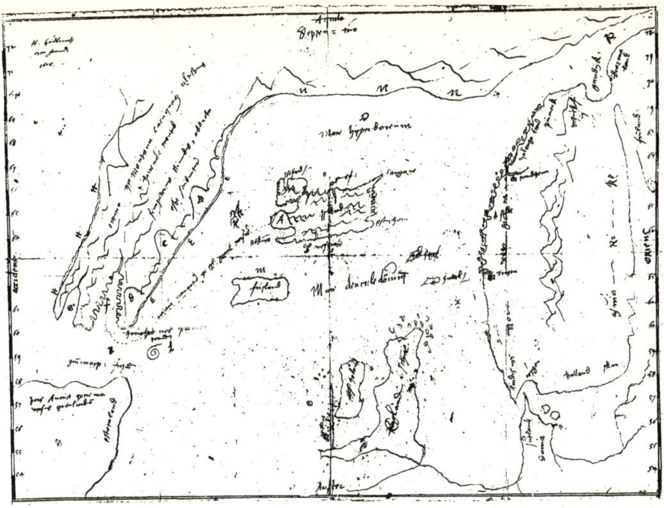

Im Jahre 1606 fertigte Gudbrandur Thorláksson, ein isländischer Bischof, diese Zeichnung vom Nordatlantik an, auf der Grönland die Form eines Drachens mit aufgerissenem, zahnbewehrtem Maul hat. Auf heutigen Karten kann man sehen, daß Grönland zwar keineswegs diese Form hat, daß es aber genau diesen Eindruck macht, wenn man es von den südlichen Fjorden her betrachtet, die als kilometerlange gezackte Schlünde zwischen hohen Bergen ins Land hineinragen. *(Königliche Bibliothek, Kopenhagen)*

nicht nur haltbarer, sondern schmeckte auch besser als anderer Salzfisch. Wenn der getrocknete oder gesalzene oder auch auf beiderlei Weise behandelte Fisch durch sachgerechtes Einweichen wieder genießbar gemacht ist, halten ihn sogar noch heute, im Zeitalter der Kühltruhe, viele für weit schmackhafter als im frischen Zustand, in dem sein weißes Fleisch von einer fast schon faden Milde ist. Für die Armen, die sich selten frischen Fisch leisten konnten, stellte er ein billiges, hochwertiges Nahrungsmittel dar.

Ihre große Chance erhielten die Basken durch den Katholizismus. Die Kirche des Mittelalters erlegte den Gläubigen Fasttage auf, an denen der Geschlechtsverkehr und der Verzehr von Fleisch verboten waren; »kalte« Speisen hingegen durften gegessen werden. Weil Fisch aus dem Wasser kam, wurde er als kalt eingestuft, was auch für Wasservögel und für Wale galt; Fleisch hingegen galt als warme Nahrung. Die Basken verkauften der katholischen Christenheit bereits Walfleisch für die »mageren Tage«; da Freitag der Tag der Kreuzigung Christi war, zählten dazu alle Freitage, die vierzig Tage der Fastenzeit und etliche andere wichtige Tage des Kirchenjahres. Insgesamt war der Fleischgenuß fast die Hälfte der Tage im Jahr verboten, und diese mageren Tage gehörten schließlich dem gesalzenen Kabeljau. Der Kabeljau wurde beinahe zu einem religiösen Kultobjekt – zum Garanten eines christlichen Lebenswandels.

Die Basken wurden jeden Freitag reicher. Aber wo kam der ganze Kabeljau her? Die Basken, die nie ein Wörtchen über den Herkunftsort der Fische verloren hatten, hüteten ihr Geheimnis, was im 15. Jahrhundert allerdings keine einfache Sache mehr war, weil Kabeljau allgemein im Ruf einer hochprofitablen Ware stand, und kommerzielle Kreise in ganz Europa nach neuen Fanggründen Ausschau hielten. Es gab Kabeljau vor der isländischen Küste und in der Nordsee, aber die Skandinavier, die seit Tausenden von Jahren in diesen Gewässern Kabeljau fischten, hatten noch keine Basken zu Gesicht bekommen. Die Briten, die seit den Zeiten der Römer im weiten Umkreis ihrer Küsten nach Kabeljau fischten, begegneten auch im 14. Jahrhundert, als sich britische Fischer in isländische Gewässer vorwagten, noch keinen Basken. Die Bretonen, die versuchten, den Basken hinterherzufahren, fingen an, von einem Land jenseits des Ozeans zu sprechen.

Kirchenbankseiten aus der St.-Nicolas-Kapelle in King's Lynn, einer englischen Stadt, die in Norfolk an der Nordseeküste liegt; geschnitzt um 1415, zeigen sie Szenen aus der Kabeljaufischerei. *(Victoria and Albert Museum, London)*

In den achtziger Jahren des 15. Jahrhunderts braute sich ein Konflikt zwischen den Kaufleuten von Bristol und der Hanse zusammen. Der Bund der Hansestädte hatte sich im 13. Jahrhundert unter der Führung Lübecks gebildet, um den Handel zu regeln und die Interessen der Kaufleute in den norddeutschen Städten zu vertreten. Im Mittelhochdeutschen hat Hanse die Bedeutung »Genossenschaft«. In einer Stadt nach der anderen bildeten sich solche Kaufmannsgenossenschaften, bis sie sich über das ganze nördliche Europa ausgebreitet hatten, unter anderem auch nach London. Dank seiner beherrschenden Präsenz an der Mündung aller größeren Flüsse, die aus Mitteleuropa nordwärts flossen, angefangen vom Rhein bis hin zur Weichsel, vermochte der Bund einen großen Teil des europäischen und insbesondere des baltischen Handels unter seine Kontrolle zu bringen. Bis zum 14. Jahrhundert verfügte die Hanse bereits über Kontore an so weit auseinanderliegenden Orten wie Island, Riga, Nowgorod und Venedig.

Viele Jahre lang sah man in der Hanse eine positive politische Macht in Nordeuropa. Sie bot den Ungerechtigkeiten von Monarchen die Stirn, machte der Seeräuberei ein Ende, zog Kanäle und baute Leuchttürme. In England wurden die Mitglieder der Hanse »Easterlings« (»Ostlinge«) genannt, weil sie aus dem Osten kamen; den guten Ruf, in dem sie standen, bezeugt das Wort »Sterling«, das von »Easterling« stammt und »gediegen« bedeutet.

Allerdings neigte die Hanse in zunehmendem Maße dazu, ihre Macht zu mißbrauchen und ihre Handelsmonopole rücksichtslos zu verteidigen. Im Jahre 1381 rottete sich in England der Pöbel zusammen und machte Jagd auf die Hanseaten; jeder, der nicht mit englischem Akzent »bread and cheese« (»Brot und Käse«) sagen konnte, wurde umgebracht.

Die Hansestädte monopolisierten den baltischen Heringshandel und versuchten im 15. Jahrhundert, das gleiche mit getrocknetem Kabeljau zu machen. Zu dieser Zeit war getrockneter Kabeljau bereits ein wichtiges Handelserzeugnis in Bristol. Bristols gut geschützter, aber schwer zu befahrender Hafen hatte sich wegen seiner günstigen Lage zwischen Island und dem Mittelmeer stark entwickelt und war zu einem wichtigen Handelszentrum geworden. Er galt als führender Umschlaghafen für getrockneten Kabeljau aus Island und für Wein, insbesondere für Sherry aus Spanien. Im Jahre 1475 indes schnitt der Hansebund den Kaufleuten von Bristol die Zufuhr an isländischem Kabeljau ab.

Thomas Croft, ein wohlhabender Zollbeamter aus Bristol, tat sich auf der Suche nach einer neuen Kabeljauquelle mit John Jay, einem Kaufmann, zusammen, der einer damals in Bristol verbreiteten fixen Idee anhing: Er glaubte, daß es im Atlantik irgendwo eine Insel namens Hy-Brasil gab. Im Jahre 1480 schickte Jay sein erstes Schiff auf die Suche nach dieser Insel, von der er sich erhoffte, daß sie eine neue Basis für den Kabeljaufang bot. Ein Jahr später rüsteten Jay und Croft zwei weitere Schiffe aus, die *Trinity* und die *George*. Darüber, wie das Unternehmen ausging, haben wir keine Nachricht. Croft und Jay waren nicht minder verschwiegen als die Basken. Sie ließen nichts über eine Entdeckung von Hy-Brasil verlautbaren, und die Geschichte hat ihre Reise als Fehlschlag verbucht. Kabeljau allerdings fanden sie genug, so daß sie sich im Jahre 1490, als der Hansebund Verhandlungen über die Wiederaufnahme des Islandhandels anbot, nicht mehr daran interessiert zeigten.

Wo kam ihr Kabeljau her? Er traf in Bristol getrocknet ein, und trocknen läßt er sich nicht auf einem Schiffsdeck. Da ihre Schiffe den Bristol-Kanal verließen und weit über Irland hinaus nach Westen fuhren und da es westlich von Irland kein Land gab, wo man Fische hätte trocknen können – Hy-Brasil hatte Jay immer noch nicht gefunden –, vermutete man, Croft und Jay kauften den Fisch anderswo auf. Einem Zollbeamten war es untersagt, mit dem Ausland Handel zu treiben; deshalb kam Croft vor Gericht. Aufgrund seiner Versicherung, der Kabeljau stamme von weit draußen aus dem Atlantik, wurde er freigesprochen; das Geheimnis aber blieb.

Zur diebischen Freude der britischen Presse ist kürzlich ein Brief aufgetaucht. Der Brief war ein Jahrzehnt nach der Croft-Affäre in Bristol an Kolumbus geschickt worden, der gerade die Lorbeeren für seine Entdeckung Amerikas ernte-te. Die Absender, Kaufleute aus Bristol, erklärten darin, er wisse sehr wohl, daß sie bereits vor ihm in Amerika gewe-sen seien. Ob Kolumbus je antwortete, ist nicht bekannt. Er brauchte es auch nicht. Fischersleute hüteten ihre Geheimnisse, während Entdecker in die Welt hinausposaunten, was sie gefunden hatten. Kolumbus hatte im Namen Spaniens von der gesamten Neuen Welt Besitz ergriffen.

Dann, im Jahre 1497, fünf Jahre, nachdem Kolumbus auf der Suche nach einer westlichen Route zu den asiatischen Gebieten, aus denen die Gewürze kamen, quer durch die Karibik gestolpert war, stach Giovanni Caboto von Bristol aus in See, nicht um das Geheimnis der Bristoler zu lüften, sondern um die Route nach Asien zu finden, die Kolumbus verfehlt hatte. Caboto war Genuese und firmiert in den Geschichtsbüchern unter dem Namen John Cabot, weil er diese Reise im Auftrag Heinrichs VII. von England unternahm. Wegen ihrer nördlichen Lage befanden sich die Engländer weitab von den Routen des Gewürzhandels und mußten deshalb außergewöhnlich hohe Preise für Gewürze zahlen. Cabot vermutete zu Recht, daß die britische Krone und die Kaufmannschaft von Bristol bereit sein würden, die Suche nach einer nördlichen Route zu den Gewürzinseln zu finanzieren. Nach nur fünfunddreißig Tagen auf See stieß Cabot im Juni auf Land, bei dem es sich allerdings nicht um Asien handelte. Es war eine ausgedehnte felsige Küste, bestens geeignet für das Salzen und Trocknen von Fischen und an einem Meer gelegen, das von Kabeljauen nur so wimmelte. Cabot berichtete von dem Fisch, um den Reichtum dieses neuen Landes zu demonstrieren, dieses Neufundlands, das er im Namen Englands annektierte. Siebenunddreißig Jahre später traf Jacques Cartier ein, ging als »Entdecker« der Mündung des Sankt-Lorenz-Stroms in die Geschichte ein, errichtete ein Kreuz auf der Gaspé-Halbinsel und nahm das Ganze für Frankreich in Besitz. Er bemerkte auch die Anwesenheit von tausend baskischen Fischereifahrzeugen. Die Basken indes, die ihr wertvolles Geheimnis hüten wollten, hatten nie für irgend jemanden Anspruch auf die Gegend erhoben.

Der Kabeljau legt Eier zuhauf,
Nur eines legt das Huhn,
Und nie begackert der Kabeljau
Sein produktives Tun.
Den Kabeljau verachten wir,
Das Huhn wird respektiert,
Dies aber zeigt uns klärlich an,
Daß sich Reklame rentiert.

anonymer amerikanischer Reim

DIE MITTELALTERLICHE KABELJAUMANIE

Gesalzener Kabeljau wird mit Senfsoße gegessen
oder er wird mit zerlassener frischer Butter übergossen.

Guillaume Tirel, auch unter dem Namen Taillevent bekannt
Le Viandier, 1375

Taillevent, Chefkoch bei Karl V. von Frankreich, hinterließ diese Schrift in einer Manuskriptrolle. Wie nahezu jeder Koch nach ihm hielt er gesalzenen Kabeljau für eine strenge Kost, die mit Fett angereichert werden müsse, frischen Kabeljau hingegen für eine fade Kost, die der Geschmacksverstärkung durch Würzen bedürfe. Er hatte ein Rezept für frischen Kabeljau wie auch mehrere für »Jance«, eine Soße, die Aufschluß über die damaligen Würzgewohnheiten gibt.

In Frankreich: Frischer Kabeljau

Zubereitet und gekocht wie eine Seebarbe, mit Wein als Sud; serviert mit Jance. Manche fügen Knoblauch hinzu, andere nicht.

Rezepte für Jance

Kuhmilch-Jance: *Man mahlt Ingwer und gibt ihn mit Eigelb in Kuhmilch, die gekocht wird.*

Knoblauch-Jance: *Man mahlt Pfeffer, Knoblauch und Mandeln, schüttet alles in guten Fruchtsaft, der gekocht wird. Man gibt Weißwein hinein (falls gewünscht).*

Ingwer-Jance: *Man mahlt Ingwer und Mandeln, aber keinen Knoblauch. Das schüttet man in Fruchtsaft, der dann gekocht wird. Manche geben Weißwein hinein. [Der Fruchtsaft bestand ursprünglich aus Sauerampfersaft und später dann aus dem Saft unreifer Pflaumen.]*

In England: Cokkes of Kellyng (Kabeljau-Muscheln)

Bei diesem in Mittelenglisch verfaßten Rezept wird ein Kabeljau in muschelgroße Stücke zerschnitten.

Nim Cokkes of Kellyng; schneyt en lütt. Gyps in eyn Sood von freske Fysch or freske Lax; köch en god. Gyp Melke zu und fyg eyn Brodschnytt bei met Soden, Saffereyn & Suckre un Peperpulvor. Drags uff & ander Fysche mang: Steenbut, Hacht, Lax, in Stukken und zerhawn. Worz en met Eyssich & Sals.

– Aus einem anonymen Manuskript der Beinecke Library, Yale University, das aus der Zeit zwischen dem 12. und 15. Jahrhundert stammt [der Gebrauch von Zucker spricht fürs 15. Jahrhundert]

2: Mit weit aufgerissenem Maul

»Wenn aus allen Eiern ungehindert Jungfische schlüpfen und sämtliche Jungfische heranreifen würden, so brauchte es nach Berechnungen nur drei Jahre, um das Meer so anzufüllen, daß man auf dem Rücken von Kabeljauen trockenen Fußes über den Atlantik wandeln könnte.«

Alexandre Dumas,
Le Grand Dictionnaire de cuisine, 1873

Der Held der Geschichte, *Gadus morhua,* ist kein angenehmer Zeitgenosse.

Er ist wie geschaffen zum Überleben. Mit seiner Fruchtbarkeit, seiner Unempfindlichkeit gegen Krankheit und Kälte, seiner Allesfressernatur, seiner Neigung, sich in flachem Wasser und in Küstennähe aufzuhalten, war er der perfekte Fisch für den Handel; seine ergiebigsten Fanggründe hatten die Basken aufgespürt. Kabeljau hätte es eigentlich in alle Ewigkeit geben müssen, und lange Zeit ging man auch davon aus, daß sich das so verhielt. Noch im Jahre 1885 erklärte das kanadische Landwirtschaftsministerium: »Wenn die Naturordnung nicht von Grund auf umgestürzt wird, werden unsere Fischgründe noch Jahrhunderte lang reiche Erträge bringen.«

Der Kabeljau frißt alles, will heißen, er verschlingt, was ihm vor das Maul kommt. Er schwimmt mit geöffnetem Maul und schluckt, was immer sich hineinverirrt – junge Kabeljaue eingeschlossen. Weil die Sportfischer in Neuengland und an der kanadischen Küste das wissen, angeln sie ohne Köder und nur mit einem Blinker, der durch seine Erscheinung und seine Bewegungen eine Lieblingsbeute des zu fangenden Fisches imitiert. Ein Kabeljaublinker ist ein Stück Blei, das manchmal so ähnlich wie ein Hering geformt ist, oft aber auch wie ein junger Kabeljau.

Kabeljaue ließen sich allerdings genausogut mit einem formlosen Stück Blei ködern. Den Berichten englischer Fischer zufolge fanden sich in den Mägen von Kabeljauen Styropor-Becher, die Passagiere der Kanalfähren ins Meer geworfen hatten. Im Jahre 1994 fing ein holländischer Sportfischer einen Kabeljau, dessen Magen ein künstliches Gebiß enthielt. Wie sich herausstellte, stammten die falschen Zähne von einem sechzigjährigen Holländer, der sie drei Monate zuvor über Bord hatte fallen lassen. Das beweist nicht nur, daß ein Kabeljau praktisch alles zu fressen versucht, sondern auch, daß heutzutage nicht viele Exemplare der Angel oder dem Netz entrinnen.

Seine Gier läßt den Kabeljau zur leichten Beute werden, aber Sportangler haben nicht viel Freude an ihm. Ist ein Kabeljau erst gefangen, kämpft er nicht um seine Freiheit. Man muß ihn einfach nur heraufziehen, und oft ist er ausladend und schwer. Die Angler in Neuengland ziehen den Fang eines Blaubarsches dem eines Kabeljaus entschieden vor. Blaubarsche sind kraftvolle Jäger und wilde Kämpfer; hängt einer am Haken, so entspinnt sich beim Versuch, die Leine einzuholen, ein heftiger Kampf. Allerdings bringt der Blaubarsch-Angler einen Fisch mit dunklem, tranigem Fleisch nach Hause, wie es zu einem Lebewesen paßt, das seinen Überlebenskampf im offenen Wasser austrägt und Muskeln für kraftvolles Schwimmen braucht. Am Kabeljau hingegen wird sein weißes Fleisch gerühmt; er ist der weißeste der weißfleischigen Fische aus der Ordnung der Dorschartigen, Gadiformes. Das Fleisch ist so rein weiß, daß die großen Flocken auf dem Teller fast schon leuchten. Weiß ist die typische Farbe für das schlaffe Muskelgewebe von Fischen, die in dem nahezu schwerelosen Milieu am Grunde des Ozeans schweben. Der Kabeljau wird versuchen, vor einem herannahenden Grundschleppnetz wegzuschwimmen, aber nach ungefähr zehn Minuten läßt er sich erschöpft in die Tiefe des Netzes zurückfallen. Weiße Muskeln taugen nicht für kraftvolle, sondern für rasche Aktionen – für die Geschwindigkeit, mit der sich ein gemächlich durchs Wasser kreuzender Kabeljau plötzlich auf seine Beute stürzt.

Kabeljaufleisch enthält praktisch kein Fett (0,3 Prozent) und besteht zu mehr als 18 Prozent aus Protein, was sogar für einen Fisch ungewöhnlich viel ist. Und wenn Kabeljau getrocknet ist und die über 80 Prozent seiner Masse, die aus Wasser bestehen, verdunstet sind, wird er zu einem Proteinkonzentrat – zu fast achtzigprozentigem Protein.

Fast nichts vom Kabeljau muß man wegwerfen. Der Kopf ist schmackhafter als der Körper, besonders das Kehlstück, das als Zunge bezeichnet wird, und die kleinen Fleischscheiben auf beiden Seiten, die man Backenstücke nennt. Die Schwimmblase, eine lange Röhre am Rückgrat, die sich zur Anpassung des Fisches an die Wassertiefe mit Gas füllen oder welches abgeben kann, dient als Hausenblasengallert, das in der Industrie als Klärmittel und bei der Fertigung gewisser Klebstoffe verwendet wird. Aber Schwimmblasen werden von Kabeljaufischern auch in gebratener Form verzehrt oder in Fischsuppen und in Eintöpfen mitgekocht. Der Rogen wird ebenfalls gegessen, frisch oder geräuchert. Die Fischer Neufundlands schätzen auch die weiblichen Keimdrüsen, ein gegabeltes Organ, das sie als »Britches«, dialektal für »Breeches«, bezeichnen, weil es in der Form dem besagten Beinkleid ähnelt. »Britches« werden wie die

Schwimmblasen gebraten. Die Isländer aßen früher die Milch, das Fischsperma, in Molke, und in Japan ist die Kabeljaumilch auch heute noch beliebt. Mägen, Eingeweide und Leber – alles wird gegessen; der Lebertran des Kabeljaus ist wegen seiner Vitamine hochgeschätzt.

Die Isländer stopfen die Kabeljaumägen mit Kabeljauleber, kochen sie, bis sie weich sind, und essen sie wie Würste. Dieses Gericht wird auch im schottischen Hochland zubereitet, wobei die Namen, die es dort erhält, seiner zweifelhaften Beliebtheit schwerlich aufhelfen: es wird Leber-Modder oder Kack-Modder genannt. Kabeljaukutteln ißt man im Mittelmeerraum.

Die Haut wird entweder gegessen oder zu Leder gegerbt. Die Isländer rösteten sie früher und setzten sie gebuttert den Kindern vor. Was vom Kabeljau übrigbleibt – die restlichen Organe und die Gräten –, ergibt einen hervorragenden Dünger; allerdings weichten bis zum 20. Jahrhundert die Isländer die Gräten in Sauermilch ein und aßen auch sie noch.

Während die Herkunft des englischen Wortes *cod* unbekannt ist, leitet sich das deutsche Wort Kabeljau wahrscheinlich vom lateinischen Wort *baculus*, Stock, her; getrockneter Fisch wurde auch als Stockfisch bezeichnet. Unklar bleibt, warum ausgerechnet der Salzfisch, der in den katholischen Ländern vorzugsweise an Tagen verzehrt wurde, an denen man sich des Geschlechtsverkehrs enthalten mußte, in etlichen Sprachen mit sexueller Bedeutung aufgeladen ist. Auf den englischsprachigen Inseln Westindiens bezeichnet Salzfisch üblicherweise den gesalzenen Kabeljau. Im Slang bedeutet *Salzfisch* »weibliches Genital«; und auch wenn die Bewohner der Karibik ihren gesalzenen Kabeljau durchaus schätzen, ist doch die zweite Bedeutung der Grund, warum in karibischen Liedern das Wort Salzfisch so häufig auftaucht, wie etwa in Mighty Sparrows »Saltfish«.

Im Mittelenglischen bedeutete *cod* »Tasche oder Beutel«, und davon abgeleitet »Hodensack«, weshalb der gewaltige Hosenbeutel, den die Männer im 16. Jahrhundert zwischen den Beinen trugen, um sich das Ansehen zu geben, im Besitze mächtiger, den Mann zierender Genitalien zu sein, als *codpiece*, Kabeljausack, bezeichnet wurde. Das Wörterbuch von Samuel Johnson aus dem Jahre 1755 definiert *cod* als »jedwede Schachtel oder Hülse, worinnen Samen aufbewahrt sind«. Hat das etwas mit dem Fisch zu tun? Die meisten Gelehrten bezweifeln es, haben aber keine andere Erklärung für die Herkunft des Wortes zu bieten. Henry David Thoreau reimte sich die Version zusammen, der Fisch sei nach der Samenhülse benannt worden, weil das Weibchen so viele Millionen Eier im Leib trage.

Zwischen Kabeljau und Beutel gibt es noch weitere Verbindungen. Auf der Gaspé-Halbinsel in Quebec, wo die Franzosen schon Kabeljau fischten, als Shakespeare noch nicht geboren war und wo die Menschen bis heute jeden Teil des Fisches nutzen, wird die Haut des Kabeljaus zu einer Art von Leder gegerbt, aus dem man Beutel fertigt. Das gleiche geschieht in Island. Der Fisch könnte auch nach der beutelartigen Ausbuchtung hinten im Netz benannt sein, aus der er nicht mehr herausfindet. Auf modernen englischen Schleppnetzkuttern heißt dieser Teil des Netzes, der sogenannte Schleppnetzstart, auch heute noch *cod end*, Kabeljauende.

Seit dem 19. Jahrhundert hat in Großbritannien *cod* die Bedeutung »Witz oder Posse«. Grund dafür mag sein, daß ein Hosenbeutel die Größe des Körperteils, das er anpries, schamlos übertrieb. Das dänische Wort für Kabeljau, *torsk*, hat allerdings ebenfalls die Bedeutung »Narr«.

Das französische Wort für Kabeljau, *morue*, gab dem atlantischen Kabeljau den zweiten Teil seines lateinischen Namens. Merkwürdigerweise aber nahm im 19. Jahrhundert, während *cod* in England synonym mit Posse wurde, *morue* in Frankreich die Bedeutung »Prostituierte« an. Historische Wörterbücher der französischen Sprache liefern dafür keine Erklärung, außer daß sie die neue Bedeutung in einem Zusammenhang mit dem kommerziellen Treiben im Pariser Großmarkt Les Halles sehen, wo man, zumal in Verbindung mit Fisch, zu solchen Anthropomorphismen neigte. Luden wurden Makrelen genannt, weil die Makrele ein öliger, raubgieriger Fisch ist. Im 19. Jahrhundert stand nichts so ausgesprochen für zügellose Profitgier wie der gesalzene Kabeljau. Eine *morue* ist ein durch Kommerzialisierung entwürdigtes Wesen. »Ja, ja, ich werde dich entsalzen, du *grande morue*!«, erklärt eine Figur in Émile Zolas Roman *Assommoir*, der im Jahre 1877 erschien. Und als Louis Ferdinand Céline schrieb, die Sterne seien »tout morue«, wollte er damit nicht sagen, daß sie aus gesalzenem Kabeljau bestünden, sondern daß die ganze Welt verderbt und korrupt sei.

Im heutigen Französisch heißt frischer Kabeljau *cabillaud*, was sich vom holländischen *kabeljauw* herleitet. Die Franzosen übernahmen ein Fremdwort für den Frischfisch, der sie nicht sonderlich interessierte, und behielten ein französisches Wort, *morue*, dem gesalzenen Kabeljau vor, den sie innig liebten. *Morue* ist älter als *cabillaud*. In Quebec, wo sich die französische Sprache seit dem 18. Jahrhundert kaum verändert hat, kennt man das Wort *cabillaud* nicht. Die Einwohner von Quebec kennen nur frische oder gesalzene *morue*.

Für die Spanier, Italiener und Portugiesen existiert frischer Kabeljau gar nicht, und es gibt eigentlich auch kein Wort für ihn. Man muß von »frischem Salzkabeljau« sprechen. Gesalzener Kabeljau heißt *baccalà* auf Italienisch und *bacalhau* auf Portugiesisch, was sich beides von dem spanischen Wort *bacalao* herleiten dürfte und letztlich auf das lateinische *baculus*, Stock, zurückgeht. Wie für die Iberische Halbinsel typisch, behaupten Basken und Katalanen, das Wort entstamme ihren jeweiligen Sprachen, was das restliche Spanien weit von sich weist. Bei den Katalanen gibt es eine Fabel, derzufolge der Kabeljau der hochmütige König der Fische war, der fortwährend prahlte und Gott damit kränkte. »Va callar!« (Wirst du wohl ruhig sein!) herrschte Gott den Kabeljau auf Katalanisch an. Aber gleichgültig, welcher Herkunft das Wort sein mag, in Spanien ist *lo que corta el bacalao* ein gängiger Ausdruck für den, der das Sagen hat.

Zur Ordnung der Dorschartigen zählen zehn Familien mit mehr als zweihundert Arten. Fast alle von ihnen leben im kalten Salzwasser der nördlichen Hemisphäre. Man nimmt an, daß die Dorschartigen ihre heutigen Formen vor ungefähr 120 Millionen Jahren im Tethysmeer entwickelten, einem tropischen Meer, das einst in ostwestlicher Richtung um die ganze Erde herumreichte und alle anderen Ozeane miteinander verband. Schließlich verschmolz das Tethysmeer mit einem nördlichen Meer, und der Kabeljau wurde zu einem Fisch des Nordatlantik. Später, als die Landverbindung zwischen Asien und Nordamerika zerbrach, fand der Kabeljau seinen Weg in den Nordpazifik. Bei den Fischen der Ordnung Gadiformes läßt sich die Evolution an den Flossen studieren. Der Lumb hat nahezu einen einzigen fortlaufenden Flossensaum entlang dem Körper und einen vom Körper kaum abgesetzten Schwanz. Der Leng hat einen ausgebildeten Schwanz und eine kleine zweite Rückenflosse. Beim Seehecht tritt die vordere Rückenflosse noch deutlicher hervor. Beim Wittling gibt es drei Rückenflossen, während die Afterseite (der Bauch) zwei eigene Flossen aufweist. Bei den entwickeltsten Gadiformes-Arten – Kabeljau, Schellfisch und Köhler – sind die drei Rücken- und die zwei Afterflossen ausladend und deutlich getrennt.

Obwohl die Dorschartigen aus warmen Gewässern stammen, ist nur eine tropische Art übriggeblieben: der winzige Einhorndorsch (*Bregmaceros*), der kommerziell uninteres-

Stich von William Lizars aus *Jardine's Naturalist's Library*, 1833

sant und über dessen Gewohnheiten fast nichts bekannt ist. Es gibt auch eine Art, die im Südatlantik lebt, und sogar eine Süßwasser-Art, die Aalquappe, deren weißes Fleisch, auch wenn es qualitativ nicht ganz an das des atlantischen Kabeljaus heranreicht, von Binnenfischern Alaskas, der Großen Seen, Neuenglands und Skandinaviens geschätzt wird. Nach Ansicht der Norweger ist die Leber der Aalquappe eine besondere Köstlichkeit. Es gibt andere Arten der Ordnung Gadiformes, die wohlschmeckend, aber ohne kommerzielle Bedeutung sind. Die Sportfischer entlang den Küsten Long Islands und Neuenglands angeln gern mit Blinker den kleinen Tomcod oder Frostfisch, der auch ein pazifisches Gegenstück hat.

Für den kommerziellen Fischfang jedoch hat es stets nur fünf Gadiformes-Arten gegeben: den atlantischen Kabeljau, den Schellfisch, den Köhler, den Wittling und den Seehecht. In wachsendem Maße muß eine sechste Art an diese Liste angefügt werden, der Pazifik-Kabeljau, *Gadus macroce-*

phalus, eine kleinere Ausgabe des atlantischen Kabeljaus, dessen Fleisch als fast genauso hochwertig gilt.

Der atlantische Kabeljau allerdings ist der größte und hat das weißeste Fleisch. Im Wasser entfalten sich seine fünf Flossen und verleihen ihm eine elegante Form, deren Stromliniencharakter durch einen geschwungenen weißen Streifen entlang der beiden Seiten noch betont wird. Er ist auch an seinem eher rechteckigen als zickzackförmigen Schwanz zu erkennen sowie an dem merkwürdigen kleinen Anhängsel am Kinn, das ihm nach Ansicht der Biologen dazu dient, sich am Meeresboden entlangzutasten.

Der kleinere Schellfisch hat eine ähnliche Form, ist aber auf dem Rücken anthrazitbraun, während der Kabeljau dort braun und bernsteinfarben gefleckt ist; außerdem weist er beiderseits über den Brustflossen einen schwarzen Fleck auf. Die Streifen an den Seiten des Schellfisches sind schwarz statt weiß. In Neuengland gibt es für diesen Unterschied eine althergebrachte Erklärung. Dort wird der Kabeljau manchmal als der »heilige Kabeljau« bezeichnet, und das hat er sich auch durch die vielen heiligen Dollars, die er den Neuengländern eingebracht hat, redlich verdient. Die neuenglische Volksüberlieferung indes nennt ihn heilig, weil es angeblich dieser Fisch war, den Christus vervielfachte, um die Volksmenge zu sättigen. Der Legende zufolge versuchte Satan, das gleiche zu tun, aber da er brennend heiße Hände hatte, zappelte sich der Fisch frei. Satans Daumen und Zeigefinger hinterließen Brandmale in Form der schwarzen Streifen; so kam es zum Schellfisch.

Diese Geschichte veranschaulicht den Unterschied zwischen Kabeljau und Schellfisch, der nicht nur in den Streifen, sondern auch im Prestige besteht, das beide genießen. Die britischen und isländischen Fischer verlegen sich nur widerstrebend auf den Schellfischfang, wenn sie ihre Kabeljauquoten ausgeschöpft haben, weil der Kabeljau stets einen besseren Preis erzielt. Und dennoch essen die Isländer lieber

Schellfisch und verzehren Kabeljau höchstens in getrocknetem Zustand. Befragt, warum das so ist, antwortet Ulfar Eysteinsson, Küchenchef in Reykjavik: »Wir essen doch kein Geld.«

Die Sterne sind *tout morue*, und Kabeljau ist Geld; Schellfisch ist einfach nur Nahrungsmittel. Die Neuschottländer, die Bewohner der kanadischen Provinz Nova Scotia, geben getreu ihren Namensvettern dem Schellfisch den Vorzug, sogar für Fish-and-Chips, was in Neufundland als Verhöhnung des guten Geschmacks und im Süden Englands als glatter Betrug gelten würde. Im Norden Englands wird wie in Schottland der Schellfisch bevorzugt.

An Orten, die weit entfernt vom Verbreitungsgebiet des atlantischen Kabeljaus liegen, ersetzt diesen der Seehecht. Der Seehecht, der sich unter den Gadiformes-Arten dadurch auszeichnet, daß er in beiden Hemisphären, der nördlichen und der südlichen, vorkommt, ist sowohl frisch als auch haltbar gemacht in so fernen Ländern wie Chile, Argentinien, Neuseeland und vor allem Südafrika ein beliebter Fisch. Die Basken, die keinen Fisch lieber mögen als behandelten Kabeljau, würden eher frischen Seehecht als frischen Kabeljau essen, den wenige überhaupt je zu Gesicht bekommen haben. Weil der Seehecht in Gewässern anzutreffen ist, die näher bei Spanien liegen, unter anderem auch im Mittelmeer, ist dort *Kabeljau* gleichbedeutend mit »behandelt«, während Seehecht ein Synonym für »frisch« ist. Manche baskischen Küchenchefs erklären, sie zögen Seehechtzungen Kabeljauzungen vor, aber damit sagen sie nichts weiter, als daß sie frische Zungen behandelten vorziehen.

Der Fisch, der vorzugsweise konserviert wird, ist der Kabeljau, obwohl auch alle anderen Gadiformes-Arten konserviert werden, heutzutage häufig als weniger kostspieliger Ersatz für den Kabeljau. Behandelter Leng ist eine schottische Tradition, und nördlich von Aberdeen wurde im 18. Jahrhundert »speldings«, windgetrockneter Wittling, der beim Trocknen mit Seewasser befeuchtet wird, um ihm einen besonderen Geschmack zu verleihen, zu einer regionalen Spezialität. Gleichzeitig wurden südlich von Aberdeen von den Fischersfrauen in Findon Schellfische am Strand getrocknet und über Torf- und Seetangfeuern geräuchert – Ursprung des bis zum heutigen Tage berühmten *finnan haddie*. Diese Zubereitung genießt ein solches Renommee, daß in den USA gelegentlich geräucherter Kabeljau fälschlich als *finnan haddie* ausgegeben wird, während gesalzener Schellfisch vielleicht als gesalzener Kabeljau firmiert.

Aber trotz verschiedener lokaler Vorlieben erfreut sich der Kabeljau auf dem Weltmarkt größter Wertschätzung. Das galt in den vergangenen Jahrhunderten, in denen der Fisch als preiswertes, haltbares Nahrungsmittel gefragt war, und es gilt auch heute, wo er eine immer teurer werdende Delikatesse darstellt. Selbst nach Sperrung der Great Banks werden weltweit über sechs Millionen Tonnen Fische aus der Ordnung Gadiformes gefangen, und mehr als die Hälfte davon sind Exemplare von *Gadus morhua*, atlantische Kabeljaue.

Zu den kulinarischen Vorzügen, die der Kabeljau aufweist, kommt noch hinzu, daß er ausgesprochen leicht zu fangen ist. Er dringt selten tiefer als sechshundert Meter hinab und hält sich normalerweise in einer Tiefe von vierzig Metern (zwanzig Faden) oder weniger auf. Zum Laichen geht der Kabeljau auf Wanderung und zieht auf der Suche nach warmen Laichgründen in flachere Gewässer nahe den Küsten, wo er sich dann noch leichter fischen läßt.

Die Kabeljaue zerfallen in Untergruppen, die an bestimmte Gebiete angepaßt sind und sich in Größe und Farbe unterscheiden; die Farbe variiert je nach lokalen Umständen zwischen Gelb, Braun, Grün und Grau. In den dunklen Gewässern bei Island sind die Fische braun mit gelben Flecken; aber ein Kabeljau braucht nur zwei Tage in dem hell erleuchteten Becken eines Aquariums auf den Vestmannaeyjar-Inseln vor der isländischen Küste zu verbringen, und schon ist er so blaß, daß er wie ein Albino wirkt. Die sogenannte Nordrasse, der Kabeljau vor den Küsten Neufundlands und Labradors, ist bei gleichem Alter kleiner als der Kabeljau vor Massachusetts, wo das Wasser wärmer ist. Auch wenn er stets ein Kaltwasserfisch bleibt, der Temperaturen zwischen ein und zehn Grad Celsius bevorzugt, wächst der Kabeljau schneller in den wärmeren Gewässern seines Verbreitungsgebiets. In der Vergangenheit war der Kabeljau vor Massachusetts der weltweit größte und fleischigste, was sich aufgrund der Überfischung in den letzten Jahren geändert hat.

Die Kabeljaue erzeugen ein Protein, das wie ein Antigefriermittel wirkt und ihnen erlaubt, Frosttemperaturen zu überstehen. Zieht ein Fischer einen Kabeljau aus gefrierendem Wasser, was selten vorkommt, da die Fische dann ja unter einer Eisdecke sind, hört das Protein auf, seine Wirkung zu tun, und der Fisch erstarrt auf der Stelle zu Eis.

Kabeljaue nähren sich von den Meereslebewesen, die massiert auftreten, wo warme und kalte Strömungen aneinander vorbeistreichen – wo der Golfstrom die Labradorströmung vor der Küste Nordamerikas passiert und wo er auf die arktischen Strömungen vor den Britischen Inseln, vor Skandinavien und vor Rußland trifft. Den Pazifik-Kabeljau trifft man vor der Küste Alaskas an, wo die warme Strömung von Japan mit der arktischen Strömung in Konktakt kommt. Tatsächlich folgt der Kabeljau diesen Verbindungslinien warmer und kalter Strömungen so konsequent, daß sich nach Ansicht mancher Meteorologen die Veränderung von Klimaverhältnissen an den Kabeljaufanggründen ablesen läßt. Werden die kalten Gewässer im Norden zu kalt, wandern die Kabeljaupopulationen nach Süden, während sie in wärmeren Jahren nach Norden ausweichen.

Von Neufundland bis zum südlichen Neuengland gibt es

eine Reihe von flachen Stellen, die als Banks ([Sand]Bänke) bezeichnet werden; die südlichste ist Georges Bank vor der Küste von Massachusetts, die größer ist als der Bundesstaat selbst. Mehrere große Bänke vor den Küsten Neufundlands und Labradors tragen den Sammelnamen Grand Banks, wobei die größte dieser Grand Banks, Grand Bank genannt, umfänglicher ist als Neufundland. Die Bänke erstrecken sich als ausgedehnte Untiefen am Rande des amerikanischen Kontinentalsockels. Das Gebiet ist reich an Phytoplankton, einem pflanzlichen Bewuchs, der durch die Nitrate produziert wird, die der Zusammenprall der Strömungen aufwühlt. Winzige Meerestiere, das Zooplankton, ernähren sich von dem Phytoplankton. Das Zooplankton wiederum wird von winzigen, garnelenartigen, frei im Wasser schwebenden Meerestieren gefressen, die man Krill nennt. Heringe und andere Fischarten aus den mittleren Wasserzonen steigen auf, um vom Krill in der Nähe der Wasseroberfläche zu fressen, während Seevögel auf der Jagd nach dem Krill und den Fischen tauchen. Auch Buckelwale nähren sich von dem Krill. Und es ist dieses nahrungsreiche Milieu an den Bänken, das millionenfach Kabeljau hervorbringt. Im Nordmeer findet man die Kabeljaugründe ebenfalls im Bereich der flachen Zonen, aber die Bänke Nordamerikas, bei denen die Wasser aus dem Golf von Mexiko mit denen des arktischen Grönland zusammentreffen, wiesen eine größere Kabeljaudichte auf als irgendein Gebiet in den Meeren um Europa. Hier lag das Geheimnis der Basken.

Erfreulich für die Fischer ist darüber hinaus, daß ein Kabeljauweibchen von einem Meter Länge bei einem einzigen Laichprozeß drei Millionen Eier produzieren kann. Ein Fisch, der einen Viertelmeter länger ist, kann neun Millionen Eier ablegen. Ein Kabeljau kann bis zu zwanzig oder sogar dreißig Jahre alt werden, aber für seine Fruchtbarkeit ist die Größe entscheidender als das Alter. Dumas' Vorstellung von den Abermillionen Eiern, aus denen irgendwann

Fische würden, auf deren Rücken man das Meer überqueren könnte, entspringt der für das 19. Jahrhundert so typischen Begeisterung für den Reichtum der Natur. Vorkommen könnte dergleichen allerdings nie. Im wirklichen Naturzusammenhang produziert ein Kabeljau gerade deshalb so viele Eier, weil nur ganz wenige Fische die Reife erreichen. Die frei im Wasser treibenden Eier gehen entweder kaputt, während sie von den Wellen herumgeschleudert werden, oder sie werden von anderen Arten gefressen. Nach ein paar Wochen schlüpft die Brut aus den übriggebliebenen Eiern und nährt sich heißhungrig erst vom Phytoplankton und bald auch vom Zooplankton und schließlich vom Krill. Immer vorausgesetzt, sie schafft es, ihren Nahrungskonkurrenten, den anderen Fischen, den Vögeln und den Walen, zuvorzukommen! Die wenigen Kabeljaularven, denen es gelingt, in den ersten drei Wochen dem Gefressenwerden und dem Hungertod zu entrinnen, sind dann auf etwa fünf Zentimeter Länge angewachsen. Die kleinen durchscheinenden Jungfische verlassen nun den oberen Teil des Meeres und beginnen ihr Leben am Grund, wo sie sich kiesige und andere unebene Böden suchen, die ihnen Schutz vor ihren vielen Feinden bieten, zu denen auch ausgewachsene hungrige Kabeljaue zählen. Um eine gesunde Schule von Jungfischen, wie die Biologen das nennen, in die Welt zu setzen, ist eine riesige Masse von Eiern nötig. Wenn aus den Millionen Eiern, die jedes Kabeljauweibchen im Laufe seines Lebens ablegt, zwei Jungfische hervorgehen, die es bis zur Fortpflanzung bringen, ist die Stabilität der Population gesichert. Das erste Jahr zu überleben ist am schwersten. Danach hat der Kabeljau wenige natürliche Feinde und viele Beutetiere. Weil ein Kabeljau nicht wählerisch ist, paßt er seinen Speiseplan an die lokalen Gegebenheiten an, frißt Weichtiere im Golf von Maine sowie Heringe, Lodden und Tintenfische im Mündungsgebiet im Golf von Sankt Lorenz. Der atlantische Kabeljau ist besonders widerstandsfähig gegen Parasiten und Krankheiten, weit mehr als der Schellfisch und der Wittling.

Wenn es je einen Fisch gab, der für die Ewigkeit gemacht schien, dann der atlantische Kabeljau – der Fisch schlechthin. Aber zu seinen Feinden zählt der Mensch, eine Spezies mit weit aufgerissenem Maul und noch gieriger als der Kabeljau selbst.

DER WOHLGEGARTE KOPF

Die Rezepte von Hannah Glasse zeigen, wieviel von der britischen Kochkunst verlorengegangen ist, besonders von der Kunst des Bratens. Ein Jahrhundert nach Glasse schrieb der französische Kochkunstautor Jean Anthelme Brillat-Savarin: »Man kommt vielleicht als Koch zur Welt; das Braten aber will gelernt sein.«

Wie man einen Kabeljaukopf schmort

Man wäscht ihn sorgfältig und kerbt ihn mit einem Messer ein, streut etwas Salz darauf und legt ihn in eine Schmorpfanne, die man vorne ans Feuer stellt und hinten abschirmt, so daß er schmoren kann. Alles Wasser, das er in der ersten halben Stunde ausschwitzt, wird weggegossen; dann gibt man etwas Muskatnuß, Nelken, fein zerstoßene Muskatblüten und Salz darüber, bestreut ihn mit Mehl und bestreicht ihn mit Butter. Wenn er eine Zeitlang geschmort hat, wendet man ihn und würzt und bestreicht die andere Seite ebenso; man wendet ihn häufig und übergießt ihn dann mit Butter und Brotkrumen. Ist es ein großer Kopf, so muß er vier oder fünf Stunden braten; man hält etwas zerlassene Butter mit einer Sardelle bereit, etwas von der gekochten und fein zerdrückten Leber des Fisches, gut vermischt mit der Butter, und zwei mit der Butter vermischte feingeschlagene Eigelb, schlägt alles durch ein Sieb und gibt es zurück in den

Soßentopf, fügt ein paar Garnelen oder eingelegte Herzmuscheln, zwei Eßlöffel Rotwein und den Saft einer Zitrone hinzu. Man gießt das Ganze in die Pfanne, in der man den Kopf geschmort hat, rührt es zusammen, gießt es wieder in den Soßentopf, läßt es aufkochen und füllt es in einen Hafen. Der Kopf wird mit Bratfisch, Zitrone und geraspeltem Meerrettich garniert. Hat man eine große Backröhre, ist es noch besser.

Hannah Glasse, *The Art of Cookery: Made PLAIN and EASY which far exceeds any Thing of the Kind ever yet Published BY A LADY*, 1747

3: Der Kabeljaurausch

Ließe der Kabeljau uns im Stich,
wir wären verkauft und verraten.
Was brächten wir dann nach Bergen
und tauschten es gegen Dukaten?

Petter Dass,
Nordlands Trompet, Norwegen, 1735

Das Geheimnis der Basken war gelüftet.

Raimondo di Soncino, der Mailänder Gesandte in London, schickte am 18. Dezember 1497 ein Schreiben an den Herzog von Mailand, worin er über die Rückkehr John Cabots am 6. August berichtete:

»Das Meer dort wimmelt von Fischen, für deren Fang man keine Netze braucht, sondern bloß Körbe, die man mit einem Stein hinabläßt, damit sie sinken. Soviel habe ich aus Messer Zoanes Munde vernommen. Selbige Engländer, seine Gefährten, sagen, sie könnten so viele Fische herbeischaffen, daß dieses Königreich nicht mehr auf Island angewiesen wäre, woher eine überaus große Menge des Fisches kommt, den sie Stockfisch nennen.«

Dieser Äußerung haben die Historiker die Information entnommen, John Cabots Leute hätten Kabeljaue einfach in Körben gefangen, die sie mit Steinen beschwerten. Wir haben keine Beweise dafür, daß die Äußerung von Cabot selbst stammt, und wir wissen auch nicht, wie zuverlässig di Soncinos Quelle war. Spätere Berichte liefern allerdings die Bestätigung dafür, daß die Küste Nordamerikas von Kabeljauen überquoll, die eine Größe und deren Schwärme eine Dichte erreichten, wie man es noch nie gesehen und erlebt hatte, jedenfalls nicht in der schriftlich überlieferten europäischen Geschichte.

Als die Europäer Nordamerika zum ersten Mal betraten, trafen sie dort einen im Vergleich mit Europa beispiellosen Reichtum an Wild und Fischen an. Vogelschwärme, vor allem Scharen der heute ausgestorbenen Wandertaube, verdunkelten stundenlang den Himmel, während sie über den Köpfen vorbeizogen. Im Jahre 1649 schrieb Adriaen van der Donck, der Gouverneur der Kolonie Neuamsterdam, von dem Ort, der heute New York heißt, in den umliegenden Gewässern gebe es drei Meter große Hummer. Sogar noch ein Jahrhundert nach Cabot berichteten Engländer von mehr als anderthalb Meter langen Kabeljauen, die sie vor der Küste von Maine gefangen hatten; in Kanada ist immer wieder die Rede von »Kabeljauen, so groß wie ein Mann«. Im Jahre 1838 wurde an der Georges Bank ein Hundertsechzigpfünder gefangen, und im Mai 1895 hievte man vor der Küste von Massachusetts einen zwei Meter langen Kabeljau mit einem Gewicht von 190 Pfund an Bord. Durchaus denkbar, daß Cabots Leute Kabeljaue in Körben aus dem Meer schöpfen konnten.

Cabot, ein fähiger und erfahrener Seefahrer, war erst zwei Jahre vor seiner Fahrt von 1497 mit Frau und Sohn nach Bristol gezogen, genervt von den Triumphen des Kolumbus und voll Verlangen nach eigenen Ruhmestaten. Kolumbus und Cabot kamen ungefähr zur gleichen Zeit in Genua zur

Welt; beide grasten sie das Mittelmeer auf der Suche nach Unterstützung für ihre Seefahrerpläne ab. Wahrscheinlich kannten sie sich persönlich. Möglich, daß Cabot einige der triumphalen Empfänge miterleben mußte, die man dem Rückkehrer Kolumbus bereitete. Im April 1493 hielt er sich offenbar in Barcelona auf, als die Menge seinen genuesischen Landsmann beim offiziellen Einzug in die Stadt begeistert feierte. Als Cabot von seiner Nordamerikafahrt nach England zurückkehrte, kam er schließlich in den Genuß der gleichen Art von Empfang, wie er Kolumbus in Spanien zuteil wurde. In England war Cabot eine sensationelle Erscheinung, der Mann der Stunde; begeisterte Menschen stürzten sich in den Straßen von Bristol und London auf ihn wie heute auf einen Rockstar. Er hatte indes wenig Zeit, sich in einem Ruhm zu sonnen, der vielleicht nur kurzlebig war. Schließlich stand Kolumbus im Begriff, zu seiner *dritten* Fahrt auszulaufen. Dank seines plötzlichen Ruhmes fiel es Cabot leicht, die Mittel für eine zweite Reise mit fünf Schiffen zu beschaffen. Ein Schiff kehrte bald schon zurück, und von den anderen vier, auf denen sich auch Cabot befand, ward nie wieder etwas vernommen. Viele derartiger Unglücksfälle sollten folgen.

Auch die Portugiesen erforschten und kartographierten Nordamerika. Eine Karte aus dem Jahre 1502 verzeichnet Neufundland als »Land des Königs von Portugal«, und bis zum heutigen Tag betrachten viele Portugiesen Neufundland als portugiesische »Entdeckung«. Auf vielen der frühesten Landkarten Neufundlands findet man portugiesische Namen, die sich erhalten haben, auch wenn ihre portugiesische Herkunft nicht mehr erkennbar ist. Cabo de Espera (Kap der Hoffnung), die kleine Landspitze zwischen St. John's und Petty Harbour, ist zu Cape Spear geworden, Cabo Raso heißt heute Cape Race, und aus der Isla dos Baccalhao wurde Baccalieu Island. Gaspar Côrte Real fuhr nach Neufundland und taufte es Grünland, Terra Verde. Er war der jüngste Sohn von João Vaz Côrte Real, einem Seefahrer, der auf den Azoren ein despotisches Regiment führte, und von dem ebenfalls manche behaupten, er sei schon vor Kolumbus in Amerika gewesen. Im Jahre 1501, auf seiner zweiten Reise, nachdem er siebenundfünfzig Beothuk als »Probiersklaven« zurückgeschickt hatte, verschwand er mit seinem Schiff und der ganzen Mannschaft. Im folgenden Jahr ging sein Bruder Miguel mit dem Flaggschiff und dessen Besatzung verloren.

Diese herben frühen Verluste konnten die Fischer nicht abschrecken. In Neufundland stürzte man sich mit einer Begeisterung in den Fischfang, als wäre man vom Goldrausch gepackt. Im Jahre 1508 machte neufundländischer gesalzener Kabeljau schon zehn Prozent der Fische aus, die in den portugiesischen Häfen Douro und Minho verkauft wurden. In Frankreich hatten die Bretonen und die Bewohner der Normandie den Vorteil, daß die nahe gelegenen Städte Rouen und Paris die damals gewinnträchtigsten Märkte waren. Im Jahre 1510 stellte gesalzener Kabeljau auf dem geschäftigen Markt von Rouen bereits einen Haupthandelsartikel dar. Bis zur Mitte des Jahrhunderts hatte sich der Anteil des Kabeljaus am gesamten Fischverzehr in Europa auf 60 Prozent erhöht, und bei diesem Prozentsatz blieb es die nächsten zweihundert Jahre lang.

Der Handel mit dem neufundländischen Kabeljau gestaltete im 16. Jahrhundert die Märkte um und sorgte für den Ausbau von Häfen. La Rochelle an der französischen Atlantikküste bildete bis dahin einen zweitklassigen Hafen, weil er nicht an einer Flußmündung lag; da die Güter auf Flüssen ins Landesinnere transportiert wurden, war dies ein entscheidender Mangel. Abgesehen von der Geschütztheit seines Hafens hatte La Rochelle nichts weiter zu bieten als eine tatkräftige protestantische Kaufmannschaft, die erkannte, welche kommerziellen Chancen der neufundländische Kabeljau bot. Das aber genügte, um La Rochelle zum führenden europäischen Fischereihafen für neufundländischen Kabeljau werden zu lassen. Von den 128 Fischereifahrten nach Neufundland, die zwischen Cabots erster Reise und 1550 unternommen wurden, nahm über die Hälfte ihren Ausgang von La Rochelle.

Diese Jahre gehörten den Franzosen, auf deren Konto 93 von den 128 Fischereifahrten nach Neufundland gingen. Den Rest teilten sich die Engländer, Spanier und Portugiesen. Die Zahlen über die Basken sind, wie es nun einmal das Schicksal dieses Volkes ist, in den französischen und spanischen Statistiken untergegangen, aber die Häfen Bayonne und St.-Jean-de-Luz im französischen Teil des Baskenlandes spielten in der ersten Hälfte des Jahrhunderts eine wichtige Rolle.

Auch wenn Cabot Nordamerika für England in Besitz genommen hatte, verfielen die Engländer nicht sofort dem Kabeljaurausch, da sie in den isländischen Gewässern gute Fänge machten. Der Kabeljau war es, der in vorrömischen Zeiten die Engländer aus der schützenden Nähe ihrer Küsten fortgelockt hatte. Zu Anfang des 15. Jahrhunderts fuhren bereits zwei- und dreimastige Ketschen mit Steuerruder nach Island und den Färöer-Inseln. Nicht nur gehörten diese Ketschen zu den besten Fischereifahrzeugen der damaligen Zeit, es sollte auch bis zum 20. Jahrhundert dauern, ehe die Isländer über Schiffe vergleichbarer Qualität verfügten, um in ihren eigenen Gewässern zu fischen.

Der Konflikt zwischen England und der Deutschen Hanse um die Rechte am isländischen Kabeljau verschärfte sich allmählich immer mehr. Im Jahre 1532 wurde ein Engländer, John the Broad, im isländischen Fischereistützpunkt Grindavík ermordet. Beim Stichwort Kabeljaukrieg denkt man zwar an das 20. Jahrhundert, aber der erste wurde durch diesen Mord in Grindavík ausgelöst und nicht gegen Island geführt, das damals ein kolonialisiertes, gefügiges Volk war, sondern gegen die Hanse, die sich ihre eigene Flotte geschaffen hatte. Untypischerweise zogen sich die Briten nach kurzem Kampf einfach aus der Islandfischerei zurück. Wie di Soncino vorhergesagt hatte, brauchte Großbritannien Island nicht mehr.

Mit der Erschließung von Neufundland begannen sich im britischen Westen große Fischereihäfen zu entwickeln. In den Tagen der langsamen Segelfahrten stellte eine Anlaufstelle im Westen des Landes einen enormen Vorteil dar, weil dadurch die Fahrt verkürzt wurde. Abgesehen von Irland, das sich eine Flotte für Fernfahrten nicht leisten konnte, waren es die Neufundland am nächsten gelegenen europäischen Regionen, in denen die Häfen lagen, die bis zur Mitte des 20. Jahrhunderts für die Neufundlandfischerei wichtig blieben – St. Malo auf der bretonischen Halbinsel, Vigo an der Nordwestspitze Spaniens, die portugiesischen Häfen.

Die Stadt Bilbao im spanischen Baskenland mit ihren Eisenhütten, in denen für die Schiffe Europas Anker und andere metallene Ausrüstungsgegenstände hergestellt wurden, war eine der Hafenstädte, die ihren Aufstieg dem Boom im Schiffsbau verdankte, den der Kabeljauhandel verursachte. Folgt man dem Historiker Samuel Eliot Morison, so hat es niemals in der Geschichte, nicht einmal im Zweiten Weltkrieg, solch eine Nachfrage nach Ersatz für gesunkene Schiffe gegeben wie zwischen 1530 und 1600. Der europäische Unternehmungsgeist eilte dem Stand der Technik einfach zu weit voraus, und deshalb waren bis zum Bau besserer Schiffe und bis zur Entwicklung fortschrittlicherer Navigationstechniken Schiffswracks und verschollene Schiffe eine regelmäßige Begleiterscheinung des neuen Abenteuers.

Bei diesem rasch expandierenden kommerziellen Unternehmen befanden sich die Briten wie die meisten Länder im Norden gegenüber den Franzosen, Spaniern und Portugiesen in einem wichtigen Punkt im Nachteil: Sie verfügten nur über bescheidene Mengen an Salz. Der Winterfisch, den sie

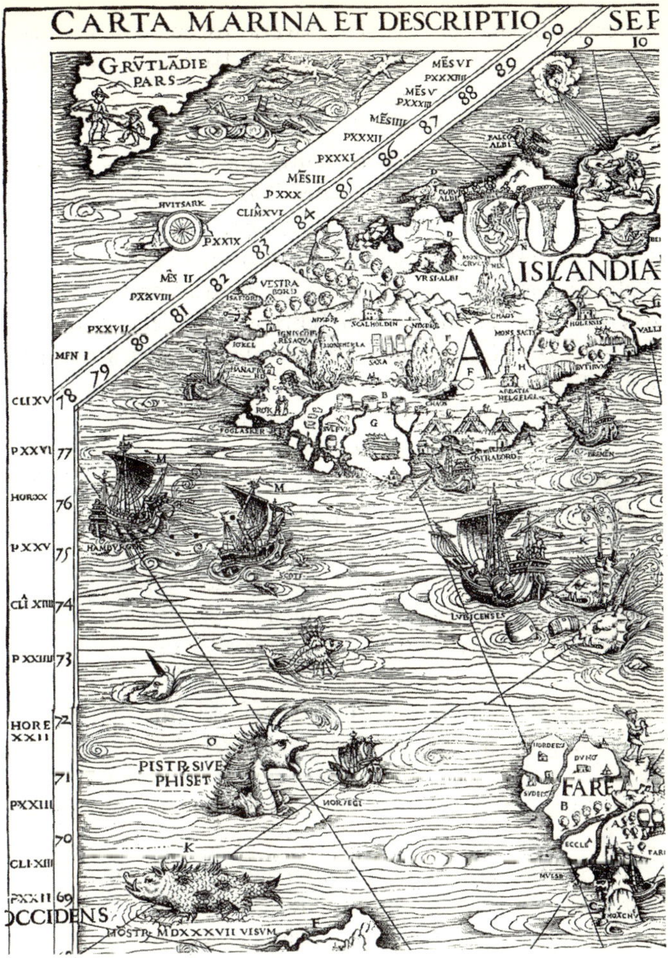

Ausschnitt aus Olaus Magnus' *Carta Marina*, 1539, der den Kabeljaukrieg von 1532 vor der Küste bei Grindavík zeigt. *(Universitätsbibliothek Uppsala)*

erzeugten, war nicht gesalzen, sondern einfach nur getrocknet. Man nannte ihn Stockfisch, weil die Fische paarweise am Schwanz zusammengebunden und zum Trocknen über Stöcke gehängt wurden, wie man es winters auf den isländischen Lavafeldern bis zum heutigen Tage macht.

Die Engländer aber wollten für den wachsenden Markt Kabeljau rund um das Jahr erzeugen, und da weder das Nordseegebiet noch Island im Sommer kalt genug für das Trocknen von Fisch waren, blieb ihnen nichts anderes übrig, als die Fische zu salzen. Zum Teil wurden sie einfach gesalzen und ungetrocknet verkauft; dann sprach man von »grünem« Fisch, nicht wegen der Farbe, sondern weil er so für naturbelassener galt als in getrocknetem Zustand. Im Bemühen indes, sich ihre beschränkten Salzvorräte zu erhalten, erfanden die Briten ein Produkt, das auf den Märkten des Mittelmeeres und der Karibik jahrhundertelang hochgeschätzt war: einen schwach gesalzenen getrockneten Kabeljau. Die Norweger sprachen von *terranova fisk*, Neufundlandfisch, benutzten aber später den Namen *klipfisk*, Klippfisch, weil er auf den Küstenklippen getrocknet wurde.

Die grünen und die nach dem Salzen getrockneten Fische fanden, als sie auf den Markt kamen, größeren Anklang als die ungesalzenen Stockfische und erzielten deutlich höhere Preise. Die Briten experimentierten mit neuen Erzeugnissen wie etwa einem im Sommer getrockneten Kabeljau von den Grand Banks, den man als Laberdan oder Armen Hans kannte. In Shakespeares Märchenspiel *Der Sturm* sagt Trinculo über Caliban, den er am Strand findet: »Ein Fisch: er riecht wie ein Fisch; 's ist ein recht ranziger und fischichter Geruch; so 'ne Art Laberdan, nicht von dem frischesten.«

Der im Winter haltbar gemachte Kabeljau war bekanntermaßen besser. Andere Variationen kamen in Gebrauch. Manchmal wurde der Fisch von Hand eingesalzen, manchmal in Fässern mit Salzlake gepökelt und hin und wieder auch getrocknet, um ihn haltbarer zu machen. Es gab nicht nur eine breite Palette von Behandlungsmethoden für den neufundländischen Kabeljau, sondern auch zweifellos ein großes Spektrum von Güteklassen. »Was ihre Güte betrifft, so stinken viele von ihnen, denn es ist ausgemacht, daß Fisch oder Fleisch, sofern sie nicht vorher gut getrocknet und gesalzen werden, unfehlbar verderben«, schrieb John Collins, Buchhalter des Königlichen Fischereiamtes, im Jahre 1682 in *Salt and Fisheries* [Salz und Fischerei].

Daß ein Buchhalter des Königlichen Fischereiamtes ein Buch über Salz veröffentlichte, kam nicht von ungefähr. Die britische Fischerei schlug sich schon seit Jahrhunderten mit dem Salzproblem herum. Collins wies darauf hin, daß sich überall an Englands Küsten Brackwasser einkochen ließ, das mehr Salz ergebe als verdunstendes Meerwasser. Er ließ sich über die unterschiedliche Qualität des jeweils gewonnenen Salzes aus und hatte für eines der besseren englischen Salze folgendes Rezept zu bieten:

»... wie man in Namptwich Lake zu Salz verkochet. Sie verkochen es in Eisenpfannen, anderthalb Ellen breit und sechs Zoll tief; die Feuer macht man mit Zechenkohle aus Staffordshire, und eine ihrer kleineren Pfannen braucht zwei Stunden Kochzeit.

Zum Klären und Abheben des Schaumes verwenden sie Blut von Kälbern, Kühen und Schafen, wovon, wie es in Philosophical Transactions, *No. 142, heißt, das Salz einen üblen Beigeschmack behält.«*

Wich ist ein angelsächsisches Wort und bedeutet »Ort, an dem es Salz gibt«; alle englischen Städte, deren Name mit *wich* enden, haben irgendwann Salz produziert, aber niemals genug für die neufundländische Kabeljaufischerei.

Collins warnte vor französischem Salz, von dem er behauptete, es sei ungesund. Abgesehen von seiner allgemeinen

Abneigung gegen die Franzosen hatte er für diese Behauptung wahrscheinlich mehrere Gründe. Die Franzosen waren seit jeher passionierte Schmuggler, und Salz gehörte zu den beliebten Schmuggelwaren. Die Salzsteuer, wie übrigens auch die meisten anderen Steuern, zu hinterziehen galt für sie fast schon als Ehrensache. »Ach, der Regen hat es weggespült« oder »Jemand muß es gestohlen haben«, waren vertraute Klagelieder für die Ohren von Steuereintreibern. Auch die Briten hatten eine allgemein gehaßte Salzsteuer, und auch bei ihnen wurden Häuser nach undeklarierten Salzvorräten durchsucht. Aber die französische Salzsteuer, die *gabelle*, war besonders verhaßt und zählte zu den Mißständen, die zur Französischen Revolution führten. Wie so viele der mit der Revolution eingeführten Reformen hatte auch die Abschaffung der Salzsteuer nicht lange Bestand; nach fünfzehn Jahren wurde die Steuer wieder eingeführt und blieb bis zum Jahre 1945 erhalten. Sie ließ sich unter anderem dadurch umgehen, daß man durch das Verkochen von Brackwasser sein eigenes Salz herstellte; vermutlich hatte Collins recht, und ein Großteil dieses nach England eingeschmuggelten Salzes war tatsächlich unbekömmlich.

Die französischen Terreneuve-Kaufleute allerdings füllten ihre Laderäume mit legalem, hochwertigem französischem Salz, das einen guten Ballast darstellte. Damit segelten sie dann nach Neufundland und brachten anstelle der Salzfracht eine Ladung gesalzene Kabeljaue zurück.

Den Bretonen verschaffte das Salz einen großen Vorteil. Kraft des Vertrages, durch den das bretonische Herzogtum an Frankreich fiel, waren die Bretonen von der *gabelle* befreit. Und da im 16. Jahrhundert das Salz durch Verdunstung gewonnen wurde, handelte es sich bei ihm um ein südliches Produkt, wobei die südliche Bretagne den nördlichsten Punkt darstellte, an dem sich die Salzerzeugung kommerziell lohnte.

Die nahe gelegene Bretagne hätte den britischen Salzbedarf decken können, aber die Franzosen waren Gegner. Portugal mit seinen Salzwerken in Aveiro – das nicht zufällig das portugiesische Zentrum für gesalzenen Kabeljau wurde und bis heute geblieben ist – verfügte über ein Salz, das in Europa als unübertroffen galt. Bristoler Kaufleute gründeten mit den Portugiesen eine Reihe von Gemeinschaftsunternehmen. Im Austausch gegen Salz gewährte die britische Regierung portugiesischen Schiffen Schutz vor den Franzosen. Im Jahre 1510 beschwerte sich der König von Portugal beim König von Frankreich, französische Schiffen hätten in den letzten zehn Jahren dreihundert portugiesische Seefahrzeuge gekapert.

Das britische Abkommen mit Portugal, das beiden Seiten Vorteile brachte, hielt bis zum Jahre 1581, als Portugal mit Spanien verschmolz. Für eine seefahrende Nation war dies kein günstiger Zeitpunkt, mit Spanien gemeinsame Sache zu machen. Im Jahre 1585 griffen die Briten die spanische Fischereiflotte an und zerstörten sie; die spanische Kriegsflotte erlebte beim Versuch, in England einzufallen, ein Debakel und ging unter. Die portugiesische Flotte riß sie dabei mit ins Verderben. Bis im Jahre 1986 die kanadische Regierung die Portugiesen aus ihren Hoheitsgewässern vertrieb, gingen diese auch weiterhin bei den Grand Banks auf Fischfang; eine Vorrangstellung in der Neufundland-Fischerei errangen sie allerdings nie wieder, nachdem die kurzlebige Vereinigung mit Spanien ihrem Bündnis mit den Briten ein Ende bereitet hatte.

Zu der Zeit, als England sein Bündnis mit Portugal aufkündigte, ein knappes Jahrhundert nach Cabots erster Fahrt, stellte der neufundländische Kabeljau für die Briten mehr als bloß einen kommerziellen Faktor dar; er besaß auch strategische Bedeutung. Was die Briten in der zweiten Hälfte des 16. Jahrhunderts zum Hauptakteur in der Neufundlandfischerei werden ließ, war tatsächlich ihr Bedarf an riesigen Mengen getrockneten – nicht gesalzenen – Kabeljaus für die

Linienschiffe der britischen Marine, die Frankreich bekriegten. Man fütterte die Marine mit Kabeljau und verkaufte den Rest. Sosehr die Engländer beim Fischfang die Nase vorn hatten, so sehr hinkten sie bei der Vermarktung der Fische in Kontinentaleuropa hinterher; in den Mittelmeerländern, wo die Menschen hochwertigen gesalzenen und getrockneten Fisch verlangten, hatten sie Mühe, ihre Ware loszuwerden. Nach einem Jahrhundert allgemeinen Gerangels um den Kabeljau traten die Basken erneut als Hauptlieferanten für den Mittelmeerraum in Erscheinung – und das, obwohl ihr Geheimnis gelüftet war.

Die britische Gesetzgebung stellte für die britischen Handelsbemühungen einen gewaltigen Hemmschuh dar. Wegen seiner strategischen Bedeutung wurde der Neufundland-Kabeljau wie ein kriegswichtiger Artikel behandelt; der Handel mit dem Fisch unterlag strikter Kontrolle. Die Spanier und Portugiesen hatten den Kabeljau ebenfalls als strategisch wichtig betrachtet, weil mit ihm die Mannschaften ihrer immer häufigeren Flottenkommandos in die tropischen Regionen der Neuen Welt verproviantiert wurden. Aber auf der Iberischen Halbinsel existierte zugleich ein riesiger heimischer Markt für gesalzenen und getrockneten Kabeljau. England verfügte von allen Nationen, die mit dem Kabeljaufang befaßt waren, über den kleinsten Binnenmarkt für Kabeljau. Während sie weniger Fisch als die anderen aßen, besaßen die Engländer gleichzeitig ein hochentwickeltes eigenes Fischereiwesen. Und dennoch verbot die britische Krone den Außenhandel mit Kabeljau und untersagte britischen Schiffen den direkten Verkauf an kontinentaleuropäische Häfen.

Die Briten brachten Fischmengen zurück, die für die damalige Zeit gewaltig waren. Die Häfen im Westen des Landes wuchsen weiter. Plymouth, das auf der Halbinsel Cornwall lag, die sich nach Westen in Richtung der neuen Gebiete erstreckte, gewann zunnehmend an Bedeutung.

Allein in Plymouth waren fünfzig Schiffe für den Fischfang vor Neufundland stationiert; über sie schrieb Sir Walter Raleigh im Jahre 1595: »Wenn diese Schiffe verlorengingen, wäre das der schlimmste Schlag, der England jemals traf.«

Im Jahre 1597 kehrte diese Flotte aus fünfzig Schiffen von den Grand Banks zurück und segelte entlang der Küste Cornwalls nach Plymouth. Das war ein Anblick, wie ihn unser Zeitalter nicht mehr kennt – an die zweihundert Leinwand-Segel ragten dicht gedrängt in den Himmel, während die Flotte vor dem Hintergrund des grünen Flickenteppichs der Hügel Devons in den geschützten Hafen einfuhr. Diese Zweimaster, auf denen Dutzende von Männern monatelang lebten und arbeiteten, waren nur gut dreißig Meter lang. Die Kaufleute hätten größere Schiffe mit größeren Laderäumen vorgezogen, aber die Seeleute wollten in der gefährlichen neuen felsumgürteten Welt lieber mit kleinen Fahrzeugen navigieren. Kauffahrer aus Holland, Frankreich und Irland drängten sich in der kleinen Hafenstadt und warteten auf die Plymouth-Flotte, um Fisch zu kaufen und ihn auf die Märkte Kontinentaleuropas zu verfrachten.

Die Briten ließen sich diese kommerzielle Chance auch weiterhin entgehen. Im Jahre 1598 kam eine Flotte von Neufundland zurück nach Southampton gesegelt und verkaufte den größten Teil des Kabeljaus an französische Kaufleute, die ihn wiederum in Spanien weiterverkauften. Mittlerweile aber war die französische Flotte durch die Kriege mit den Hugenotten, den Protestanten in La Rochelle, dezimiert. Unter dem Eindruck des allgemeinen Verfalls der Flotten Portugals, Spaniens und Frankreichs erkannten die Briten allmählich die kommerziellen Möglichkeiten ihrer Neufundland-Fischerei. Zum Ende des 16. Jahrhunderts wurde britischen Schiffen endlich gestattet, ihre Kabeljaufänge aus den Gewässern Neufundlands direkt in ausländischen Häfen zu verkaufen. Die neu befreiten britischen Kaufleute erzwangen die Öffnung des Handels mit Kabeljau, wovon auch andere Handelszweige profitierten.

Diese Beseitigung britischer Handelsschranken verliert allerdings im Rückblick an Bedeutung, weil nämlich fast gleichzeitig mit ihr, Anfang des 17. Jahrhunderts, der Keim zu einer noch wichtigeren Veränderung im Welthandel gelegt wurde. Eine kleine Gruppe religiöser Dissidenten, die aus England geflohen waren, starrten in ihrer holländischen Zuflucht auf eine Landkarte und bemerkten einen kleinen Landvorsprung, der einen faszinierenden Namen trug – Cape Cod, Kabeljaukap.

O SCHANDE!

Stockfisch

Man klopft ihn eine halbe Stunde oder länger kräftig mit einem Schlegel und weicht ihn drei Tage lang ein, köchelt ihn dann auf kleinem Feuer so, daß ihn das Wasser bedecket, bis er weich ist; nun nimmt man ihn heraus, legt ihn in eine verquirlte Masse aus Butter, Eiern und Senf, nimmt des weiteren 6 Kartoffeln (die das ganze Jahr über in Samenhandlungen zu bekommen sind), kocht sie ganz zart und schält sie dann. Man zerhackt sie in Stücke, schlägt die Butter zusammen mit ihnen zu einem Brei, häuft diesen auf den Fisch und trägt das Gericht auf. Manche nehmen Pastinak.

Was den Laberdan und den Armen Hans betrifft, so müßte ich mich schämen, wenn uns für dieses Rezept kein besserer Fisch zur Verfügung stünde; zu Grünem Fisch oder Kabeljau aus dem Faß möchte ich, um mir nichts zu vergeben, nur anmerken, daß sie gewässert und eingeweicht werden müssen, ehe man sie köchelt.

John Collins, *Salt and Fishery,*
London 1682

4: 1620: Der Fels und der Kabeljau

»Dieser ›Trantopf‹ war die fischigste aller fischigen Gaststätten, denn dort brodelten unaufhörlich die Fischgerichte in den Töpfen. Fisch zum Frühstück, Fisch zum Mittagessen und Fisch zum Abendbrot, bis einem die Fischgräten durch alle Knopflöcher kamen. Der Platz vor dem Hause war mit Muschelschalen gepflastert. Frau Hussey trug ein Halsband von polierten Kabeljaurückenwirbeln, und Hosea Hussey hatte seine Kontobücher in feines altes Haifischleder gebunden. Auch die Milch hatte einen Fischgeschmack, den ich mir nicht erklären konnte, bis ich eines Morgens einen Spaziergang am Strand zwischen einigen Fischerbooten machte und Hoseas gescheckte Kuh traf, die sich an allerlei Fischresten gütlich tat und, mit jedem Fuß in einem abgehackten Kabeljaukopf steckend, wie in niedergetretenen Latschen, sage ich euch, über den Strand schlurfte.«

Herman Melville, über Nantucket,
aus *Moby Dick or The Whale*, 1851.

Der Größe nach verdoppelte sich die bekannte Welt im Laufe des 16. Jahrhunderts für die Europäer. Die Holländer konnten den puritanischen Flüchtlingen aus England zwei verschiedene Zufluchtsstätten bieten: den winzigen, gut geschützten Hafen an der Spitze der Insel Manhattan, oder aber das an der Nordküste Südamerikas gelegene Guyana. Guyana schien die vielversprechendere Wahl zu sein.

Mehr als fünfzig Jahre zuvor war ein Spanier namens Juan Martinez in Vollstreckung seines Todesurteils dorthin geschickt worden. Man hatte ihm die Schuld an einem Unfall gegeben, bei dem ein Pulvermagazin in die Luft geflogen war; seine Strafe für die Fahrlässigkeit bestand darin, daß man ihn in einem Kanu ohne Vorräte an der Nordostküste Südamerikas aussetzte. Sein Kanu trieb Eingeborenen in die Hände, die diesem ersten Europäer, den sie zu Gesicht bekamen, die Augen verbanden, um ihn anschließend in eine prächtige Stadt voller Paläste zu bringen. Nach sieben Monaten beluden sie Martinez mit Gold und ließen ihn ziehen, abermals mit verbundenen Augen. Jedenfalls war dies die Geschichte, die Martinez erzählte, als er in Trinidad eintraf.

Martinez' sagenumwobene Stadt wurde unter dem Namen El Dorado allgemein berühmt. Er starb kurze Zeit später in Puerto Rico, und jahrhundertelang hielt sich bei vielen die Überzeugung, die Todesursache sei ein Fluch gewesen, der auf dem Gold von Guyana gelastet habe. Zu Anfang des 16. Jahrhunderts war bereits gängige Meinung, daß die Suche nach diesem El Dorado stets katastrophal geendet hatte – sogar für den großen Sir Walter Raleigh. Aber das galt schließlich für nur allzu viele Fahrten in die Neue Welt.

Angesichts einer Welt, die sich so stark erweitert hatte und dem Anschein nach so unbewohnt und unbekannt war, entwickelte sich bei den Europäern das Entdecken zu einer regelrechten Leidenschaft. Ausgerüstet mit nährendem Salzkabeljau zogen die einen auf der Suche nach Gold gen Südamerika. Andere zogen auf der Suche nach Kabeljau gen Nordamerika. Aber wonach die meisten, die es in die eine oder die andere Richtung trieb, in Wahrheit immer noch suchten, war Asien. Im 16. Jahrhundert firmierte Neufundland auf den Landkarten als eine Insel vor der Küste Chinas. Die Europäer waren nach Süden bis zu der vor Maine gelegenen Bay of Fundy gesegelt, ohne eine Durchfahrt zu finden. Die Spanier und Portugiesen hatten sich von Florida südwärts bis zur subarktischen Südspitze Patagoniens vorgearbeitet und ebenfalls keinen Durchlaß gefunden. Dennoch blieb die Idee in den Köpfen hartnäckig verankert.

Mit finanzieller Unterstützung der Seidenkaufleute aus Lyon beauftragte die französische Krone einen Florentiner, Giovanni da Verrazzano, eine schnelle Route nach China aufzuspüren. Aber der von den Franzosen angeheuerte Italiener scheiterte ebenso, wie das zuvor seinen von Spanien und England in Dienst genommenen Landsleuten widerfahren war. Bei seiner Fahrt im Jahre 1524 wandte sich Verrazzano bei Cape Fear im heutigen North Carolina nach Norden und folgte der sich endlos hinziehenden Küstenlinie. Er stellte fest, daß die Eingeborenen »schmächtig und gute Läufer« seien und wies hoffnungsfroh darauf hin, daß dies, soweit er wisse, typische Eigenschaften der Bewohner Chinas seien. Er segelte die Küste hinauf, entdeckte den Hafen von New York, die Narragansett Bay und einen hakenförmigen Landarm, den er nach einem italienischen General Pallavisino taufte. Dann segelte er hinauf zur Küste von Maine, das er Land der Schlechten Menschen nannte, und weiter zu dem Küstenstrich, von dem er als von dem Land sprach, »das in früheren Zeiten die Briten entdeckten«. Als seine Vorräte erschöpft waren und er auf »7000 Seelmeilen neuentdeckte Küste« zurückblickte, ohne eine Durchfahrt gefunden zu haben, gab er auf und kehrte nach Frankreich zurück, wo er steif und fest behauptete, da draußen liege eine ganze große Neue Welt.

Aber fixe Ideen lassen sich durch Fakten nicht so leicht aus dem Felde schlagen; deshalb suchte achtundsiebzig Jahre später Bartholomew Gosnold immer noch nach der asiatischen Seeroute. Im Jahre 1602 segelte Gosnold an Nova Scotia vorbei in südlicher Richtung die Küste entlang nach Neuengland; er suchte die Durchfahrt nach Asien, um von dort Sassafras zu holen, der hohe Preise erzielte, weil er als Heilmittel für Syphilis galt.

In Nordamerika gibt es Sassafras in rauhen Mengen. Die Indianer dickten mit den Blättern ihre Suppen an, und wenn man auch Syphilis nicht damit heilen konnte, ließ sich doch aus den Wurzeln eine Art Limonade herstellen, die später in Amerika unter dem Namen *root beer*, Wurzelbier, bekannt wurde. Gosnold fand zwar nicht China, aber er kehrte mit Sassafras nach England zurück. »Das Pulver des Sassafras«, schrieb einer seiner Offiziere, »heilte jemanden aus unserer Mannschaft, der sich am Bauchfleisch von Hundshaien, das sehr köstlich schmeckt, völlig überfressen hatte.«

Die Europäer hatten immer noch nicht begriffen, *wie* groß dieses Ding da, dieses Hindernis auf dem Weg nach Asien, war. Gosnolds scheinbar erfolglose Fahrt des Jahres 1602 fand hauptsächlich deshalb Aufnahme in die Geschichte, weil er Pallavisino in Cape Cod umbenannte; wie er berichtete, wurde sein Schiff, während er asiatischem Sassafras nachjagte, ständig von diesen Fischen »belästigt«.

»In den Monden März, April und Mai läßt sich an dieser Küste besser und genauso ergiebig fischen wie in Neufundland ... Und außerdem lagen die Stellen in nur sieben Faden Tiefe und weniger als eine Seemeile von der Küste entfernt, wogegen sie in Neufundland in vierzig oder fünfzig Faden Wassertiefe fischen und weit draußen im Meer.«

Aus der Sicht, die damals, im »Zeitalter der Entdeckungen«, in Europa üblich war, hatte Gosnold Neuengland »entdeckt«. Stimmt, es war schon vorher entdeckt worden, aber über fünfundsiebzig Jahre lang hatte sich niemand für Pallavisino interessiert. Gosnolds Name für das Neuland, Cape

Cod, übte einen ähnlichen Schlüsselreiz aus, wie das der Name El Dorado für den Süden getan hatte.

Im Jahre 1603 unterzogen Kaufleute aus Bristol die Geschichte Gosnolds einer Überprüfung vor Ort und konnten nicht nur von Unmengen Kabeljau, sondern auch von einer Felsenküste im heutigen Bundesstaat Maine berichten, die sich hervorragend für das Trocknen der Fische eignete. Einer der Kaufleute, George Waymouth, gab seinen Eindruck von der Küste wieder und erzählte von »riesigen, im Überfluß vorhandenen Kabeljauen – einige wiesen beim Messen eine Länge von anderthalb Metern und einen Umfang von dreißig Zentimetern auf«. Daß er auch von Sassafras zu berichten wußte, schien niemanden zu interessieren.

Das neue Gebiet erhielt den Namen North Virginia. Im Jahre 1607 endete der Versuch, in der Nähe des heutigen Brunswick im Staate Maine eine Siedlung zu gründen, mit dem Bau des ersten seetüchtigen Fahrzeugs, das je in Neuengland entstand; die Siedler bauten es, um nach dem ersten Winter, den sie dort hatten ertragen müssen, Hals über Kopf nach England zurückzukehren. North Virginia sei »überkalt« und unbewohnbar, erklärten sie.

Gosnolds Karte verschwand, aber John Smith hatte sie entweder gesehen oder wußte über Einzelheiten der Gosnoldschen Reise Bescheid. Als sich die Pilgerväter zu ihrer Fahrt entschlossen, war Kapitän John Smith bereits eine bekannte Persönlichkeit, zum Teil deshalb, weil er im südlichen Teil von Virginia eine Kolonie gegründet hatte, vor allem aber wegen der Fahrt, die er 1614 ins überkalte North Virginia unternahm; dort wurde er durch Kabeljau reich. Eigentlich hatte Smith gehofft, durch Wale, Gold und Kupfer sein Glück zu machen, doch davon spürte er ebensowenig auf, wie Raleigh Gold und Gosnold China gefunden hatte. Smith ließ also seine Mannschaft die Laderäume mit gesalzenem Kabeljau füllen. Wie er offen zugab, haßte er die

Fischerei; deshalb überließ er seine Männer ihrer Arbeit und zog mit ein paar Leuten in einem offenen Boot los, um die Küste zu erkunden. Das hatte er zuvor bereits in der Chesapeake Bay gemacht, wo er kleine Buchten in einer Gesamtlänge von viereinhalb Tausend Kilometern abgefahren war. Er kartographierte nun die Küste von der Penobscot Bay in Maine bis nach Cape Cod und fertigte eine Karte an, auf der fünfundzwanzig »hervorragende gute Häfen« verzeichnet waren, die er ausgelotet hatte. Aus irgendeinem Grund befand sich der Hafen von Gloucester nicht darunter.

Allerdings verzeichnete er das Kap, auf dem heute Gloucester liegt, und benannte es nach einer Türkin, an die er sich aus Soldatentagen in der Türkei liebevoll erinnerte. Als er aber mit der Karte nach England zurückkehrte, benannte Karl I., der damals noch Kronprinz war, das Kap nach seiner eigenen Mutter, und seit dieser Zeit heißt es Cape Ann. Smith griff bei der Benennung mehrerer Orte auf Türkeierinnerungen zurück; keiner dieser Namen ist erhalten geblieben. Der neue Name, den er North Virginia gab, Neuengland, erwies sich als haltbarer.

Smith kehrte mit 7000 Stück grünem Kabeljau nach England zurück, die er dort losschlug, und mit 40 000 Stück Stockfisch, die er, da England jetzt den Handel mit Kontinentaleuropa freigegeben hatte, in Malaga verkaufte. Den Aufzeichnungen des Gouverneurs von Massachusetts William Bradford zufolge wußten die Pilgerväter von einer sogar noch größeren Ausbeute zu berichten – demnach hatte er 60 000 Stück Kabeljau verkauft. Keiner der Puritaner erwähnte den zusätzlichen Gewinn, den Smith dadurch einheimste, daß er siebenundzwanzig Eingeborene von dort auf sein Schiff lockte und im Laderaum gefangenhielt, bis er sie als Sklaven in Spanien verkaufen konnte.

Im Jahre 1616 veröffentlichte Smith seine Landkarte und eine Beschreibung von Neuengland in der Hoffnung, das Interesse eventueller Siedler zu erregen. Und so beschlossen die Pilgerväter, nachdem sie die Karte des berühmten Kapitäns studiert hatten, England um eine Landzuweisung in North Virginia zu bitten, wo ihnen dieses Cape Cod in die Augen stach. Bradford schrieb: »Die Mehrheit zog es nach Plymouth, hauptsächlich weil sie sich Hoffnungen auf einträgliche Geschäfte mit den dort vorgefundenen Fischen machten.« Als das britische Gericht von ihnen wissen wollte, welcher Erwerbstätigkeit sie nachgehen würden, nannten sie die Fischerei.

Unter all den verrückten amerikanischen Erfolgsgeschichten der damaligen Zeit ist keine verrückter als die der Pilgerväter. Daß sie zu Beginn des Winters dort eintrafen, läßt bereits ahnen, wie wenig Übung sie im Überleben hatten. Immerhin aber waren sie zum Fischen nach Neuengland gezogen, nicht um sich ihren Lebensunterhalt mit Ackerbau zu verdienen, und auch wenn sie offenbar keinen Gedanken daran verschwendet hatten, bot ihnen Neuengland im Unterschied zu Neufundland die Chance, im Winter Küstenfischerei zu treiben. Warum also drohten die Pilgerväter im Angesicht der reichsten Fischgründe, von denen man seit Menschengedenken vernommen hatte, Hungers zu sterben?

Wie es scheint, hatten diese religiösen Eiferer vergessen, ausreichend Angelgeräte mitzubringen – einmal ganz abgesehen davon, daß sie auch nicht mit ihnen umzugehen verstanden hätten. Sie hatten von der Fischerei keine Ahnung. Vier oder fünf englische Schiffe fischten im Jahre 1616 vor der Küste Neuenglands. Während 1621, ein Jahr nach der Landung in Plymouth, die Pilgerväter fast vor Hunger umkamen, machten zehn britische Schiffe in neuenglischen Gewässern ertragreiche Kabeljaufänge. Im darauffolgenden Jahr wurden siebenunddreißig Schiffe geschickt, und im Jahre 1624 arbeiteten bereits fünfzig britische Fischereifahrzeuge vor der Küste Neuenglands.

Zum Teil bestand das Problem der Pilgerväter darin, daß

immer mehr Siedler eintrafen: Fünfunddreißig kamen im zweiten Jahr und weitere siebenundsechzig im Jahre 1622. All diese Menschen einte nichts weiter als ihre religiöse Begeisterung. Sie hatten nicht nur keine Ahnung, wie man fischt, sie verstanden sich nicht einmal aufs Jagen, und auch von der Landwirtschaft wußten sie nicht viel. Tatsächlich brachten sie erst gute Ernten ein, nachdem sie gelernt hatten, wie man Kabeljau fängt, und begannen, die Fischreste als Düngemittel unterzupflügen. Am geschicktesten bei der Nahrungsbeschaffung erwiesen sie sich in den Anfangsjahren offenbar darin, große Vorratsverstecke aufzuspüren, die von den dortigen Indianerstämmen angelegt worden waren.

Verschlimmert wurde ihre Lage noch dadurch, daß sie als Engländer nichts essen wollten, was sie nicht kannten. Die Eingeborenen von Neuengland waren Naumkeag vom Volk der Massachusetts. *Naumkeag*, was soviel bedeutet wie »Ort zum Fischen« war ihr Name für die Region. Die Naumkeag fertigten aus Pflanzenfasern Angelschnüre und Netze und aus Knochen Fischhaken. Sie fingen nicht nur Kabeljaue und andere Fische, die nahe an die Küste kamen, sie harpunierten auch zwei Meter lange Störe in den Flüssen, fingen Aale und verzehrten mit Genuß die Muscheln, die sie am Strand sammelten. Sie zeigten den Siedlern, wie man die großen hartschaligen Venusmuscheln aufbrach und die kleineren dünnschaligen, die sie am meisten mochten und die heute in Neuengland *steamers* genannt werden.

»Igitt«, sagten die Siedler, und verzogen das Gesicht. So etwas aßen sie nicht. Auch die Miesmuscheln lehnten sie ab; ihre neuenglischen Nachfahren bewahrten sich diese Abneigung bis in die achtziger Jahre unseres Jahrhunderts. Die Gewässer waren derart reich an Hummern, daß die Tiere buchstäblich aus dem Meer quollen und sich rücksichtsloserweise auf den Stränden stapelten. Die Siedler aber wollten nichts davon wissen, diese riesigen, klappernden, gesprenkelten Meerungeheuer zu verzehren. Offenbar waren sie in ihrer Not schließlich gezwungen, sich am Hummer zu vergreifen. Im Jahre 1622 berichtete Bradford voll Scham, die Lage sei für die Siedler so verzweifelt gewesen, daß »sie kein ander Gericht ihren Freunden vorsetzen konnten als einen Hummer«.

Was genau also schmeckte diesen Menschen, die nicht gerade im Rufe großer Weltaufgeschlossenheit standen? Der Spitzname der Naumkeag für die Siedler lautete *kinschon*, was »Fisch« bedeutet. Die Pilgerväter verfügten zwar nicht über Fertigkeiten, wohl aber über Entschlossenheit. Im Jahre 1623 richteten sie in Gloucester einen Fischereiposten ein, der sich nicht hielt. Zwei Jahre später unternahmen sie mit kaum mehr Erfolg einen neuen Versuch. Aber sie holten sich aus England Ausrüstung und fachlichen Rat und entwickelten sich mit Hilfe von Engländern, die sie als »Handelsspekulanten« bezeichneten, allmählich zu Fischern. In Salem, Dorchester, Marblehead und Penobscot Bay entstanden Fischereistützpunkte. Um Salz für die Fischerei zu gewinnen, wurden Gezeitentümpel mit Meerwasser gefüllt. Man handelte hauptsächlich mit der Hafenstadt Bilbao im spanischen Teil des Baskenlandes und kehrte bald schon mit spanischem Salz in den Laderäumen zurück. Auch mit den Zucker produzierenden Kolonien der Westindischen Inseln knüpfte man Handelsbeziehungen an; bereits im Jahre 1638 kehrte ein Schiff mit Salz von der Insel Tortuga zurück. Durch den Handel lösten die Neuengländer das Salzproblem, was den Engländern mittels Diplomatie nie gelungen war.

In Salem schrieb 1692 ein puritanischer Geistlicher namens Francis Higgenson: »Die Überfülle an Meerfischen ist nahezu unfaßlich.« Gegen Ende des Jahrhunderts sollte Salem durch seine Massenhysterie traurige Berühmtheit erlangen, aber anfänglich war es für seine Kabeljaufischerei bekannt. Als im Jahre 1692 das berüchtigte Court of Oyer and Terminer eingesetzt wurde und unter dem Verdacht der

Trocknen von Kabeljauen auf Trockengestellen in Marblehead, Massachusetts, Ausschnitt von »View of Sinner's Head« aus Gleason's Pictorial, Bd. 6, 1854 (*Peabody Essex Museum, Salem, Massachusetts*)

Hexerei Hunderte von Frauen verhörte, von denen neunzehn gehängt wurden, befand sich auf dem Siegel des Gerichts ein Kabeljau.

Im Jahre 1640, kaum eine Generation, nachdem sie die 47 000 Stück Kabeljau von Kapitän Smith auf die Traumzahl von 60 000 hinaufphantasiert hatten, belieferten die Siedler der Massachusetts-Bay-Kolonie den Weltmarkt mit 300 000 Stück Kabeljau.

Die Schicksalsbahnen, in deren Verfolg aus den nördlichen Gebieten die Ostprovinzen Kanadas und aus den südlichen das Neuengland der USA werden sollten, waren vorgezeichnet. Den entscheidenden Unterschied machte das Klima. Neufundland, die Grand Banks, der Sankt-Lorenz-Golf – sie alle wurden im Sommer befischt. Die europäischen Schiffe stachen im April in See, wenn zuverlässige östliche Winde herrschten. Die transatlantischen Seefahrer wollten, daß der Wind genau auf dem Heck stand, so daß sie vor ihm segeln und den Breitengrad halten konnten; man sprach bei dieser Methode von »Ostkurs« und »Westkurs«. Kolumbus, Cabot und viele andere verfuhren so. Bis zum 18. Jahrhundert gab es keine verläßliche Methode, den Längengrad zu messen, woraus sich unter anderem erklärt, warum so viele beim Anblick der Küste zwischen den Bahamas und Neufundland glauben konnten, sie befänden sich in der Nähe von Asien. Die Breite ließ sich mit Hilfe des Polarsterns oder des Sonnenstands ermitteln; das gehörte zu den wenigen astronavigatorischen Kenntnissen, über die man im 16. Jahrhundert verfügte. Schiffe, die von Bristol ausliefen und Westkurs hielten, erreichten die Küste von Labrador und segelten dann südwärts nach Neufundland. Die Bretonen fuhren geradewegs zu den Grand Banks und nach St. John's. Lief ein Schiff aus dem Hafen von La Rochelle aus, fuhr südlich bis unterhalb der beiden Inseln, die den Hafen schützen und hielt dann eisern Westkurs, sichtete es Land bei Cape Breton, wo der französische Stützpunkt Louisbourg eingerichtet wurde, damit ihn die Schiffe aus La Rochelle leicht finden konnten.

Jedes Frühjahr trafen die Europäer ein, um im nördlichen Teil der Banks zu fischen und miteinander um die besten Küstenabschnitte zum Trocknen des Fangs zu rangeln; die Trockenvorrichtungen nannte man Fischereiräume. Wer zuerst kam, mahlte zuerst – so war es Brauch. Die Fische wurden auf Fichtenzweigen getrocknet, und weil der kümmerliche nördliche Fichtenwald nur langsam wuchs, sorgte der alljährlich im Frühjahr wiederholte Bau neuer Räume für eine schlimme Entwaldung der Insel. Die Europäer fischten den Sommer über und versuchten dann, ehe sich eine feste Eisdecke bildete, einen guten herbstlichen Westwind zu erwischen, um zu den europäischen Märkten heimzufahren. Die Schiffe fingen an, Aufpasser zurückzulassen, die sich darum kümmerten, daß die Trockenräume den Winter über intakt blieben. Das dürfte zu den einsamsten Tätigkeiten gehört haben, die je erfunden wurden; denn Neufundland zog keine Siedler an.

Das vielsagendste Detail in der Inselgeschichte stellt wohl dar, daß die Stelle, an der die Hauptstadt St. John's wie auch Petty Harbour auf der anderen Seite von Cape Spear entstanden, am weitesten entfernt von Kanada und dem restlichen Nordamerika und am nächsten zu Europa liegt. Die ganze Ökonomie Neufundlands war darauf abgestellt, daß Europäer eintrafen, ein paar Monate lang Fisch fingen und mit ihrem Fang nach Europa zurückkehrten.

In Neuengland ist der Winter milder: die Häfen sind eisfrei, die Vegetationsperiode währt länger, und es gibt Ackerland. Und was damals noch wichtiger war: Der Kabeljau kommt im Winter zum Laichen näher an die Küste heran. Am liebsten laichen Kabeljaue bei einer Wassertemperatur zwischen 4,5 und 8,5 Grad Celsius. Experimente haben gezeigt, daß die Brut bei 8,5 Grad in zehn bis elf Tagen schlüpft; bei 6 Grad braucht sie vierzehn bis fünfzehn Tage; beträgt die Temperatur zwischen 3,3 und 3,9 Grad, sind es zwanzig bis dreiundzwanzig Tage. Auf der Suche nach mit 8,5 Grad »warmem« Wasser laicht der Kabeljau an der Südküste Neuenglands mitten im Winter, vor der Küste von Maine etwas näher zum Frühjahr hin und vor Neufundland im Sommer.

Im Nordatlantik waren Ackerbau und Fischfang traditionell miteinander verknüpft. In Island, das wie Neufundland ein wenig ackerbautaugliches Land ist und eine sehr kurze Vegetationsperiode hat, schafften es die Bewohner dennoch, den Fischfang mit Ackerbau oder jedenfalls mit Weidewirtschaft zu verbinden. Die Kabeljaue passierten die isländische Südküste im tiefen Winter, wenn es für einen Bauern wenig zu tun gab. Bis in unser Jahrhundert waren nur wenige Isländer amtlich als Fischer registriert, weil sich die meisten primär als Bauern betrachteten. Aber selbst wenn die Fischer Neufundlands auf dem kargen Boden mit seiner kurzen Vegetationsphase ein kümmerliches Dasein als Bauern hätten fristen wollen – der neufundländische Kabeljau suchte im Sommer seine Laichplätze auf, und das brachte Ackerbau und Fischfang in Konflikt miteinander. In Neuengland, wo sich die südlichsten Fanggründe für den Kabeljau befanden, gab es eine küstennahe Fangsaison im Winter und eine sommerliche Fangsaison auf dem offenen Meer. Außerdem verfügte das Gebiet über gutes Ackerland. Während Neufundland eine Grenzregion mit Trockenräumen für die sommerliche Nutzung blieb, gab es in Massachusetts Siedler, die Bedarf an Küfern, Schmieden, Bäckern und Schiffsbauern hatten – Handeltreibende mit ihren Familien, die organisierte Gemeinschaften gründeten. In dem Maße, wie die Siedler auf der Suche nach fruchtbarem Land zur Erzeugung von Nahrungsmitteln für die aufstrebenden Küstenmärkte immer weiter ins westliche Massachusetts vorrückten, nahm die Bevölkerung zugleich agrargesellschaftliche Züge an. Als die florierendste amerikanische Gemeinschaft nördlich von Virginia befand sich Neuengland in einer perfekten Handelslage. Die Region besaß mit dem Kabeljau ein Erzeugnis, für das in Europa und in den europäischen Kolonien große Nachfrage bestand, und dank des Kabeljaus gab es dort eine Bevölkerung mit Konsumkraft und Bedürfnis nach europäischen Produkten. Auf dieser Basis entstand Boston.

Statt sie im Verbund mit seinem eigenen Wachstum zu fördern, grub das neuenglische Wirtschaftsleben der Ökonomie von Neufundland und Nova Scotia vielmehr das Wasser ab. Mangels Bevölkerung und eigener Märkte stellten die beiden Gebiete Fischereivorposten dar, die von Boston aus versorgt wurden. Die Fänge, die vor Neufundland zwischen April und September gemacht wurden, waren zu groß, um in den Fischereischiffen Raum zu finden. Handelsschiffe, die *sack ships* genannt wurden, weil sie *vin sec*, trockenen französischen Weißwein, transportierten, kamen von England herüber und brachten den Kabeljau nach Spanien, von wo sie mit Wein und anderen südeuropäischen Erzeugnissen nach England zurückkehrten. Sie brachten Handel nach England, nichts davon hingegen nach Nova Scotia und Neufundland. Als Boston dank seiner in drei Richtungen gepflegten Handelsbeziehungen einen großen Aufschwung erlebte, fingen die *sack ships* an, Handel zwischen Neufundland und Boston zu treiben. Der neufundländische Kabeljaufang wurde im Austausch gegen landwirtschaftliche Erzeugnisse aus Massachusetts in Boston verkauft; die Agrarerzeugnisse wie zum Beispiel Getreide und Rinder gingen zurück nach Neufundland. Bis zur vorläufigen Einstellung des Fischfanges im Jahre 1992 verkauften viele der in Neufundland ansässigen Fischer ihren Kabeljau nach Boston. Während also Neuengland wuchs und gedieh, blieben die Fischereikolonien im Norden ein Grenz- und Außenposten einer kleinen und im Wachstum stagnierenden Bevölkerung. Viele, für die sich das Leben in den nördlichen Kolonien als zu beschwerlich erwies, zogen in die aufblühenden neuenglischen Schwesterkolonien.

Die Neuengländer wurden unterdes zu einem Volk von Handeltreibenden, waren unabhängig, lebten im Wohlstand und wollten von Monopolen nichts wissen. Während die Zuckerrohrpflanzer auf den Westindischen Inseln von Schutzzöllen profitierten, gediehen die Neuengländer auf der Basis des Freihandels. Sie huldigten einem Kult der Privatinitiative; der Kommerz hatte für sie fast schon religiösen Rang. Sogar die einzelnen Fischer waren selbständige Unternehmer und arbeiteten nicht für Lohn, sondern – wie im größten Teil der Welt auch heute noch – für einen Anteil am Fang. Adam Smith, der Nationalökonom des 18. Jahrhunderts, hob in *The Wealth of Nations*, seinem bahnbrechenden Werk über den Kapitalismus, das neuenglische Fischereiwesen lobend hervor. Für Smith illustrierte die Fischerei Neuenglands auf spannende Weise, wie eine Wirtschaft florierte, wenn sich die einzelnen ungehindert kommerziell betätigen konnten.

Die Britische Krone hatte nie beabsichtigt, solche Freiheit zu gewähren, und nun besaß sie eine Kolonie, die darauf auch gar nicht mehr angewiesen war – ein gefährlicher Präzedenzfall im Herzen des Britischen Reiches.

DER FISCHTOPF UND DANIEL WEBSTER

Daniel Webster hielt einst im Plenarsaal des amerikanischen Senats eine längere Rede über die Vorzüge des *chowder* genannten Fischtopfgerichts und galt in dieser Sache als Fachmann.

Fischtopf für eine Gesellschaft

Man nimmt einen Kabeljau von zehn Pfund, gut gesäubert, aber mit der Haut. Man zerschneidet ihn in anderthalb Pfund dicke Stücke und läßt den Kopf ganz. Man nimmt anderthalb Pfund fetten gesalzenen Schweinespeck und schneidet ihn in dünne Scheiben. Das gleiche macht man mit zwölf Kartoffeln. Man nimmt den größten verfügbaren Topf. Zuerst brät man den Schweinespeck aus und nimmt dann die Scheiben aus dem Fett heraus. Zum Fett fügt man drei Teile Wasser hinzu und eine Schicht vom Fisch, die den Boden bedecken soll; als nächstes kommt eine Schicht Kartoffeln, dann zwei Teelöffel Salz, ein Teelöffel Pfeffer, dann der Schweinespeck, eine weitere Schicht Fisch und die restlichen Kartoffeln.
Man füllt den Topf mit Wasser, bis es die Zutaten bedeckt, und stellt ihn auf ein kräftiges Feuer. Das chowder *muß nun fünfundzwanzig Minuten kochen. Danach muß man einen Liter kochende Milch zur Hand haben sowie zehn harte Zwiebacke, in Stücke*

zerbrochen und in kaltem Wasser eingeweicht. Man gibt die Milch und den Zwieback hinzu. Das Ganze läßt man fünf Minuten kochen. Man hat nun einen erstklassigen Fischtopf, vorausgesetzt, die Anweisungen wurden befolgt. Falls man das mag, kann man eine Zwiebel dazugeben.
Dieser Fischtopf paßt für eine große Angelpartie.

Daniel Webster, aus *The New England Yankee Cookbook*, herausgegeben von Imogene Wolcott, 1939

Daniel Webster werden eine ganze Reihe von weiteren Fischtopf-Rezepten zugeschrieben. In seinen Erinnerungen führt General S. P. Lyman folgenden Satz an, mit dem Webster eines seiner Rezepte beschlossen habe: »Wenn dir solch ein Gericht, vor Hitze dampfend, nach einem langen Vormittag erfrischender sportlicher Betätigung vorgesetzt wird, fühlst du dich den Göttern gleich.«

5: Gewisse unveräußerliche Rechte

»Ich bitte Sie, meine Herren, was auf der Welt kommt dem gleich? Lassen wir das übrige beiseite und schauen wir uns an, wie die Bevölkerung von Neuengland in jüngster Zeit ihre Fischerei betrieben hat. Dieweil wir ihnen inmitten stürzender Eisberge folgen und zusehen, wie sie in die hintersten Winkel der Hudson Bay und der Davis Straits vordringen, dieweil wir jenseits des Polarkreises nach ihnen Ausschau halten, hören wir, daß sie in die entgegengesetzte Region polaren Eises vorgestoßen sind … Kein Meer, das sie nicht mit ihrem Fischereiwesen heimsuchten, keine Klimazone, die nicht Zeuge ihres emsigen Wirkens würde. Weder die Hartnäckigkeit Hollands noch der Tatendrang Frankreichs noch die gewandte und kluge Entschlossenheit englischer Unternehmungen haben jemals ein solch zutiefst gefährliches Maß an kraftvollem Fleiß an den Tag gelegt, wie es dieses neue Volk unter Beweis stellt.«

Edmund Burke,
Britisches Unterhaus, März 1775

Als das 18. Jahrhundert anbrach, hatte der Kabeljau Neuengland bereits aus einer abgelegenen Kolonie halbverhungerter Siedler zu einer internationalen Handelsmacht aufsteigen lassen. Massachusetts hatte die Ware Kabeljau zu einem Kultobjekt erhoben. Die Angehörigen der

»Kabeljau-Aristokratie«, jene Familien, deren Wohlstand auf die Kabeljaufischerei des 17. Jahrhunderts zurückging, machten aus ihrer kultischen Verehrung für den Fisch, in dem sie das Symbol ihres Reichtums gewahrten, kein Hehl. Ein Kabeljau schmückte nicht nur den Stempel der Plymouth-Landgesellschaft und das 1776 geschaffene Siegel des Staates New Hampshire, sondern auch das Wappen der im 18. Jahrhundert gegründeten *Salem Gazette* – es zeigt zwei Indianer, die einen Schild halten, und darüber einen Kabeljau. Auf vielen der frühesten amerikanischen Münzen, die zwischen 1776 und 1778 ausgegeben wurden, sieht man einen Kabeljau; eine Zweipenny-Stempelmarke für die Massachusetts Bay Colony aus dem Jahre 1755 zeigt einen Kabeljau und die Worte *Haupterzeugnis von Massachusetts.*

Wenn die alten Kabeljau-Aristokraten ihren Reichtum durch den Bau herrschaftlicher Häuser zur Schau stellten, dann schmückten sie diese mit Abbildungen des Kabeljaus. Im Jahre 1743 versah der Schiffseigner Colonel Benjamin Pickman das Gebäude, das er in Salem errichtete, mit einem Treppenhaus, bei dem jede Stufe an der Seite mit einem vergoldeten hölzernen Kabeljau verziert war. Auch im Rathaus von Boston hing ein vergoldeter Kabeljau von der Decke; das Gebäude brannte allerdings einschließlich des Fisches im Jahre 1747 ab. Nach dem Unabhängigkeitskrieg wurde auf Betreiben von John Rowe, der wie viele Bostoner Unabhängigkeitskämpfer Kaufmann war, im Old State House, dem Regierungsgebäude am oberen Ende der State Street in Boston, ein holzgeschnitzter Kabeljau aufgehängt. Als die gesetzgebende Versammlung des Staates Massachusetts im Jahre 1798 umzog, war der Kabeljau mit von der Partie. Anläßlich eines neuerlichen Ortswechsels des Parlaments im Jahre 1895 wurde der Kabeljau vom Stellvertretenden Pförtner feierlich herabgelassen, in eine amerikanische Fahne gehüllt, auf eine Bahre gelegt und von drei Abgeordneten in einer vom Ordnungsbeamten des Hohen Hauses angeführten Prozession überführt. Beim Einzug in die neue Kammer erhoben sich die Abgeordneten und klatschten frenetisch Beifall. Was beweist, daß die Neuengländer das Zeug dazu haben, sich wie Narren aufzuführen.

Zur Zeit dieser letzten Überführung legten drei Abgeordnete, die beauftragt worden waren, die Geschichte des Schnitzwerks zu erforschen, einen Bericht vor, in dem sie ausführlich auf das Thema des Kabeljauhandels zu sprechen kamen – darauf, wie gesalzener Kabeljau in Europa gegen Salz, Obst und Wein und auf den Westindischen Inseln gegen Melasse, Gewürze und Kaffee getauscht worden war. Aber wie in so vielen Darstellungen des neuenglischen Handels blieb auch in diesem Bericht eine Ware unerwähnt, die bei all diesen Handelsgeschäften nicht fehlen durfte: der Mensch.

Im 17. Jahrhundert suchte man in der Zuckerproduktion, einem arbeitsintensiven landwirtschaftlichen Industriezweig, die Arbeitskosten mittels Sklaverei niedrig zu halten. Zur Erntezeit stellten Zuckerplantagen Industriebetriebe dar, in denen Sklaven sechzehn Stunden am Tag oder mehr schufteten – Zuckerrohr möglichst dicht am Boden abhackten, die Felder abbrannten, das Zuckerrohr zu einer Fabrik transportierten, es zerstampften und kochten. Damit sie unter der tropischen Sonne arbeitsfähig blieben, brauchten die Sklaven Salz und Proteine. Die Plantagenbesitzer hatten indes keine Lust, kostbare Zuckerrohranbauflächen dranzugeben, um Nahrung für die Hunderttausende von Afrikanern zu produzieren, die auf die vielen kleinen Karibikinseln geschafft wurden. Die Karibik erzeugte außer Zucker praktisch keine Nahrungsmittel. Zuerst gab man den Sklaven Pökelrindfleisch aus England zu essen, aber bald schon erkannten die neuenglischen Kolonien die Absatzchancen, die sich gesalzenem Kabeljau als billiger, salzhaltiger Nahrungsquelle hier eröffneten.

Der große Vorteil dieses neuen Marktes für den Handel

mit gesalzenem Kabeljau lag darin, daß er anspruchslose Konsumenten versorgte. Haltbar gemachter Kabeljau ist ein sehr heikles Produkt. Wenn der Kabeljau schlecht aufgeschnitten wurde, beim Trocknen ungünstiges Wetter herrschte, zuviel oder zuwenig Salz verwendet wurde, nicht sorgfältig genug verfahren wurde – dann konnte das alles und noch vieles mehr einen Fisch zur Folge haben, der für die anspruchsvollen mittelmeerischen Märkte nicht akzeptabel war. Die Westindischen Inseln stellten einen wachsenden Markt für Ausschuß dar, für alles, was billig war. Tatsächlich wurde Westindien zum Handelsnamen für gesalzenen Kabeljau unterster Qualität.

Die Anziehungskraft, die ein aufnahmefähiger Billigmarkt, eine Absatzmöglichkeit für Ausschußware, auf den Handel ausübt, gleicht einer unwiderstehlichen Naturgewalt. Anfangs bot dieser Markt nur die Chance, Fehleinkäufe loszuwerden, die andernfalls als Verlust hätten abgeschrieben werden müssen. Aber in zunehmendem Maße verlegten sich die Produzenten bewußt auf dieses rasch absetzbare, billige, profitable Produkt, weil es so wenig Arbeit kostete. Westindien-Kabeljau stellte einen stetig wachsenden Anteil der Produktion Neuenglands, Nova Scotias und, in geringerem Umfang, Neufundlands dar. Besonders Nova Scotia spezialisierte sich auf einen gesalzenen und getrockneten Fisch von geringer Größe und Güte für den westindischen Markt.

Das erste, was die Neuengländer aus der Karibik bezogen, war das Salz von Tortuga. Aber bald schon brachten die Schiffe auch Indigo, Baumwolle, Tabak und Zucker mit zurück. Nur fünfundzwanzig Jahre nach der Landung der Pilgerväter in Amerika betrieben die Neuengländer bereits einen Dreieckshandel. Der beste Fisch wurde stets nach Spanien verkauft. Die Stadt Bilbao mit ihrem Wein, ihrem Obst, ihrem Eisen und ihrer Kohle wurde ein Haupthafen für den Handel mit Boston. Anschließend segelten die Neuengländer zu den Westindischen Inseln, wo einige der spanischen Waren zusammen mit dem billigsten Kabeljau verkauft und dafür Zucker, Melasse, Tabak, Baumwolle und Salz eingekauft wurden. Das Schiff kehrte dann mit Waren aus dem Mittelmeer und der Karibik nach Boston zurück. In jedem Hafen hatte man Profit gemacht.

Der nächste kommerziell logische Schritt ließ nicht lange auf sich warten. Im Jahre 1645 brachte ein Schiff aus Neuengland Weinfässer auf die Kanarischen Inseln, kaufte danach afrikanische Sklaven auf den Kapverdischen Inseln und verkaufte sie in Barbados, von wo es mit Wein, Zucker, Salz und Tabak nach Boston zurückkehrte. Es folgten Schiffsladungen mit gesalzenem Kabeljau, und bald schon bildeten Salzfisch, Sklaven und Melasse einen kommerziellen Zusammenhang.

Anläßlich der Vorbereitung einer ständigen Ausstellung, deren Gegenstand der Handelshafen Salem im 17. Jahrhundert war, durchforsteten Angestellte des National Park Service sorgfältig alte Schiffspapiere, um sich für eventuelle Angriffe zu rüsten, und stellten beruhigt fest, daß sie keine Berichte über Sklaventransporte auf irgendeinem Salemer Schiff ausfindig machen konnten. Zu übermäßiger Erleichterung war das allerdings kein Anlaß. Abgesehen davon, daß ein großer Teil des Sklavenhandels heimlich abgewickelt wurde, zielt die Suche nach Unterlagen auch am entscheidenden Punkt vorbei. Ob nun viele Schiffe tatsächlich Sklaven transportierten oder nicht und ob viele neuenglische Kaufleute Afrikaner kauften oder nicht – so oder so waren die Kaufleute, die mit Kabeljau Handel trieben, tief in den Sklavenhandel verstrickt, nicht nur weil sie das Plantagensystem mit Gütern versorgten, sondern auch weil sie den Handel mit Afrikanern erleichterten. In Westafrika konnte man Afrikaner gegen Kabeljau eintauschen; bis zum heutigen Tage gibt es einen westafrikanischen Markt für gesalzenen Kabeljau und Stockfisch.

Der französische Politiker Alexis de Tocqueville legte in seiner 1835 erschienenen tiefschürfenden Untersuchung *De la démocratie en Amérique* den Finger auf einen wesentlichen Widerspruch im neuenglischen Charakter. »Nirgendwo wurde dieses Prinzip der Freiheit vollständiger angewandt als in Neuengland«, stellte er fest. Aber dann beschrieb er im folgenden das, wie er es nannte, »große gesellschaftliche Rätsel der Vereinigten Staaten«. Die freiheitsliebenden Neuengländer akzeptierten ein Gutteil Unterdrückung und soziale Ungerechtigkeit. Er führte das Strafgesetzbuch von Connecticut an, das Gotteslästerung und Ehebruch zu Kapitalverbrechen erklärte, und die Bostoner Gesellschaft, die gegen langes Haar zu Felde zog. Der Sklavenhandel stellte ein weiteres Beispiel für den von Tocqueville bemerkten Widerspruch dar. Die neuenglische Gesellschaft war der große Vorkämpfer der Freiheit des einzelnen und prangerte die Sklaverei sogar öffentlich an; gleichzeitig aber bereicherte sie sich dadurch, daß sie den Pflanzern in der Karibik fässerweise billige Nahrung lieferte, damit diese ihre Sklaven sechzehn Stunden täglich arbeiten lassen konnten. Im ersten Jahrzehnt des 18. Jahrhunderts liefen in einem günstigen Jahr über dreihundert Schiffe von Boston aus, um nach den Westindischen Inseln zu segeln.

Die Entwicklung eines schnelleren Fischereifahrzeugs, des Schoners, vergrößerte noch die Kapazitäten zur Produktion des im Schnellverfahren haltbar gemachten Kabeljaus. Im Jahre 1713 lief in Eastern Point, Gloucester, der erste, von Andrew Robinson gebaute Schoner vom Stapel; auch wenn es in Europa schon früher Experimente mit dieser Art Takelwerk gegeben hatte, war es der Schoner aus Gloucester, der die Segelschiffahrt und die Fischerei revolutionierte. Das Schiff war ein kleines schlankes zweimastiges Fahrzeug mit Gaffeltakelung und der Möglichkeit, die Marssegel mit ungeheuer viel Leinwand zu bestücken. Der Name leitete sich von *scoon*, einem neuenglischen Wort aus dem 18. Jahrhundert her, was soviel bedeutet wie »schwerelos über das Wasser gleiten«. Wenn die Fahrzeuge mit vollen Segeln in einer guten Brise auf ruhiger See leicht schrägliegend dahinglitten, machten sie den Eindruck zu fliegen; sie boten tatsächlich einen der elegantesten Anblicke, die es in der Geschichte der Segelschiffahrt je gegeben hat. Oft aber hielten sie sich draußen bei den Banks auf und ritten Dünungen hinauf und hinunter, die so hoch waren wie ihre Masten. Dadurch, daß sie die Fahrtzeit zwischen Georges Bank und den Trockenplätzen entlang der Küste verkürzten, ermöglichten die Schoner eine Ausdehnung des Handels mit Westindien-Kabeljau.

Zu den besten Kunden der Neuengländer zählten die französischen Kolonien St. Domingue (Haiti), Martinique und Guadeloupe sowie die holländische Kolonie Surinam (Niederländisch-Guyana). Diese Kolonien bildeten riesige Pflanzer-Ökonomien; die französischen waren außerordentlich gewinnträchtig. Nach 1680 brachten die Franzosen Jahr für Jahr durchschnittlich tausend Afrikaner nach Martinique. Bei St. Domingue waren es im 18. Jahrhundert im Durchschnitt jährlich achttausend. Auch wenn viele der Sklaven andere ersetzten, die sich zu Tode gearbeitet hatten, entstand doch eine rasch wachsende afrikanische Sklavenbevölkerung, die mit billigem gesalzenem Kabeljau ernährt wurde.

Die französische Fischereiflotte konnte die Nachfrage, die hier entstand, nicht befriedigen. Das einzige, was der karibische Markt verlangte, war ein Salzfisch, der getrocknet und hart genug war, um ein tropisches Klima zu überstehen. Den Franzosen fehlte es an Küstenraum zum Trocknen der Fische. Im Laufe des 18. Jahrhunderts ging ihnen der beschränkte Raum, über den sie in Neufundland verfügten, fast völlig verloren. Die Briten setzten sich an der Ostküste, auf dem vorgeschobensten Teil, nahe den Banks, fest. Die Franzosen betrieben ihre Fischerei von der Placentia Bay an der Südküste aus, wo es gute eisfreie Häfen gab und der

Holzschnitt vom Hafen in Gloucester aus dem 18. Jahrhundert (*Corbis-Bettmann*)

Hering laichte, der sich als Köder verwenden ließ; außerdem war die zu Neufrankreich gehörende Gaspé-Halbinsel nahe. Dann willigten die Franzosen im Jahre 1713, nach einer kriegerischen Auseinandersetzung mit den Briten, ein, dieses Gebiet zu räumen und sich mit dem Zugang zur Nordküste Neufundlands zu begnügen, die seitdem als französische Küste galt. Sie lag keinem anderen französischen Territorium benachbart und befand sich auch nicht in der Nähe guter Fischgründe; als günstig gelegener Trockenraum kam sie also nicht in Frage. Nach dem nächsten Krieg verschlechterte sich die Position der Franzosen noch weiter.

Der Siebenjährige Krieg, den man in den USA als den Franzosen- und Indianerkrieg kennt, stellte die erste weltweite militärische Auseinandersetzung in der Geschichte dar. Ende der fünfziger Jahre des 18. Jahrhunderts bekämpften sich Frankreich und Großbritannien nicht nur in Europa, sondern auch in Indien, der Karibik und Nordamerika. Am 13. September 1759 ging Neufrankreich innerhalb von zwanzig Minuten verloren, als der britische General James Wolfe mit seinen Truppen die Felsen erkletterte, auf denen die Festung der Stadt Quebec lag, und die französische Garnison unter General Louis de Montcalm überraschte. Montcalm, der bereits Siege gegen die Briten errungen hatte, beging den Fehler, aus der Festung auszurücken und sich dem Überraschungsangriff auf dem flachen Feld hinter der Brustwehr zu stellen. Minuten später lagen beide Generäle im Sterben, und Quebec war gefallen.

Statt sich mit ihren Siegen auf dem Schlachtfeld zu begnügen, zerbrachen sich die Briten drei Jahre lang den Kopf, was sie den Franzosen abnehmen sollten. Einige waren dafür, die Franzosen ihre Kabeljaukolonie in Nordamerika behalten und sich den Friedensschluß mit einer Zuckerkolonie bezahlen zu lassen. Guadeloupe produzierte mehr Zucker als alle britischen Besitzungen in Westindien zusammengenommen. Aber ob Zucker oder Kabeljau und Felle wertvoller seien – diese Frage wurde nie aufgeworfen. Die Debatte drehte sich darum, wie man sich am besten Nordamerikas versichern konnte. Angesichts der Einstellung, der ökonomischen Unabhängigkeit und der wachsenden Bevölkerungszahl Neuenglands und der anderen, südlicher gelegenen nordamerikanischen Kolonien fürchtete Großbritannien, Nordamerika zu verlieren. Einige meinten, die Anwesenheit der Franzosen, der Feind im Rücken der nordamerikanischen Siedler, werde deren Loyalität gegenüber Großbritannien gewährleisten. Am Ende aber hielten es die Briten für besser, sich soviel wie möglich von Nordamerika zu sichern. Im Jahre 1763 beschlossen sie, Frankreich seine sämtlichen nordamerikanischen Besitzungen, mit Ausnahme zweier Inselchen vor der Südküste von Neufundland, St. Pierre und Miquelon, zu entreißen.

Daß Frankreich Guadeloupe, seine Sklavenkolonien, behielt, während es Kanada und seine Kabeljaufischerei verlor, sorgte ironischerweise in der französischen Karibik für eine Nachfrage nach billigem Kabeljau, die Neuengland in einen direkten Konflikt mit Großbritannien hineinsteuerte. Der Konflikt wurzelte in den Handels- und Schiffahrtsgesetzen, die einen der Grundpfeiler des Britischen Reiches darstellten und denen zufolge die Siedler in den Kolonien ihre Erzeugnisse an England verkaufen und ihren Bedarf von England kaufen mußten. Dem Gesetz nach hätten die Neuengländer nicht direkt mit Spanien und der Karibik Handel treiben dürfen, sondern waren verpflichtet, ihren Kabeljau an England zu verkaufen und dann von England spanischen Wein und spanisches Eisen zu beziehen.

Die Briten hatten allen Grund, sich wegen Nordamerika Sorgen zu machen. Im Jahre 1677, achtundneunzig Jahre ehe das amerikanische Unabhängigkeitsstreben in einen offenen Krieg mündete, erhielt die britische Krone von den Neuengländern eine höfliche diplomatische Note, der zehn Fässer mit Kranbeeren, zwei mit Maismehlbrei und tausend

Stück Kabeljau beigefügt waren. In einem Ton, der vielleicht nicht ganz so bitter war wie zehn Fässer voll Kranbeeren, erklärte man: »Wir halten untertänigst dafür, daß die Gesetze Englands auf die vier Meere beschränkt sind und sich nicht auf Amerika erstrecken. Da die hiesigen Untertanen Seiner Majestät nicht im Parlament vertreten sind, sehen wir uns im Handel nicht durch [jene Gesetze] eingeschränkt.«

Was Charles II. mit tausend Stück Kabeljau und all den Kranbeeren anfing, ist nicht überliefert, aber im Hinblick auf die Handels- und Schiffahrtsgesetze unternahm er absolut nichts. Statt dessen mußte sich das Gesetz der kommerziellen Realität beugen. Die Neuengländer produzierten zuviel Kabeljau für den britischen Markt. Er ließ sich nicht zur Gänze in Großbritannien verkaufen, und die britische Handelsflotte hatte nicht genug Ladefähigkeit, um soviel Kabeljau wieder auszuführen. Trotz aller Handels- und Schiffahrtsgesetze mußten die Briten den Neuengländern gestatten, mit dem Kabeljau Handel zu treiben.

Der Beschränkungen ledig, florierte der Handel, wie von Adam Smith rühmend hervorgehoben. Bereits im Jahre 1700 konnten die britischen Kolonien in Westindien die Gesamtmenge des neuenglischen Kabeljaus nicht mehr bewältigen. Und sie konnten auch schon nicht mehr die neuenglische Rumindustrie ausreichend beliefern, die ein Nebenprodukt des Kabeljauhandels war. Ein bezeichnendes Licht auf den Unterschied zwischen Neuengland und Neufundland wirft die Tatsache, daß Neufundland jamaikanischen Rum importierte, der dann im Land abgefüllt wurde, woran sich übrigens bis heute nichts geändert hat, während Neuengland Melasse einführte und seine eigene Rumerzeugung aufbaute, um dann den hausgemachten Rum auf ausländischen Märkten zu verkaufen. Nunmehr gab es dreierlei, womit man Sklaven in Westafrika einkaufen konnte: Geld, gesalzenen Kabeljau oder Rum aus Boston.

Die Rumproduzenten aus Massachusetts und Rhode

Island fingen an, sich direkt am Sklavenhandel zu beteiligen. Felton und Company, eine Rumfirma aus Boston, die Anfang des 19. Jahrhunderts gegründet wurde, beschrieb in ihrem Getränkeführer aus dem Jahre 1936 den Handel mit bemerkenswerter Offenheit: »Die Schiffseigner bildeten einen Handelszyklus aus, der Sklavenladungen zu den Westindischen Inseln, eine Ladung Blackstrap-Melasse von den Inseln nach Boston und in andere neuenglische Häfen und schließlich die Verschiffung von Rum nach Afrika umfaßte.«

Bald schon stellte das Britische Reich nicht nur einen zu kleinen Markt für die neuenglischen Kabeljaufänge dar, sondern produzierte auch zuwenig Melasse für die Rumbrennereien von Neuengland. Die gesamte Melasseproduktion des britischen Teiles Westindiens machte weniger als zwei Drittel der Menge aus, die allein Rhode Island importierte. Die französischen Kolonien brauchten neuenglischen Kabeljau, und Neuengland brauchte französische Melasse.

Dann beschloß im Jahre 1733 die Britische Krone, nachdem sie die Neuengländer ein Jahrhundert lang auf den Geschmack des Freihandels hatte kommen lassen, den Handel mit Melasse staatlicher Lenkung zu unterstellen und so einen entscheidenden Schritt zur Wiederherstellung ihrer Kontrolle über das kommerzielle Leben zu tun. Tatsächlich aber erwies sich diese Maßnahme als einer der ersten unabsichtlichen Schritte zur Demontage des Britischen Reiches.

WESTINDIEN-KABELJAU AUF DEN WESTINDISCHEN INSELN

»Die Zeiten so hart, daß, kaum übertrieben,
Nicht einmal Salzfisch und Reis uns geblieben.«

Calypso von »*The Tiger*« (Neville Marcano)
aus den vierziger Jahren

In Puerto Rico gab es eine *piropia*, einen Ausruf, mit dem man attraktive Frauen anmachte: *Tanto carne, y yo comiendo bacalao* (soviel Fleisch, und ich muß gesalzenen Kabeljau essen). Heute ist Fleisch billiger als gesalzener Kabeljau, der Ausruf aber hat sich ebenso erhalten wie die *piropias* ganz allgemein.

Gesalzener Kabeljau war ein billiges Nahrungsmittel, das im Verein mit anderen billigen Nahrungsmitteln beliebte Gerichte ergab. Billig ist der Kabeljau zwar nicht mehr, aber die Rezepte sind noch die alten. Neben gesalzenem Kabeljau und Wurzelgemüse stellt gesalzener Kabeljau und Reis das verbreitetste Kabeljaugericht in der Karibik dar. Ursprünglich war es ein Mittel, den Vorrat an gesalzenem Kabeljau zu dehnen; häufig wurden dazu der Schwanz oder andere Reste vom Fisch verwendet. Manchmal wurde aus den Gräten ein Sud gekocht und der Reis darin gebrüht; in Puerto Rico trägt dieses Gericht den Namen *Mira Bacalao* (Such den Salzfisch).

Gesalzener Kabeljau und Reis

Dies ist ein beliebtes einheimisches Gericht. Der Salzfisch und der Reis werden etwa im Verhältnis von einem Pfund Salzfisch zu einem knappen Pfund Reis nebst dem üblichen Stück gesalzenem Speck und ein bißchen Butter zusammen gekocht.

Caroline Sullivan,
The Jamaica Cookery Book,
Kingston, 1893

6: Ein Kabeljaukrieg, der die ganze Welt durchtost

»Salzfische waren auf den Kaianlagen gestapelt und sahen aus wie gestreiftes Holz, wie Ahorn und gelbe Birke, woran man die Rinde gelassen hatte. Zuerst hielt ich sie dafür, und in gewissem Sinne waren sie es ja auch – Brennstoff, um unsere Lebensflammen in Gang zu halten –, ein östliches Holz, das auf den Grand Banks wuchs.«

Henry David Thoreau, *Cape Cod*, 1851

Die Kunst der Besteuerung besteht darin, die Gans so zu rupfen, daß sie unter geringstmöglichem Zischen die größtmögliche Menge Federn liefert.«

Jean-Baptiste Colbert (1619–83)

Revolutionen haben etwas Romantisches. Das war so bei der Französischen, der Russischen, der Mexikanischen, der Chinesischen, der Kubanischen Revolution. Die romantischste aller Revolutionen, die von 1848, hatte allerdings auch am wenigsten Erfolg. Die Amerikanische Revolution war ein bemerkenswert erfolgreiches Unternehmen. Sie stürzte das Land nicht in Chaos und Gewalt und geriet nicht auf die schiefe Bahn, die in die Diktatur führt. Sie brachte keinen Napoleon hervor und keine institutionalisierte Revolutionspartei an die Macht. Sie erreichte ihre Ziele. Dabei war sie, als Revolution genommen, extrem unromantisch. Bei den Radikalen, den eigentlichen Revolutionären, handelte es sich um mittelständische Kaufleute aus Massachusetts, die kommerzielle Interessen verfolgten und deren Revolution sich um das Recht drehte, Profit zu machen.

John Adams, der kraftvollste Vertreter dieses Massachusetts-Elements, glaubte nicht an den Kolonialismus als ökonomisches System und sah deshalb auch nicht ein, warum die Amerikaner bereit sein sollten, in Kolonien zu leben. Die Amerikanische Revolution war die erste große antikolonialistische Bewegung. Bei ihr ging es um politische Freiheit. Aber in den Köpfen ihrer nachdrücklichsten Verfechter, der neuenglischen Radikalen, fand diese Freiheit ihren zentralen Ausdruck darin, daß man in wirtschaftlichen Dingen selbst entscheiden konnte.

Alle Revolutionen drehen sich in einem gewissen Grade um Geld. Während der Französischen Revolution erklärte der Comte de Mirabeau: »Letztlich wird das Volk die Revolution einzig und allein danach beurteilen – kostet sie mehr Geld oder weniger? Geht es den Leuten besser? Haben sie mehr Arbeit? Und wird die Arbeit besser bezahlt?« Aber Mirabeau gehörte auch nicht zu den Radikalen.

Den Aufrührern von Massachusetts ging es um eine ökonomische, nicht um eine soziale Revolution. Sie dachten nicht an die hungrigen Massen und die Löhne, sondern pochten auf das Recht jedes einzelnen Menschen, zum Mittelstand zu gehören, unternehmerisch tätig zu sein, Handel zu treiben und Gewinn zu machen. Menschen ohne besondere Fertigkeiten und mit nur wenig Kapital hatten es in der Kabeljaufischerei zu Reichtum gebracht. Das war das System, an das sie glaubten.

Dabei waren sie keine oberflächlichen Geister. Vielen von ihnen, den meisten ihrer wichtigsten Führer – sogar Thomas

Jefferson, einem Sklavenhalter – war klar, daß man sich einer Heuchelei schuldig machte, wenn man von Menschenrechten sprach und dabei über die Qualen der Millionen von Sklaven hinwegsah. Aber sie wollten die Revolution an dieser Frage nicht scheitern lassen und fürchteten, das könne passieren. Das ganze Jahrhundert hindurch hatten Engländer prophezeit, die aufblühenden amerikanischen Kolonien würden versuchen, sich von der Britischen Krone zu lösen, aber schließlich doch im Britischen Reich verbleiben, weil sie nicht imstande seien, sich miteinander zu vertragen. Die Britische Krone begriff nicht, daß die Anführer der Revolution Pragmatiker waren, die handgreifliche Ziele verfolgten, und daß Melasse, Kabeljau und Tee keine zwar ärgerlichen, aber nebensächlichen Streitpunkte bildeten, sondern das eigentliche Problem. Für die Virginier stellte sich die Revolution als »der Tabakkrieg« dar.

England hatte eine gewisse Flexibilität bewiesen. Obwohl Gloucester ein offizieller Handelshafen war, gab es dort nicht einmal einen Zollbeamten. South Carolina erhielt von den Briten die Erlaubnis zu direkten Handelsgeschäften im Mittelmeerraum, bei denen Reis gegen Obst, Salz und Wein getauscht wurde. Die größten Freiheiten gewährte man hinsichtlich des Handels mit den britischen Kolonien in Westindien. Für Massachusetts bestand der Handel im Austausch von Kabeljau gegen Melasse, während Connecticut Gemüse, Maryland Weizen und Pennsylvania Mais zu verkaufen hatte. In den vierziger Jahren des 18. Jahrhunderts betrieb Neuengland mit der Karibik bereits ebensoviel Handel wie mit England. Ehe die Engländer anfingen, sich wegen eines bewaffneten Unabhängigkeitskrieges Sorgen zu machen, bereitete ihnen schon längst die faktische Autonomie der amerikanischen Kolonien Kopfzerbrechen. Die Kolonien brauchten das Mutterland nicht, und beide Teile wußten das.

Der erste größere Versuch Großbritanniens, sein koloniales Monopol zu sichern, war das Melassegesetz von 1733, das die Einfuhr von Melasse aus den nicht zu Großbritannienen gehörigen Kolonien der Karibik mit solch massiven Zöllen belegte, daß dies für den Handel praktisch das Aus bedeutet hätte. Wenn der Kauf von Melasse aus den französischen Kolonien Westindiens unrentabel wurde, so mußte das nicht nur die Kabeljaumärkte Neuenglands schädigen, sondern auch einen Rückgang der neuenglischen Rumindustrie zur Folge haben. Keines von beidem trat ein, weil die Franzosen nur zu bereit waren, sich mit den Neuengländern zu einem lukrativen Schleichhandel zusammenzufinden. Tatsächlich war Ergebnis des Melassegesetzes eine Ausdehnung des Kabeljau-Melasse-Handels.

Das Gesetz wäre vielleicht ein längst vergessener Fehlgriff geblieben, hätten die Briten nicht eine Generation später mit dem Zuckergesetz von 1760, das eine Gallone Melasse mit sechs Cent Zoll belegte, einen neuen Versuch unternommen. Abermals behaupteten die Neuengländer ihre Position mittels Schleichhandels. Im Jahre 1764 probierten es die Engländer mit einer neuen Taktik, indem sie zwar die Steuer auf Melasse senkten, dafür aber neue Steuern auf Zucker und Madeira erhoben. Damit wollten sie die Kolonien zwingen, von Madeira zu Port überzuwechseln, der ausschließlich durch britische Kaufleute zu beziehen war. Die Kolonien indes boykottierten beides. Gegen einen gesalzenen Kabeljau mittlerer Güte, der direkt als Madeira-Kabeljau firmierte, wurde zwar auch Madeira eingetauscht, aber das Getränk der Neuengländer war Rum. Er war so gängig, daß das Wort manchmal als Gattungsbezeichnung für Alkohol diente. Nach Schätzungen, die aus dem Jahr des Melassegesetzes stammen, belief sich der Rumverbrauch in den amerikanischen Kolonien auf durchschnittlich vierzehn Liter Rum pro Person und Jahr. Im Jahre 1757 bewarb sich George Washington in Fairfax County um einen Sitz im Abgeordnetenhaus. Die Wahlkampagne kostete ihn unter anderem 105 Liter Rum und 187 Liter Rumpunsch, nicht zu vergessen Wein, Bier und Apfelwein. Verglichen mit heutigen Wahlkampfbudgets mag das bescheiden wirken, aber das in Virginia gelegene Fairfax County umfaßte damals auch nur 391 Wahlberechtigte.

Im Jahre 1764 wurde der Bostoner Kaufmann John Hancock, der sich bereits als aktiver Aufrührer einen Namen gemacht hatte, unter der Anklage verhaftet, er habe in seiner Schaluppe, der *Liberty*, Madeira geschmuggelt. Eine aufgebrachte Bostoner Volksmenge befreite ihn. Im folgenden Jahr wurde die Bevölkerung der Kolonie durch das Stempelsteuergesetz zum ersten Mal mit einer direkten Steuer statt wie bisher nur mit Zöllen belegt. Als die Briten die Durchsetzung der Handelsgesetze forcierten, verschlechterten sich die Beziehungen weiter. Zum ersten Mal wurden Zollbeamte nach Gloucester geschickt; allerdings fanden sich diese unseligen Beamten Schikanen und brutalen Angriffen ausgesetzt und manchmal sogar gezwungen unterzutauchen. Im Jahre 1769 erklärte Massachusetts, die Handelsbeschränkungen seien verantwortlich für den Verlust von vierhundert Fahrzeugen der Kabeljau-Fischfangflotte.

Wiederholt griffen die Briten zu denkbar schlechtesten Maßnahmen. Angesichts des Widerstands gegen das Stempelsteuergesetz tauschten sie es gegen das Townsend-Gesetz aus, das seinen Namen einem Mann verdankte, der sich sein Plätzchen in der Geschichte dadurch verdient hatte, daß er – angeblich in betrunkenem Zustand – im britischen Unterhaus verkündete: »*Und ob* ich Amerika besteuere!« Als ihm wegen der Latte von Einfuhrzöllen, die er vorschlug, Wut und Empörung entgegenbrandeten, machte er einen Rückzieher und strich die Zolliste auf ein paar weniger beschwerliche Handelsartikel zusammen, zu denen unter anderem Tee zählte.

Die Boston Tea Party des Jahres 1773 veranschaulicht,

wes Geistes Kind die Amerikanische Revolution war. Hier kam es zu einer öffentlichen Empörung gegen einen Einfuhrzoll, die von Kaufleuten, zu denen John Hancock und John Rowe gehörten, angestachelt wurde und bei denen die Sprößlinge der Kabeljau-Aristokratie – als Mohawk-Indianer verkleidet – ihre eigenen Schiffe enterten und die Waren über Bord ins Hafenwasser beförderten. Zu ähnlichen »Teestürmen« kam es in anderen Häfen. In New York hatte die Revolution offenbar bereits das Proletariat erfaßt: ein stürmischer Volkshaufen schmiß die Waren in den Hudson, noch bevor die Aufrührer in ihrer Indianerkluft auf dem Schauplatz erschienen waren.

Die nächste britische Maßnahme wirkt noch verblüffender. In Reaktion auf eine Krise, deren ursprünglicher Auslöser die Tatsache war, daß die amerikanischen Kolonien zuviel Nahrungsüberschüsse erzeugten, schlossen die Briten im Jahre 1774 den Bostoner Hafen und versuchten die Bevölkerung so lange auszuhungern, bis diese die Krone für die verlorengegangenen Waren entschädigt hatte. Man schrieb aber nicht mehr das Jahr 1620, und niemand in Neuengland war in Gefahr zu verhungern, ob mit oder ohne Einfuhren. Marblehead lieferte Kabeljau, Charleston Reis und Baltimore Getreide. Sogar aus dem nördlichen Connecticut wurde eine Herde Schafe herabgetrieben.

Dann kam der schwerste Schlag, zu dem Großbritannien gegen Neuengland ausholte, aber die Nachrichtenübermittlung verlief damals derart langsam, daß die Siedler erst Kunde davon erhielten, als man bereits zu den Waffen gegriffen hatte. Das am 12. Juli 1775 in Kraft gesetzte Handelsbeschränkungsgesetz verpflichtete die Neuengländer, nur mit englischen Häfen Handel zu treiben und schloß die neuenglischen Fischer von den Grand Banks aus. Es war, als scheue die Krone keine Mühe, die Bevölkerung von Massachusetts um die Aufrührer zu scharen.

Während der Revolution stellte die Fähigkeit, Nahrungsmittel zu erzeugen, den einen großen Vorteil dar, den die Aufständischenarmee hatte. Die britische Armee mochte besser ausgebildet und erfahrener sein, und besser gekleidet und ausgerüstet war sie auf jeden Fall. Aber die Amerikaner waren besser genährt. Sie wurden auch besser bezahlt und bekamen dank des Bostoner Rums auch Besseres zu trinken.

Viel Kabeljau gab es allerdings für niemanden. Die Fischer von Neufundland und Nova Scotia konnten ihre Fische nicht mehr in Boston verkaufen. Britische Kriegsschiffe hinderten die neuenglischen Fischer daran, bei den Grand Banks auf Fang zu gehen; allerdings ließen die neuenglischen Fischer mit ihren schnellen Schonern ihre Gewässer für jedes probritische Schiff gefährlich werden. Die Schoner aus Gloucester waren mit Lafetten ausgerüstet. Ironischerweise erhielt der erste dieser bewaffneten Schoner den Namen *Britannia*. Er war mit acht alten Kanonen bestückt, die auf neugebauten Lafetten montiert waren. Zu dieser bescheidenen Feuerkraft kamen ergänzend Handfeuerwaffen hinzu. Allein im Jahre 1776 brachten diese Kaperschiffe 342 britische Fahrzeuge auf.

Im Jahre 1778, drei Jahre nach Beginn der Kämpfe, waren beide Seiten reif für Verhandlungen, die in Paris aufgenommen wurden. Bis 1781 hatte man alle Streitpunkte bis auf drei beigelegt: Uneinig war man sich noch über die Grenze, die Begleichung von Schulden gegenüber England und Fischereifragen. Letzteres erwies sich als der schwierigste Punkt von den dreien.

Massachusetts bestand auf ungehindertem Zugang zu seinen traditionellen Fanggründen, zu denen die Grand Banks, das Schelf vor Nova Scotia und der Sankt-Lorenz-Golf zählten – Gewässer, die allesamt vor der Küste treugebliebener britischer Kolonien lagen. Aber selbst bei Frankreich, dem großen Verbündeten Amerikas, fand Neuengland in dieser

Frage keinen Rückhalt. Einen Aufstand gegen England zu unterstützen war eines, ein anderes war die Rückkehr der Neuengländer ins Gebiet der Grand Banks, von der auch die Franzosen meinten, daß sie nicht in ihrem Interesse lag. Nach Ansicht der Franzosen hatten zwar alle Nationen das Recht auf ungehinderte Hochseefischerei, die Küstengewässer aber seien Eigentum der Inhaber der jeweiligen Küste. Die kleinen Inseln St. Pierre und Miquelon erlaubten Frankreich nach wie vor, sich zu den Inhabern der Küste zu zählen. Bis zum heutigen Tage beanspruchen die Franzosen in einem Streifen der kanadischen Gewässer Fischereirechte wegen dieser ihrer winzigen Besitzungen.

Für die französische Haltung gab es im Internationalen Seerecht keine eindeutige Grundlage. Nach wie vor herrschte die Ansicht vor, daß die Meere keine Nationalität kannten. Der erste anerkannte Anspruch auf Seegebiet, nämlich auf eine Dreimeilenzone in der Nordsee, trat erst nach den Napoleonischen Kriegen in Kraft. Die Neuengländer indes hatten John Adams auf ihrer Seite, den von der Geschichte am wenigsten gewürdigten Gründungsvater. Adams, dessen Gesicht keine Münze oder Banknote ziert und der zu kaum einem Denkmal angeregt hat – er war es, der im Kontinentalkongreß für die vollständige Loslösung von England eintrat, der seinen Standpunkt durchsetzte, indem er eine Allianz zwischen Massachusetts und Virginia schmiedete, in die er dann die dazwischenliegenden Kolonien einband, der den Obersten George Washington als Führer der gemeinsamen Armee auswählte, der mit »Gedanken über die Regierung« den Konstruktionsentwurf für den Staat der USA schuf und der schließlich den jungen Thomas Jefferson zu seinem Protégé machte und ihn damit beauftragte, die Unabhängigkeitserklärung zu verfassen, und zwar deshalb, weil der junge Virginier ihm in schriftstellerischer Hinsicht überlegen war.

Zur Empörung der Abgeordneten aus den südlichen Kolonien sorgte Adams dafür, daß in das Protokoll für die Verhandlungen mit den Briten ein Paragraph aufgenommen wurde, nach dem die Fischereirechte im Blick auf die Banks nicht ohne die Zustimmung von Massachusetts preisgegeben werden durften. Das führte zu einem der frühesten Risse im Verhältnis zwischen Norden und Süden. Die Südstaatler klagten, die Interessen von neun Staaten würden den in den übrigen vier Staaten heimischen »Verzehrern und Destillateuren von Melasse zuliebe« geopfert.

Adams hatte auf dem Kontinentalkongreß in einer Debatte, die zweieinhalb Tage dauerte, Jeffersons Unabhängigkeitserklärung Zeile für Zeile verteidigt, während Jefferson als bescheidener Autor stumm dabeisaß. Zu den wenigen Schlachten, die Adams verlor, zählte der Kampf um den wichtigen Abschnitt gegen die Sklaverei, in dem diese als »grausamer Krieg gegen die menschliche Natur« bezeichnet wurde. Den Handel mit Kabeljau und Melasse allerdings verteidigte er trotz seines Zusammenhangs mit dem Sklavenhandel. Adams erklärte seinen amerikanischen Landsleuten auf dem Kongreß den kommerziellen Wert des Kabeljauhandels mit dem Mittelmeerraum und der Karibik, führte aber als Argument auch an, daß sich die neuenglischen Kabeljaufischer als überragende Kriegsmacht zur See erwiesen hätten. Er bezeichnete die Fischereiflotte Neuenglands als »Schule für Seeleute und Ursprung einer starken Marine« und vertrat die Ansicht, die neuenglischen Grundfischer seien »schlechthin unabdingbar für die Bewahrung unserer Unabhängigkeit«.

Viele Amerikaner, darunter auch Benjamin Franklin, betrachteten die Fischereirechte als einen Punkt, wo man Konzessionen machen konnte. Aber Adams gab nicht nach. Ein Jahr und einen Monat, nachdem die britischen Truppen bei Yorktown kapituliert hatten, räumten schließlich am 19. November 1782 die Briten Neuengland Fischereirechte bei den Grand Banks ein.

Aber Zugang zu Märkten hatten die Amerikaner damit nicht gewonnen. Vom Handel mit den britischen Kolonien Westindiens waren sie ausgeschlossen – für Neuengland ein ungeheurer kommerzieller Verlust, mit der Folge einer schrecklichen Hungersnot unter den Sklaven, die dadurch von ihrer Proteinquelle abgeschnitten waren. Zwischen 1780 und 1785 starben in Jamaika 15 000 Sklaven den Hungertod. Mit der Zeit füllten Nova Scotia und Neufundland die Marktlücke, und auch ihre Fischereiflotten stellten sich in starkem Maße auf die Produktion von Salzfisch minderer Qualität für die Westindischen Inseln ein.

Während der Kolonialzeit schien praktisch jede Wendung der Geschichte das Fischereiwesen Neuenglands zu begünstigen, aber nachdem Amerika seine Unabhängigkeit errungen hatte, war diese bemerkenswerte Glückssträhne zu Ende.

Im Jahre 1812 führten Briten und Amerikaner abermals Krieg. Fischer aus Gloucester, Marblehead und anderen neuenglischen Hafenstädten bemannten die schnellen Kriegsschiffe, die man in Anlehnung an den Schoner gebaut hatte, und leisteten, wie dreißig Jahre zuvor von Adams vorhergesagt, einen meisterlichen Beitrag zur »Bewahrung unserer Unabhängigkeit«.

John Adams' Sohn, John Quincy Adams, fiel die Aufgabe zu, die Friedensverhandlungen in Gent zu führen. Wie seine ganze Familie war auch er ein standhafter Vertreter der Fischereiinteressen Neuenglands. Erneut trieb diese Frage einen Keil zwischen den Norden und den Süden.

Für die Neuengländer bedeutete der 1783 in Paris ratifizierte Friedensvertrag einen gewaltigen Sieg. Die Südstaatler allerdings forderten eine Revision des Vertrages, weil man den Briten, um sie zu Konzessionen bei den Grand Banks zu bewegen, Schiffahrtsrechte auf dem Mississippi eingeräumt hatte. Die Neuengländer bestanden darauf, daß ihre

Fischereirechte verbrieft und nicht mehr verhandelbar waren. Damals war indes ein Virginier, James Madison, Präsident, und er schlug sich auf die Seite seiner südlichen Heimat. Der Friedensvertrag von Gent, der den Krieg von 1812 beendete, entzog den Briten ihre Rechte auf den Mississippi, während er die Frage der Grand Banks weiteren Verhandlungen überließ.

Das Abkommen von 1818 bestätigte den Amerikanern einige ihrer Fischereirechte bei den Banks, aber was John Adams im Jahre 1782 für die neuenglischen Fischer errungen hatte, war unwiederbringlich verloren. In den Beziehungen zwischen den USA und Kanada sorgte diese Frage zweihundert Jahre lang immer wieder für Spannungen.

Als 1834 im britischen Teil Westindiens, 1848 auf den französischen Antillen und 1849 im niederländischen Teil der Antillen die Sklaverei abgeschafft wurde, traf das die Kabeljaufischerei Nordamerikas hart, wahrscheinlich härter, als einer der Adams hätte zugeben mögen.

Nach Jahrhunderten blutiger Sklavenaufstände fand Europa im heimischen Zuckerrübenanbau eine zuverlässigere Alternative zur kolonialen Zuckerproduktion. Die Bevölkerung der Karibik aß weiterhin gesalzenen Kabeljau und machte aus den Fässern Trommeln. Obwohl der Kabeljau nicht mehr in Fässern geliefert wird, fertigt man auch heute noch Faßtrommeln für die Musik. Aber nachdem es mit der riesigen Plantagenwirtschaft vorbei war, verwandelten sich diese Inseln in sehr kleine Märkte.

Nachdem der Sklavenmarkt der Karibik zwei Jahrhunderte lang als Abladeplatz gedient hatte, gab es in der nordamerikanischen Produktion von gesalzenem Kabeljau praktisch keine Qualitätskontrolle. In einem entsprechenden Zustand traf im Jahre 1851 Thoreau die Fischerei in Provincetown an:

Der Hals des Fisches ist so nahe bei den Kiemen wie möglich aufzuschneiden. Die Haut am oberen Ende der Rückengräte muß auf beiden Seiten eingeschnitten werden, damit nichts reißt, wenn man den Fisch zum Ausnehmen öffnet. Man schlitzt ihn nahe beim After links auf, entfernt behutsam die Eingeweide und die Leber und trennt den Kopf mit dem Messer ab, statt ihn loszubrechen.

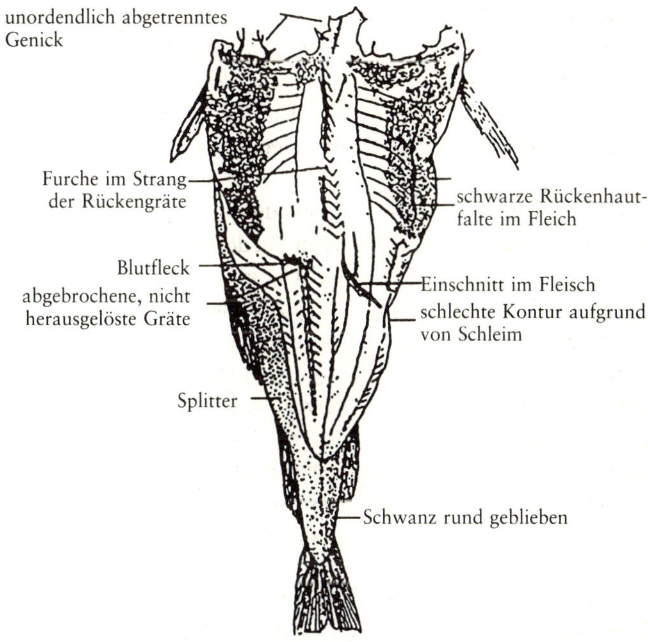

Wie man einen Kabeljau unsachgemäß aufschlitzt, aus *Notes on Processing Pickled and Smoked Fish* von A. W. Fralick, Leitender Aufsichtsbeamter, Küstengebiete, Kanada *(Fischereimuseum für den Atlantik, Lunenburg, Nova Scotia)*

»Der Kabeljau in diesem Fischhaus, den man eben erst der Lake entnommen hatte, lag mehrere Fuß hoch gestapelt, und drei oder vier Männer standen in rindsledernen Stiefeln oben darauf und warfen die Fische mit Hilfe eines Instruments mit Eisenspitze auf einen Karren. Ein junger Mann, der Tabak kaute, spie wiederholt auf die Fische. Warte nur, mein Bester, dachte ich, wenn der Ältere dort dich sieht, wird er dir was erzählen. Aber irgendwann sah ich, daß der Ältere das gleiche machte.«

Die Mittelmeermärkte beschwerten sich fortlaufend über die Qualität des behandelten Kabeljaus aus Neufundland. Im Jahre 1859 ging eine Schiffsladung mit gesalzenem Kabeljau aus Labrador und Neufundland nach Bilbao. »Die Sendung fand hier keinen Anklang«, erklärten die Basken und schickten sie weiter nach Südspanien. Noch Ende des 20. Jahrhunderts, bis zur Zeit der Aussetzung des Kabeljaufanges im Jahre 1992, bemühte sich die kanadische Regierung, den neufundländischen Fischern klarzumachen, daß es nicht gut war, den Kabeljau in der von Thoreau geschilderten Weise aufzuspießen, weil er dadurch beschädigt wurde.

Vom Mittelalter bis heute bildete der Mittelmeerraum stets den anspruchsvollsten Markt für Kabeljau. Diese Länder machten im 19. Jahrhundert eine regelrechte Bevölkerungsexplosion durch: Die Bevölkerung Spaniens verdoppelte sich nahezu, während die portugiesische um mehr als das Doppelte anstieg. Viele Hafenstädte entwickelten sich zu großen städtischen Zentren, darunter Bilbao, Porto, Lissabon, Genua und Neapel. Barcelona besaß zur Jahrhundertwende eine Einwohnerzahl von fast einer Million Menschen, von denen die meisten eifrige *bacalao*-Verbraucher waren.

Die Nordamerikaner aber hatten auf diesen Märkten keinen Erfolg. Obwohl Neufundland, Labrador und Nova Sco-

Fischkonservierungsfirma von George Dennis, um 1900, im Osten von Gloucester *(Peabody Essex Museum, Salem, Massachusetts)*

tia fast vollständig abhängig vom Fischereiwesen blieben, hatte ihre Produktion geringe Qualität; sie verkauften in der Hauptsache nach Boston oder in die Karibik. Die einzige nordamerikanische Ausnahme bildete Gaspé, wo ein Qualitäts-Kabeljau herkam, der in den Mittelmeerraum verkauft wurde. Rund neunhundert Jahre nachdem die Basken den Skandinaviern dadurch den Rang abgelaufen hatten, daß sie den Fisch salzten, statt ihn nur an der Luft zu trocknen, gewannen die Skandinavier durch die Perfektionierung des Pökelverfahrens ihre Konkurrenzfähigkeit zurück. Norwegen und Dänemark, die auch über Island und die Färöer herrschten, drängten aggressiv auf die mittelmeerischen Märkte für Spitzenqualitätskabeljau und haben sich dort behauptet.

Selbst heute noch, in einer Zeit, in der sich Waren und Menschen freier bewegen als je zuvor, hängen die meisten

Menschen, die gesalzenen Kabeljau essen, an dem Produkt, das in ihrer Heimat traditionell auf den Markt kam. Das moderne Montreal ist eine Stadt mit Einwanderern sowohl aus der Karibik als auch aus Mittelmeerländern. Auf dem Jean-Talon-Markt im Norden der Stadt führen die Läden sowohl schlecht geschlitzte, kleine getrocknete Kabeljaue aus Nova Scotia als auch große, sorgfältig behandelte gesalzene Kabeljaue aus Gaspé. Die Zuwanderer aus der Karibik kaufen unbeirrt das Produkt aus Nova Scotia, während der Kabeljau Marke Gaspé an Portugiesen und Italiener verkauft wird.

In dem Maße, wie es mit dem westindischen Kabeljauhandel abwärts ging, wuchs in Neuengland der heimische Markt. Gesalzener Kabeljau wurde zu einem Grundnahrungsmittel in der Unionistenarmee, und Gloucester zog Gewinn aus dem amerikanischen Bürgerkrieg. Aber der Krieg trieb auch in der Wirtschaft des Nordens die Industrialisierung voran, und Neuengland, dem in der industriellen Revolution eine Schlüsselrolle zufiel, wurde vom Fischereiwesen zunehmend unabhängiger. Die alten Kaufmannsfamilien steckten ihr Geld in die Industrie. Die Bezeichnung *Kabeljauindustrie* wurde nun von der aufkommenden Arbeiterklasse verwendet, die das Establishment daran erinnern wollte, daß es durch Hökerei reich geworden war und, all seinem Gehabe zum Trotz, nichts weiter als eine Schicht von Neureichen darstellte.

Ihr Image als Führer der Revolution verblaßte; mochten sie sich auch noch so aristokratisch geben, im Gedächtnis der Leute waren sie einfach nur hochnäsige Leute, die einst ihr Glück auf dem Fischmarkt gemacht hatten. Im Jahre 1874 hielt sich ein lateinamerikanischer Revolutionär, Francisco de Miranda, in Boston auf und berichtete nach einem Besuch des Massachusetts State House über den dort hängenden Kabeljau, er sei »in Lebensgröße, aus Holz und geschmacklos«. Es sollte noch schlimmer kommen: In den dreißiger Jahren wandte sich der Bostoner Bürgermeister irischer Abstammung Michael Curley, ein reizbarer Populist, der sich mit der Oberschicht Bostons anlegte, gegen die Bezeichnung Kabeljauaristokratie. Er sah darin »eine Beleidigung für den Fisch«.

EINE BLEIBENDE ERINNERUNG

Im Süden der USA paßten die Sklaven ihre afrikanische Küche dem Geschmack der Weißen an. Nach dem Bürgerkrieg setzte sich dieser Prozeß fort, da viele frühere Sklaven eine Anstellung als Koch in Firmen oder bei der Eisenbahn fanden. »Ich kam im Jahre 1857 in Murray County, Tennessee, als Sklave zur Welt. Ich erhielt den Namen meines Herrn, D. J. Estes, dem die Familie meiner Mutter gehörte, die sieben Jungen und zwei Mädchen umfaßte, unter denen ich der Jüngste war.« So beginnt das im Selbstdruck veröffentlichte Buch von Rufus Estes, »vormals im Privatwagendienst der Pullman Company tätig und derzeit Leiter der Verpflegungseinrichtungen der United States Steel Corporation in Chicago«. Stellt man die Zerpflücktechnik, den Zeitpunkt und den Ort in Rechnung, dann handelt es sich bei dem »Kabeljau« in seinem Rezept vermutlich um die gesalzene Version.

Geschmorter Kabeljau

Man nimmt ein Stück gekochten Kabeljau, entfernt Haut und Gräten und zerpflückt ihn in Flocken. Diese gibt man mit ein bißchen Butter, Salz und Pfeffer, gehackter Petersilie und dem Saft einer Zitrone in eine Schmorpfanne. Man stellt die Pfanne aufs Feuer, und wenn das Gericht gut erhitzt ist, kann es serviert werden.

Rufus Estes, *Good Things to Eat,* 1911

Teil zwei

Grenzen

»Kabeljau – eine Fischart, die so allgemein bekannt ist, daß sie keiner Beschreibung bedarf. Sie ist unvorstellbar fruchtbar. Leewenhoek zählte in einem Kabeljau mittlerer Größe 9 384 000 Eier – eine Anzahl, die alle Bemühungen des Menschen vereiteln wird, den Fisch auszurotten.«

J. Smith Homans und J. Smith Homans, Jr., Hrsg., *Cyclopedia of Commerce and Commercial Navigation*, New York, 1858

7: Ein paar Neuerungen im Kampf gegen neun Millionen Eier

»Harvey konnte die schimmernden Kabeljaue drunten sehen, wie sie sich in Schwärmen langsam voranbewegten und so stetig anbissen wie sie schwammen. Das Gesetz der Banks untersagt es aufs strengste, mehr als einen Haken pro Leine auszulegen, während sich die Fischerboote an den Virgin oder den Eastern Shoals befinden; aber die Boote lagen so nah beieinander, daß sich selbst die einzelnen Haken verhedderten und Harvey sich in heftige Auseinandersetzungen mit einem sanften, behaarten Neufundländer auf der einen Seite und einem brüllenden Portugiesen auf der anderen verwickelt fand.«

Rudyard Kipling, *Captains Courageous*, 1896

Die Banks sind trügerisch. Man findet dort Tiefen bis zu achtzig Faden (150 Meter), aber auch Gebiete, die nur fünfzehn oder zwanzig Faden tief sind. Gelegentlich tauchen bei stürmischem Wetter Felsen an der Oberfläche auf. Eisschollen brechen in Grönland los und treiben nach Süden. 1995 trieb eine besonders große Scholle, die ironischerweise aussah wie ein riesiger Fisch mit aufragender Rückenflosse vor den Hafeneingang von St. John's. Selbst im Vergleich mit den hohen Klippen dieses gutgeschützten Hafens wirkte sie gigantisch – außer jeder Proportion mit der gesamten Umgebung. Auf hoher See fällt es schwer, die Dimensionen dieser treibenden Eisberge einzuschätzen, bis man sie plötzlich direkt vor dem Bug hat und sie einem vollständig das Blickfeld versperren.

Dann ist da noch die Kälte. All die Jahrhunderte hindurch sind Männer auf den Nordatlantik hinausgefahren, während die Polarwinde den Gischt an der Takelung gefrieren ließen, Angelleinen in fußdicke Eisstäbe verwandelten und durch das Gewicht der Vereisung auf der windzugewandten Seite dem Schiff die Stabilität raubten. Das Eis mußte von der Takelung heruntergeschlagen werden, um das Schiff vor dem Kentern zu bewahren. Selbst im Zeitalter der verbesserten Navigationstechniken, der Radarpeilung und der Funkberichte über Eis- und Sturmverhältnisse muß der Kabeljau immer noch aus einem Wasser gefischt werden, dessen Temperatur zwischen einem und zehn Grad liegt. Die Fischer müssen die Leinen aus diesem Wasser einholen. Heute gibt es neue synthetische Stoffe zum Schutz der Hände, aber bis vor kurzem trugen die Fischer sogenannte »Frostbeulen« – dicke mit Baumwolle gefütterte Handschuhe. Sie waren furchtbar unhandlich. Ein Netz konnte man mit ihnen nur schwer flicken; zog man sie aus, konnten die Hände binnen einer halben Stunde erfroren sein, ohne daß man es mitbekam. Fangen die Fingerspitzen an, schwarz zu werden, können die Fischer nichts weiter tun, als hinunterzugehen, um sie in kaltem Wasser aufzutauen. Warmes Wasser würde unerträgliche Schmerzen bereiten. Die Fischerei geht ohnehin auf die Finger: daß Fischer durch Frostschäden, reißende Leinen und Maschinenunfälle Finger verlieren, ist gang und gäbe. Die Hände tragen unvermeidlich tiefe Schnitte davon, die sich entzünden. Werden die Hände zu arg in Mitleidenschaft gezogen, erleiden sie zu viele Erfrierungen oder büßen sie zu viele Finger ein, ist der Fischer gezwungen, in Rente zu gehen.

Die Fischer berufen sich gern auf ihren Gemeinschafts-

Im Nebel verloren von James Gayle Tyler, Russel-W.-Knight-Sammlung *(Peabody Essex Museum, Salem, Massachusetts)*

geist, und tatsächlich verbindet sie ein starkes Zusammengehörigkeitsbewußtsein, das Gefühl, einer auserwählten Bruderschaft anzugehören. Sie ähneln Kriegsveteranen, die sich nur von ihresgleichen, von denen, die in den gleichen Schlachten gekämpft haben, verstanden fühlen. Aber die Fischerei ist ein ständiger Kampf ums ökonomische Überleben. Jedermann arbeitet für einen Anteil am Fang. Wer nicht mithalten kann, weil er verletzt oder zu alt ist, wird herausgedrängt. Es gibt wenige Fischer über fünfzig. Und weil die Fischer, formell betrachtet, Freiberufler und keine Lohnempfänger sind, haben sich die Regierungen schwer damit getan, anzuerkennen, daß arbeitslose Fischer Anspruch auf Sozialleistungen haben.

Zu den schlimmsten Feinden der Kabeljaufischer gehörte, zumal in den Tagen vor der Erfindung der Funktechnik, der Nebel. Und da in den Kabeljaugründen warme und kalte Strömungen zusammentreffen, gehört Nebel dort zur

Tagesordnung. Manchmal ist er so dicht, daß der Bug eines fünfundzwanzig Meter langen Fahrzeugs von mittschiffs nicht zu sehen ist. Eine Laterne am Bug läßt sich aus gut dreißig Meter Entfernung schon nicht mehr erkennen. Die Fischer treiben in einer konturlosen grauen Suppe, tuten auf Hörnern, blasen auf Trillerpfeifen und hoffen, daß man sie auf den anderen Schiffen hört und Kollisionen vermeidet. Am meisten gefährdet aber waren die Männer in den Dorys, den kleinen Fangbooten.

Seit dem 17. Jahrhundert bis in die dreißiger Jahre unseres Jahrhunderts bestand die übliche Fangmethode beim Kabeljau und bei anderen Grundfischen darin, mit dem Schiff zu den Banks hinauszufahren und dann kleine Boote mit zwei Mann Besatzung auszusetzen. Die Portugiesen, die im Bereich der Grand Banks berüchtigt für ihre harten Arbeitsbedingungen waren, benutzten Einmannboote. Die Europäer überquerten den Atlantik in großen Dreimastern mit viel Deckfläche und umfangreichen Laderäumen. Die Neuengländer und die Fischer von Nova Scotia fuhren in Schonern hinaus, die rasch zurück an die Küste fahren und den Fisch anlanden konnten. Aber die Boote waren überall gleich: Skiffs ohne Deck von knapp sieben Metern Länge. Die Bootsbesatzungen benutzten normalerweise Ruder; gelegentlich bewegten sie sich auch mit Segelkraft voran, aber dann mußten sie selbst für die Segel sorgen. Häufig nähten sie oder ihre Frauen die Segel aus Mehlsäcken zusammen.

Da sie im Konkurrenzkampf miteinander lagen, stahlen sich die Bootsbesatzungen manchmal heimlich zu den Fanggründen, die sie entdeckt hatten. Viele ertranken oder verhungerten beziehungsweise verdursteten, während sie im Nebel umherirrten und das öde Meer nach dem Mutterschiff absuchten. Sie angelten, bis ihr Boot von Fischen überquoll. Je voller das Boot war, um so weniger seetüchtig war es auch. Manchmal überluden sie das Boot so sehr, daß ein bißchen Wasser von einer überschwappenden Welle genügte, um es mit Mann und Maus untergehen zu lassen.

René Convenant, einer der letzten bretonischen Männer, die auf einem solchen Fangboot gearbeitet hatten, schrieb über den Tod seines Vaters:

> *»Mein Vater liegt unter 60 Metern kaltem neufundländischem Wasser. Vielleicht fiel er einer Woge zum Opfer, die ein bißchen kräftiger war als die übrigen und gegen das Boot brandete, das sie bis zum Dollbord mit Fisch vollgeladen hatten. Das leichtgebaute Boot strotzte von Eis, und in ihrem schweren Stiefelwerk und Ölzeug gingen mein Vater und sein Kamerad – ein Junge von 22 Jahren – augenblicklich unter. Ein schreckenerregender einsamer Tod in dem flaumigen Nebel, der jeden Laut erstickt. Wie ein Alptraum, aus dem es kein Erwachen gibt...*
>
> *›Deinen Vater, den habe ich gut gekannt. Er war ein braver Fangbootsmann.‹ Das war die einzige Grabrede auf den verschollenen Seemann, die ein anderer Seemann – Vater Louis – viele Jahre später hielt, als ich ihn nach dem tragischen Verschwinden meines Vaters ausfragte.«*

Unter den Seefahrern des Nordatlantik genossen die Fangbootsleute wegen ihrer Durchhaltekraft und ihres Mutes einen legendären Ruf. Im Jahre 1876 segelte Alfred Johnson, ein dänischstämmiger Bootsmann aus Gloucester, um seinen Mut zu beweisen, mit einem gut fünf Meter langen Boot in achtundfünfzig Tagen von Gloucester nach Abercastle in Wales – die erste Einmann-Atlantiküberquerung, soviel wir wissen. In Nova Scotia erinnert man sich bis heute an einen Fangbootsmann aus dem 19. Jahrhundert, der sechzehn Stunden lang im Nebel umherirrte, ehe man ihn fand – ein Überlebensrekord. Aber der berühmteste Fangbootsmann Nova Scotias war Howard Blackburn, der nach Gloucester eingewandert war. Am 23. Januar 1883 ruderten Blackburn und sein Bootskamerad von ihrem Schiff los, um mit der Langleine Heilbutt zu fischen. Sie gerieten in einen Schneesturm. Howards Kamerad erfror, aber Blackburn krümmte die Finger um die Riemen, damit er auch noch rudern konnte, wenn seine Hände taub wurden. Er ruderte 150 Kilometer und erreichte Neufundland mit dem Leichnam seines Kameraden im Bug. Obwohl das Mißgeschick ihn all seine Finger und fast alle seine Zehen kostete, fuhr er in Schaluppen, die seiner Behinderung angepaßt waren, weiter zur See, stellte für die Einmann-Tour von Gloucester nach Lissabon einen Rekord von neununddreißig Tagen auf und bewältigte mit Riemen, die an seinen Handgelenken befestigt waren, sogar die Küste Floridas rudernd.

Nicht nur Fangboote gingen verloren. Ganze Schiffe sanken. John Cabots Schiff war das erste von vielen weiteren. Die Zahl der Fischer aus Gloucester, die zwischen 1830 und 1900 auf See umkamen, belief sich auf 3800 und lag damit um 70 Prozent über der Zahl sämtlicher im Krieg von 1812 gefallener Amerikaner. Dabei hatte die Stadt Gloucester nur ungefähr 15 000 Einwohner. Am 24. Februar 1862 raste ein Sturm über die Georges Bank hinweg; 120 Menschen ertranken in einer Nacht. In den siebziger Jahren des letzten Jahrhunderts, als man anfing, die Schoner flacher zu bauen und mit mehr Takelage zu bestücken, was sie noch schneller und schöner, aber auch gefährlicher machte, stiegen die Verluste, die Gloucester erlitt, ins Ungeheuerliche. Diese flachen, hochgetakelten Schoner, die man »Klipper« nannte, hielten Sturmwinden nur schlecht stand. Im Jahre 1871 gingen zwanzig Schoner und 140 Mann verloren. 1873 waren es zweiunddreißig Schiffe und 174 Mann, 128 von ihnen in einem einzigen Sturm. Ein Oststurm an den Banks im Jahre 1879 versenkte neunundzwanzig Fahrzeuge, mit denen 249 Mann untergingen.

Die Hafenstädte, die Flotten zu den Grand Banks schickten, hielten vor Beginn der sogenannten »Kampagne« Gottesdienste ab. In St.-Malo kam Ende Februar, fünfzehn Tage vor der Ausfahrt der Terre-Neuves, der Kardinal von Rennes zum Hafen, um im Angesicht der Flotte die Messe zu lesen. Ein Blumengewinde wurde ins Meer geworfen, zum Gedenken an die Fischer, die bei früheren Kampagnen draußen geblieben waren.

Mit der Modernisierung des Fischereiwesens gingen die Fischer nicht mehr in Fangbooten verloren, sondern wurden von elektrischen Winden zum schnellen Einholen von Ankertauen erfaßt, von übers Deck fliegenden Luken getroffen oder von Kabelführungsrollen zerquetscht. Auf dem heutigen Trawler sind Maschinenunfälle die Haupttodesursache; dicht dahinter rangiert allerdings immer noch der traditionellere Tod des Fischers, das Ertrinken. Schiffe sinken auf See; Männer fallen über Bord oder werden ins Meer geschwemmt. Verfängt sich in einem rasch abrollenden Tau der Fuß, geht der Betreffende über Bord und ertrinkt, noch ehe jemand richtig mitbekommt, was geschehen ist.

Über so etwas reden die Fischer nicht gern, wenn sie sich unterhalten, wie ja auch für Sam Lee und seine Kollegen aus Petty Harbour die Gefahr, vom offenen Deck ins Meer zu fallen, kein Gesprächsthema war. Aber selbst die Fischer mit dem meisten Glück haben ein oder zwei Geschichten von Fast-Katastrophen auf Lager. Von allen möglichen Arbeitern in den nordatlantischen Ländern weisen die Fischer die höchste Quote von Unfällen mit Todesfolge auf. Nach einem Bericht der kanadischen Regierung aus dem Jahre 1985 sterben von 100 000 kanadischen Fischern 212 in Ausübung ihres Berufes, während es bei Forstarbeitern 118, bei Bergleuten 74 und bei Bauarbeitern 32 sind. Im Jahre 1995 kamen fünf von 100 000 amerikanischen Arbeitern bei Arbeitsunfällen ums Leben, bei den Fischern dagegen 100 von 100 000. Ganz ähnlich zeigt eine britische Studie aus dem Jahre 1983, daß unter britischen Fischern die Todesrate zwanzigmal höher liegt als im Fabrikwesen.

Einer der Gründe für diese hohe Unfallquote ist darin zu sehen, daß die Fischer immer mit sehr wenig Schlaf auskommen mußten. Wenn der Fang gut war, konnte es passieren, daß sie ein, zwei Tage nicht zum Schlafen kamen. Beim alten Salzfischfang mußten die Fische, sobald die Fangbootleute zurück an Bord waren, ausgenommen werden. Der Kopf wurde abgeschlagen, der Bauch geöffnet, die Leber entnommen – manchmal zusammen mit dem Rogen, der Schwimmblase, dem Halsstück und anderen Dingen. Als nächstes mußte der Kabeljau behutsam aufgeschlitzt, das Rückgrat entfernt (ein schlecht geschlitzter Kabeljau verlor seinen Wert) und schließlich sorgfältig gesalzen werden. Ein Fischer konnte von Glück sagen, wenn er ein paar Stunden Schlaf bekam.

Der erste Modernisierungsschub kam von den Franzosen. Im Jahre 1815 beschloß der französische Staat, den Wiederaufbau des französischen Fischereiwesens finanziell zu unterstützen, das zuerst die Französische Revolution und dann die Napoleonischen Kriege zugrunde gerichtet hatten. Das Interesse an einer wirtschaftlichen Neubelebung war nicht der einzige Grund dafür. Schon John Adams hatte einst darauf hingewiesen, daß es weit billiger war, Hochsee-Kabeljaufangflotten zu unterstützen und von deren hervorragenden Seeleuten zu profitieren, als eine gutgeschulte ständige Marine zu unterhalten. Die Briten bequemten sich ebenfalls widerstrebend zu dieser Politik, allerdings erst, nachdem sie sich jahrelang heftig über die französischen Subventionen beklagt hatten.

Die Franzosen rüsteten ihre Terre-Neuve-Flotten mit Langleinen aus, die auch unter den Namen Kurrleine, Bodenleine und Grundschnur bekannt sind. Bis dahin bildete im ganzen Nordatlantik die Fischerei mit der Handlei-

Fischen mit der Handleine. Kabeljaufischerei an der Georges Bank, Abb. 32 aus *The Fisheries and Fishery Industries of the U.S.*, von George Brown Goode, 1887 *(Peabody Essex Museum, Salem, Massachusetts)*

ne die Haupttechnik im Kabeljaufang; Sam Lee und die anderen neufundländischen Küstenfischer verwenden genau diese Methode bis heute. Manchmal wurde am Ende der Schnur eine Spreize befestigt, so daß zwei Köderhaken statt einem angebracht werden konnten.

Historische Quellen belegen, daß die Briten vor der isländischen Küste schon im Jahre 1482 Langleinen benutzten; unter Umständen reicht der Gebrauch dieser Technik sogar noch weiter zurück. Aber bevor im 19. Jahrhundert die Franzosen das System verwendeten, hatte es nie großen Anklang gefunden, weil es eine enorme Menge von Ködern erforderte. In den kanadischen Gewässern fanden die Franzosen reichlich Heringe und Lodden vor. Auch wenn sie, gemessen an heutigen Maßstäben, bescheiden anmuten, waren diese französischen Langleinen aus dem 19. Jahrhundert länger als jemals Fangleinen zuvor. Sie konnten bis zu einem dreiviertel Kilometer kurz sein, sich aber auch über eine Länge von sechs oder sieben Kilometern erstrecken. In Abständen von etwa einem Meter war eine sechzig Zentimeter lange Schnur mit einem Haken am Ende befestigt. Das Fangboot rollte die Leine aus. Kalfaterte Fässer dienten als Bojen, die in regelmäßigen Abständen angebracht waren, so daß sich die Leine verfolgen ließ. (Heutzutage bestehen die Bojen aus leuchtend gefärbten Plastikbällen, die von einer sechzig Zentimeter hohen bewimpelten Stange gekrönt sind, damit man sie aus der Ferne sehen kann.) Der Fangbootmann ruderte die Leine entlang, hievte sie hoch, nahm den Fisch vom Haken, erneuerte den Köder und ließ die Leine wieder hinunter.

Im Jahre 1861 stand in den *Journals of the Assembly* in Nova Scotia zu lesen: »Die Fischerei mit Setzleinen, daran besteht kaum ein Zweifel, verdankt sich der enormen Prämie von zehn Francs, die von der französischen Regierung für jeden gefangenen Doppelzentner Fisch [fünfundsechzig Stück] an die französischen Fischer gezahlt wird ... An manchen dieser Leinen sind, so unglaublich das auch klingen mag, bis zu zehntausend Haken befestigt, wie man dem Verfasser berichtet hat.« Die ganze Operation erforderte nur ein paar Dutzend Männer und fünf Fangboote.

Die Debatte, die im Laufe des 19. Jahrhunderts um das Fischen mit Langleinen entbrannte, war offenbar mehr von nationaler Eifersucht als von Artenschutzrücksichten geprägt. Der unlautere Wettbewerb, den das französische Subventionssystem darstellte, erboste das britische Nordamerika, das spätere Kanada, mehr als die Gefahr einer Überfischung der Gewässer aufgrund der Technik, die mit ihm finanziert wurde.

Mißtrauen gegenüber neuen Fangmethoden gehört zum Fischereiwesen. Das Fischen mit Langleinen war in Island schon immer umstritten, und das galt auch für den Fisch-

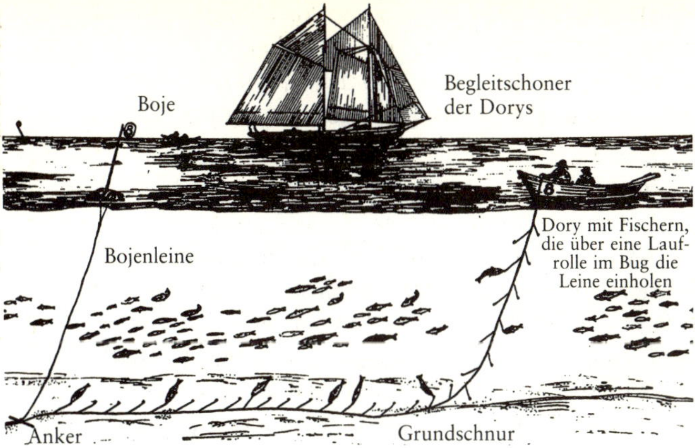

Grundschnur-Fischerei in Dorys (Fischen mit der Langleine), Abb. 4 aus *Fisheries and Fishing Vessels of the Canadian Atlantic* von N. J. Thompson und J. A. Masters *(Peabody Essex Museum, Salem, Massachusetts)*

fang mit Netzen, als dieser im Jahre 1780 in isländischen Gewässern zum ersten Mal bei der Kabeljaufischerei zur Anwendung kam. Die Fischer fürchteten, die Fische würden durch die Netze abgeschreckt und sich in andere Gewässer absetzen. Der Haupteinwand der Skandinavier gegen das Fischen mit Langleinen bestand dagegen in dem Vorwurf, es sei ungerecht und undemokratisch. Die Langleinenfischerei erforderte Kapital, um die großen Mengen Köder zu kaufen; wer sich den Köder nicht leisten konnte, blieb von ihr ausgeschlossen. Im Nordamerika des 19. Jahrhunderts war das Hauptargument gegen die Langleinen das gleiche, das noch in Petty Harbour vorgebracht wurde, als man in den vierziger Jahren dieses Jahrhunderts das Fischen mit Langleinen verbot. Wie von Kipling in seinem Roman geschildert, gab es draußen an den Banks zu viele Fischer, die ein und dieselben Fanggründe befischten. Wenn sie alle anfingen, Langleinen zu benutzen, würde es ihnen an Platz fehlen; ihre Leinen liefen Gefahr, sich ständig zu verheddern.

In seltenen Fällen gab es Maßnahmen, die rein auf den Artenschutz gemünzt waren, wie etwa das neufundländische Gesetz von 1858, das die Maschengröße in der Heringsfischerei festlegte. Aber in einer Zeit, in der die Fänge Jahr für Jahr größer wurden, war es schwer, sich die Gefahr einer Überfischung der Gewässer vor Augen zu rücken. Die Fänge wurden größer, nicht weil die Fischbestände so riesig waren, sondern weil die Fischerei an Effizienz gewann. Solange aber verbesserte Fischereitechniken größere Fänge erbrachten, gewann niemand den Eindruck, daß an den Fischbeständen Raubbau getrieben wurde.

Im 19. Jahrhundert war der Glaube an die unüberwindliche Kraft der Natur sehr verbreitet. Das Zeitalter zeichnete sich durch einen ungeheuren Optimismus in Sachen Wissenschaft aus. Charles Darwin entlehnte man, zumal in der Interpretation, die ihm der außerordentlich einflußreiche britische Wissenschaftsphilosoph Thomas Henry Huxley widerfahren ließ, die Vorstellung von der Natur als einer wundersamen, zielstrebigen Kraft, die für alle Probleme des Lebens die gegebenen Lösungen bereithielt. Huxley war Mitglied in drei britischen Fischereikommissionen. Er spielte eine maßgebende Rolle in einer Kommission von 1862, die eine Klage von Treibnetzfischern untersuchen sollte, die Heringsfang betrieben und die Langleinen für den Rückgang ihrer Fänge verantwortlich machten. Huxleys Kommission erklärte diese Klagen für unwissenschaftlich und diktiert von Vorurteilen gegenüber »produktiven Arbeitsmethoden«. Die Kommission legte zugleich den Grundstein für die Gewohnheit des Staates, sich über die Beobachtungen der Fischer hinwegzusetzen. Sie erklärte in ihrem Bericht, daß »die Fischer als Berufsstand außerordentlich wenig Notiz von allem nehmen, was mit Fischen zu tun hat und was sich ihnen nicht durch ihre alltäglichen Verrichtungen unabweislich aufdrängt«.

Anläßlich der Internationalen Fischereiausstellung, die 1883 in London stattfand und an der sich die meisten der großen Fischereinationen beteiligten, hielt Huxley eine Ansprache, in der er erläuterte, warum die Angst vor Überfischung eine unwissenschaftliche und abwegige Besorgnis sei: »Jede Tendenz zur Überfischung wird ihren natürlichen Widerhalt im Rückgang der Bestände finden, ... dieser Widerhalt wird sich stets zur Geltung bringen, lange bevor es zu so etwas wie einer dauerhaften Erschöpfung der Bestände kommt.«

Wenn man die internationalen Auswirkungen bedenkt, die Huxleys Tätigkeit in den drei Kommissionen hatte, irritiert es schon, zu erfahren, daß er einmal seine Ausübung dieser bezahlten Ämter mit der Bemerkung kommentierte: »Ein Mann mit einem halben Dutzend Kinder nimmt immer alles Geld, das er kriegen kann.«

Die nächsten hundert Jahre über fand Huxleys Einfluß seinen Niederschlag in der Fischereipolitik Kanadas. In einem Bericht aus dem Jahre 1885 erklärt L. Z. Joncas, ein Beamter im kanadischen Agrarministerium:

»Hier stellt sich die Frage, ob nicht die kanadische Fischerei bald die Bestände erschöpft hätte, wenn sie in viel größerem Maßstab operierte, und ob es klug ist, eine größere Menge Kapital in ihre Verbesserung zu stecken.

...Was die Fische angeht, die wie der Kabeljau, die Makrele, der Hering usw. zu den wichtigsten unserer Seefische zählen, welche den größten Anteil an unseren Fischexporten haben und gemeinhin als Handelsfische bezeichnet werden – so maße ich mir an zu behaupten, daß es für sie ohne Nutzen wäre, sie unter Schutz zu stellen, und erkläre es für unmöglich, mit den Methoden, die wir heutzutage für ihren Fang anwenden, ihre Bestände zu erschöpfen oder auch nur ihre Zahl merklich zu verringern, zumal wenn wir sie während der Laichsaison schützen und uns damit begnü-

gen, sie an ihren Futterplätzen zu befischen. Während der vergangenen dreihundert Jahre ist im Sankt-Lorenz-Golf und entlang den Küsten unserer vom Meer gesäumten Provinzen kontinuierlich Fischerei betrieben worden, und obwohl enorme Mengen Fisch gefangen wurden, gibt es keine Hinweise auf einen Abbau der Bestände.«

Joncas stützte diese Behauptung durch den Verweis auf eine Britische Königliche Kommission, in der Huxley mitgearbeitet hatte: »Ungeachtet der enormen und ständig zunehmenden Mengen von Fisch, die alljährlich entlang der Küsten Großbritanniens gefangen werden, sind im englischen Fischereiwesen keine Anzeichen für einen Abbau der Bestände zu erkennen.«

Joncas hatte indes einen politischen Grund für seinen Standpunkt. Er war der Ansicht, der kanadische Staat solle wie der französische der Fischereiindustrie finanziell stärker unter die Arme greifen. In den Jahrzehnten seit der Einführung der Langleinen durch die Franzosen hatte diese Technik in der Fischerei Kanadas weite Verbreitung gefunden. Er machte sich jetzt für den Fischfang mit Wandnetzen stark, weil dafür nicht die riesigen Mengen Köder nötig waren, die das Fischen mit Langleinen erforderte. Er wies darauf hin, daß der größte Konkurrent Kanadas auf dem Weltmarkt für Kabeljau, nämlich Norwegen, Wandnetze verwendete.

Ein Wandnetz ist dicht über dem Meeresboden verankert und hat eine gewisse Ähnlichkeit mit einem Federballnetz. Die Grundfische verfangen sich darin und ersticken beim Versuch, sich mit dem Kopf voran durchzuzwängen, in den Maschen. Der Standort der Netze ist durch Bojen markiert; der Fischer braucht sie nur jeden Tag hochzuholen und die Fische herauszunehmen. Manchmal allerdings reißen sich die Netze von ihren Verankerungen los. Während sie im Ozean umhertreiben, verfangen sich weiter Fische in ihnen, bis sie so schwer werden, daß sie auf den Meeresboden sinken, wo sich verschiedene Geschöpfe an dem Fang laben. Ist genug davon gefressen, fängt das Netz wieder an, im Wasser zu treiben, und der Vorgang wiederholt sich; befördert wird das Ganze durch den Umstand, daß im 20. Jahrhundert die Wandnetze fast unsichtbar wurden, weil an die Stelle der Hanffäden zuerst Nylonfäden und dann monofile Fäden traten. Da monofile Fäden ziemlich unzerstörbar sind, schätzt man, daß ein modernes »Geisternetz« bis zu fünf Jahren auf eigene Faust Fischfang betreibt.

Joncas beklagte, die Schoner von sieben bis zehn Metern Länge, die in der Gaspé und auf der Prince-Edward-Insel benutzt würden, seien bei weitem zu klein, um konkurrenzfähig zu sein; er empfahl der Regierung, den kanadischen Fischern finanziell unter die Arme zu greifen, damit diese größere Schiffe anschaffen konnten, deren Deck geräumig genug war, um die Fische an Bord verarbeiten zu können – »Fabrikschiffe«, wie man sie später nannte.

Die Lösung, nach der Joncas rief, existierte bereits. In der Mitte des Jahrhunderts war die Dampfmaschine erfunden worden, aber das Fischereiwesen ließ sich mit ihrer Einführung Zeit. Als die Umrüstung auf Dampfschiffe schließlich erfolgte, hatte dies so dramatische Veränderungen für die Kabeljaufischerei zur Folge wie vorher nur die Entdeckung Nordamerikas. Bald schon gab es eine zweite Neuerung: die Gefrierkost. Die Kombination dieser beiden Erfindungen krempelte die kommerzielle Fischerei vollständig um.

DIE LUST AN DORSCHEIERN

»Leopold Bloom aß sehr gerne die inneren Organe von Tieren und Geflügel. Er liebte dicke Gänsekleinsuppe, leckere Muskelmägen, farciertes, geröstetes Herz, mit Brotkrumen gebratene Leberschnitten, gebratene Dorscheier.«

James Joyce, *Ulysses,* 1922

Leopold Blooms Geschmack war eher altmodisch als überkandidelt. Bis vor kurzem bildete Kabeljau noch einen wesentlichen Bestandteil des irischen Frühstücks. Heutzutage essen die meisten Iren keinen Kabeljaurogen zum Frühstück mehr; auch wenn es ihnen allem Anschein nach entgangen ist, hat sich ihr Frühstück immer mehr dem englischen angeglichen. Beim traditionellen irischen Frühstück wurde der Rogen in Hälften zerschnitten und in ausgelassenem Speck gebraten oder einfach gekocht.

Gekochter Rogen

Besser ist es, den Rogen frisch zu kaufen und selber zu kochen. Nehmen Sie keinen Rogen, der zu groß ist; die kleineren haben ein köstlicheres Aroma. Schlagen Sie den Rogen in ein Nesseltuch und legen Sie ihn in gewärmtes, gesalzenes Wasser. Lassen Sie ihn mindestens 30 Minuten lang köcheln – das Wasser sollte schwach wallen, nicht mehr. Hat er gekocht, nimmt man ihn aus dem Wasser und läßt ihn kalt wer-

den. Die Außenhaut wird abgezogen, ehe man ihn verwendet, aber man enfernt sie erst unmittelbar vor seiner Verwendung, weil sie ihn feucht hält.

Theodora FitzGibbon,
A Taste of Ireland, 1968

8: Die letzten beiden Neuerungen

»Den Dorsch hier, diesen delikaten Fisch,
Wie laß ich den mir schmecken!«
Sprach er, und ein Gespenst,
schlohweißer als das Tuch vom Tisch,
Tät vor ihm in die Höh sich recken.«

Thomas Hood (1799–1845)
The Supper Superstition

Hätte im Jahre 1900 ein Kabeljaufischer aus Cabots Zeiten seine Arbeit wiederaufnehmen können, hätten ihn die Neuerungen an Land absolut verblüfft; die Arbeit auf See hingegen wäre ihm vertraut vorgekommen. Als John Cabots Reise den Europäern die nordamerikanischen Gewässer erschloß, kam es zu einer dramatischen Veränderung der Kabeljaufischerei. Die Fischer begannen, den Kabeljau auf so ziemlich die gleiche Art zu jagen, wie sie das dann die nächsten vier Jahrhunderte hindurch taten. Sicher, die Navigation machte im 17. Jahrhundert Fortschritte. Im 18. Jahrhundert ließ es der Chronometer möglich werden, Längengrade zu bestimmen. Der Dreimaster mit seinen Fangbooten wurde entwickelt. Die Neuengländer erfanden den Schoner. Der Telegraph und dann die Telefonleitungen durch den Nordatlantik erlaubten es den Hochseeflotten, sich über Preisentwicklungen auf dem Weltmarkt und über Sturmwarnungen zu informieren. Aber die Tätigkeit des Fischers und seine Fertigkeiten beim Fischfang hatten diese Neuerungen bis zu Beginn des 20. Jahrhunderts nur unwesentlich verändert. Die Fischer befischten immer noch dieselben Fanggründe mit nur geringfügig veränderten Sorten von Ausrüstung, und immer noch in segelgetriebenen Fahrzeugen – die Isländer benutzten nach wie vor Ruderboote –, und der Job war unverändert gefährlich und beschwerlich.

Bis gut ins 20. Jahrhundert hinein bewegte sich die Flotte, die von dem auf Nova Scotia gelegenen Lunenburg zu den Grand Banks fuhr, mit Segelkraft. Der »Lunenburg-Salzfisch«, der auf den Schonern stark eingesalzen und dann auf Trockengestellen entlang der felsigen, buchtenreichen Küste getrocknet wurde, hatte sein Absatzgebiet in der Karibik. Die Stadt Lunenburg ist auf einem Hügel erbaut, der sich zu einem geschützten Hafen herabsenkt. An einer der höhergelegenen Straßen steht eine presbyterianische Kirche mit einem großen vergoldeten Kabeljau auf ihrer Wetterfahne. Entlang der Wasserfront sind die schindelverkleideten Häuser backsteinrot; die Farbe rührte ursprünglich daher, daß man Ton mit Kabeljautran mischte und auftrug, um das Holz vor dem Salzwasser zu schützen. Ziegelrotes Holz, dunkelgrüne Fichten, ein holzkohlefarbenes Meer – das ist der Anblick von Nova Scotia.

Die Fischerei von Lunenburg war berühmt für ihre Schoner und wegen der Rolle, die sie zwischen 1886 und 1907 in einer Reihe von Wettrennen spielte, die zwischen amerikanischen und kanadischen Schonern ausgetragen wurden. Als dann im Jahre 1920 das Rennen um den Amerika-Cup wegen stürmischer See abgesagt wurde, setzte der Herausgeber der Zeitung *Halifax Herald and Mail*, der die teilnehmenden Sportsleute für Memmen hielt, einen Preis von fünftausend Dollar und einen Silberpokal für ein Wettrennen zwischen Fischereischonern aus Lunenburg und Gloucester aus. Die Fischer, meinte er, wüßten, wie man bei rauher See einen Schoner segelt. Die *Gloucester Daily Times* nahm die Herausforderung an. Die Fischhandelsgesellschaft Gorton in Gloucester sponserte einen Schoner, der den von Lunenburg zweimal schlug. Im Jahre 1921 baute dann Lunenburg einen größeren Schoner, der *Bluenose* (Blaunase) getauft wurde. Der Wettstreit wurde bis 1938 fortgesetzt, und auch wenn Seeleute aus Gloucester etliche Rennen gewannen, gelang es ihnen doch nie, der *Bluenose* den Cup wieder zu entreißen; heute kann man das Schiff auf dem kanadischen Zehncentstück, auf Streichholzheftchen und so ziemlich auf allem bewundern, was man in den maritimen Regionen Kanadas zu sehen bekommt.

Bis zum Zweiten Weltkrieg verrichteten die Fischer von Gloucester ihre Arbeit durchweg auf Schonern. Der letzte für die Fischerei gebaute Schoner der Firma Gorton, die *Thomas S. Gorton*, stammte aus dem Jahre 1905 und segelte bis 1956.

Im Jahre 1963 segelte der letzte Fischereischoner Lunenburgs, die *Theresa E. Connor*, leer nach Neufundland, weil sich in Nova Scotia keine Mannschaft für den Fischfang bei den Banks finden ließ. Auch in Neufundland war niemand bereit, auf dem Schoner zu arbeiten. Sämtliche Anstrengungen, die unternommen worden waren, um die Schoner schneller zu machen, hatten sie auch unfallträchtiger werden lassen. Da keine Mannschaft aufzutreiben war, kehrte die *Theresa E. Connor* nach Lunenburg zurück, wo sie als Exponat eines Schiffahrtsmuseums auch heute noch liegt.

Damals fuhren die Europäer schon seit siebzig Jahren mit Maschinenkraft. Aber weil es teuer war, kohlegetriebene Schiffe quer über den Atlantik zu schicken, hatten sie es nicht eilig, ihre Grand-Banks-Flotten umzurüsten. Die Franzosen fuhren auch weiterhin mit Segelbarken und Fangbootbesatzungen zu den Grand Banks, und dies bis weit in die dreißiger Jahre hinein, als bereits alle nordeuropäischen Fangflotten vollständig maschinengetrieben waren. Das letzte portugiesische Fischereischiff, das ohne Maschinenkraft bei den Grand Banks Fischfang trieb, die *Anna Maria*, sank 1958 in einem Sturm. Aber erst die Tatsache, daß die *Theresa E. Connor* mangels Mannschaft gezwungen war, im Hafen festzumachen, bedeutete hundert Jahre nach Erfindung der Dampfmaschine den endgültigen Schlußstrich unter das Zeitalter des mit Segelschiffen betriebenen Kabeljaufangs.

Im Fischereiwesen wurden neue Techniken normalerweise zuerst in Europa eingeführt, wo die Gewässer schon länger befischt wurden und der Fang weniger ergiebig war als in Nordamerika. Daß man um schwindende Erträge im Fischfang konkurrieren mußte, spornte am meisten zu Neuerungen an; die Nordsee, in die sich acht reiche, heftig miteinander konkurrierende Nationen teilen mußten, stellte die führende Versuchsanstalt für technische Fortschritte dar.

Anfänglich arbeiteten die meisten Trawler, wie man die Schiffe nennt, die ihr Fischfanggerät hinter sich herschleppen, mit Langleinen. Aber nach Einführung der Maschinenkraft setzte sich als üblichste Trawlerform der Grundschleppnetzfischer durch, wie ihn die Neuengländer nennen, der ein Netz dicht über dem Meeresboden entlangzieht. Das Fischen mit Grundschleppnetzen war keine neue Idee. Jahrhundertelang hatten die Briten und die Flamen beidseits des Britischen Kanals bereits den Garnelenfang in der Weise betrieben, daß sie ein Netz über den Meeresboden zogen, das an einem Holzbalken befestigt war, so daß es am Boden eine breite waagrechte Öffnung bildete. Es wurde von Pferden bei Ebbe ins Meer hinausgezogen. Schlepper, die mit Segelkraft fuhren und als »Smacks« bekannt waren, kamen in der Nordsee vor allem nach 1837 in Gebrauch, als unmittelbar südlich der bereits stark befischten Dogger Bank ein Fanggrund entdeckt wurde, der den Namen Silver Pits erhielt.

Dank dieser Kabeljaufanggründe verwandelten sich die am Humber River gelegenen Zwillingshäfen Hull und Grimsby, beides alte Fischerorte, in wichtige Hafenstädte. Hier wurde der Anfang mit der Verwendung von Dampfkraft in der Fischerei gemacht: Man schleppte die Smacks mit dampfgetriebenen Schaufelradbooten zu den Sandbänken in der Nordsee und wieder zurück. Nach der Einführung dampfgetriebener Fahrzeuge war es nur eine Frage der Zeit, bis die Baumkurre, das alte Balkenschleppnetz, mit dem die Smacks arbeiteten, an eines der neuen Schiffe angehängt wurde. Zuerst wurden einige der Schaufelradboote für den Schleppnetzfang hergerichtet. Im Jahre 1881 baute dann eine Schiffswerft in Hull einen dampfgetriebenen Trawler, der den Namen *Zodiac* erhielt. Bereits in den neunziger Jahren gab es keinen einzigen segelbestückten Trawler mehr in Hull, und dampfgetriebene Trawler waren in der Nordsee etwas ganz Alltägliches.

Das erste Scherbrettschleppnetz wurde 1892 in Schottland gefertigt. Statt an einem Balken, mit dem man nur arbeiten konnte, wo der Meeresboden flach war, hing die Unterseite der Netzöffnung an einer Kette, die durch unter ihr befindliche Metallspulen oder Gleitrollen größere Beweglichkeit erhielt. Die Oberseite der Öffnung wurde durch Korkschwimmer oben gehalten. In der Waagrechten sorgten Scherbretter, stark gepanzerte Planken zu beiden Seiten des Netzes, dafür, daß die Öffnung aufgesperrt blieb. Das Scherbrettschleppnetz stellte den Prototyp aller modernen Grundschleppnetze dar. 1895 hatte es sich bereits als Standardausrüstung in der britischen Nordseeflotte durchgesetzt; sehr rasch bekehrten sich auch die anderen europäischen Nationen, die in der Nordsee mit Großbritannien konkurrierten, zu dem neuen Schleppnetz.

Ansichtskarte, 1910, Schoner *(Peabody Essex Museum, Salem, Massachusetts)*

Während die Briten die Entwicklung der Dampfkraft vorantrieben, um die Fahrtzeiten auf See zu verringern, erlitten die Amerikaner im Zuge ihrer Bemühungen, mit immer hochgetakelteren Schonern die Geschwindigkeit zu erhöhen, ungeheure Verluste an Menschenleben. In dem gleichen Zeitraum, in dem die Briten in der Nordsee den dampfmaschinengetriebenen Trawler entwickelten, nämlich von 1880 bis 1897, ertranken allein aus Gloucester 1614 Seeleute bei der Arbeit auf den Schonern. Und doch interessierte man sich kaum für die Erfindungen in der Nordsee. Die Fischer von Neuengland und Nova Soctia ließen sich in ihrer Anhänglichkeit an die majestätischen, wenn auch tödlichen Schoner nicht beirren. In Neufundland und Labrador betrieben die Einheimischen Küstenfischerei, wo man in kleinen Booten und mit Reusen und Handleinen gute Fänge bei geringem Kapitalaufwand erzielte.

Das erste Scherbrettschleppnetz wurde 1893 nach Neuengland eingeführt – und zwar durch die Fischereikommission der USA, die es einer Gruppe von Fischern aus Cape Cod zu Versuchszwecken leihweise überließ. Die Georges Bank blieb allerdings auch die nächsten drei Jahrzehnte noch weitgehend von Segelschiffen bevölkert. Schließlich fing man 1918 in Bath im Bundesstaat Maine an, Trawler mit stählernem Rumpf zu bauen, die mit Baumschleppnetzen arbeiteten, und auch in Boston entstand eine wachsende Trawlerflotte.

Als bei den Schiffen die Maschine die Segel oder die Riemen ersetzte, mußte man die Fischerei nicht mehr mit »passiver Ausrüstung« betreiben – das heißt, mit Fanggeräten, die auf den Fisch warteten. Die Fische ließen sich nun verfolgen. Und da sich jeweils noch größere, leistungsstärkere Maschinen entwickeln ließen, konnten die Dimensionen der Fischereitätigkeit ins Unendliche wachsen.

Dampfschiffe mit Scherbrettschleppnetzen konnten Fänge melden, die über sechsmal größer waren als die Ausbeute bei Segelschiffen. In den neunziger Jahren des letzten Jahrhunderts gab es bei den Fischbeständen in der Nordsee bereits erste Anzeichen von Erschöpfung; darauf wurde allerdings erst einmal nicht mit Schutzmaßnahmen reagiert, sondern mit einer Verlagerung der Fangflotten zu den weiter entfernten reicheren Fanggründen vor der isländischen Küste.

Die riesigen Fischmengen, die angelandet wurden, hatten periodische Zusammenbrüche der Fischpreise zur Folge, was auf dem Markt für noch nie dagewesene chaotische Zustände sorgte. In den zwanziger Jahren unseres Jahrhunderts sah sich die kanadische Regierung durch die Proteste der Fischer gezwungen, eine weitere Vergrößerung der Schleppnetzflotte zu unterbinden. Die Qualität des Salz- und Trockenfisches nahm ab, weil angesichts der größeren Schnelligkeit der Dampfschiffe die konkurrierenden Firmen darum wetteiferten, wer seinen Fang am raschesten auf den Markt warf. Im

Jahre 1902 schrieb der britische Konsul in Genua Worte nieder, die sich als prophetisch erweisen sollten: »Es wäre weit besser, zu dem alten System der Segelfrachtschiffe zurückzukehren.«

Die technische Entwicklung aber kehrt ihre Richtung niemals um. Wenn neue Probleme auftauchen, werden zu ihrer Bewältigung neue technische Lösungen gefunden. Das größte Problem im kommerziellen Fischereiwesen bestand immer darin, wie man den Fisch in gutem Zustand auf den Markt brachte. Jahrhundertelang hielten vermögende Leute lebende Fische in natürlichen oder künstlich angelegten Teichen. Um Salzwasserarten zu halten benutzten sie Gezeitentümpel, in die sie Holzkäfige bauten. »Nasse Fischkästen«, auch Bünn genannt, die gegen den Rest des Schiffes abgedichtet waren und in die durch Löcher Meerwasser aus- und einströmte, gab es in Holland bereits im 16. Jahrhundert. Im 17. Jahrhundert fingen die britischen Schiffsbauer an, Bünnschiffe zu bauen, weil die Briten Salzfisch nicht mochten und die Nachfrage nach Frischfisch stets größer war. Die Neuengländer bauten ebenfalls Bünnschiffe, Schiffe mit nassen Fischkästen, zum Transport von Frischfisch nach Boston und New York.

In den überfüllten, schwappenden, sauerstoffarmen Kästen kam allerdings ein hoher Prozentsatz der Fische um. Kabeljau, Leng und andere Dorschartige, die aus der Tiefe kamen, konnten in den Schachten nicht überleben. Die Schwimmblasen füllten sich mit Gas, so daß die Fische orientierungslos an die Oberfläche trieben und starben. Die Fischer versuchten, durch Anstechen der Schwimmblasen zu verhindern, daß sie im Schacht nach oben trieben.

Mit der Dampfmaschine eröffneten sich neue Perspektiven. Die Briten experimentierten mit Schächten, in die Wasser gepumpt wurde, so daß der Sauerstoffgehalt nicht sank. Durch die Dampfmaschine wurden auch Eisenbahnen möglich, die einen schnellen Transport des angelandeten Fisches auf die Inlandsmärkte gestatteten. Die britischen Hafenstädte wurden zu Eisenbahnknotenpunkten.

Von kaum jemandem bemerkt, kündigte sich auch bereits die nächste Neuerung an, die das Fischereiwesen im Nordatlantik unwiderruflich verändern sollte: Mit ihr ging ein einigermaßen exzentrischer New Yorker schwanger, der den Winter in Labrador verbrachte. Der 1886 in Brooklyn geborene Clarence Birdseye hatte 1910 aus Geldmangel die Offiziersschule Amherst verlassen müssen und war, da er schlechtbezahlten Bürojobs in New York nichts abgewinnen konnte, mit seiner Frau Eleanor und einem Sohn im Säuglingsalter nach Labrador gezogen, um dort als Pelzjäger zu arbeiten. Er fand heraus, daß er Grünzeug gefrieren lassen konnte und es dann ohne Geschmacksverlust den Winter über erhalten blieb. Er füllte die Babybadewanne mit Salzwasser, gab Kohl hinein und setzte das Ganze dem arktischen Wind Labradors aus. Die Birdseyes waren die ersten Menschen in Labrador, die den ganzen Winter lang »frisches« Gemüse zu essen hatten. Das war der Beginn jahrelanger Küchenexperimente. Die Eheleute arbeiteten dabei zwar zusammen, aber ihr Sohn erinnerte sich später daran, wie irritiert Eleanor regelmäßig war, wenn sie überall im Haus auf Lebensmittelexperimente stieß. Besonders gut war ihm ein Streit um lebende Junghechte in der Badewanne in Erinnerung geblieben.

Birdseye gab die Fallenstellerei auf und zog nach Washington, D.C., wo er für den Fischereiverband der USA arbeitete. Ihn beschäftigte die Praktik, Fisch durch Eis zu kühlen. In den zwanziger Jahren des letzten Jahrhunderts hatte man entdeckt, daß Fische länger frisch blieben, wenn man sie in Eis packte. Eis, so Birdseye, schmelze und werde zu Wasser, was wiederum das Wachstum von Bakterien befördere. Nachdem er mehrere Jahre lang Spülbecken und Wannen mit Experimenten okkupiert hatte, trat Birdseye mit einer neuen Technik an die Öffentlichkeit. Sie erforderte drei Komponenten: einen Ventilator, einen Stapel Eis und einen Eimer Salzlauge. Birdseye schuf auf künstlichem Wege winterliche Bedingungen à la Labrador.

Im Jahre 1925 zog er nach Gloucester, um mit Fisch zu arbeiten; er gründete die General Seafoods Company. Den Anfang machte er mit Grundfischen, experimentierte dann mit anderen Meereserzeugnissen und nahm sich danach Fleisch und schließlich Obst und Gemüse vor.

Sein Glück machte er mit einer Gans. Die Tochter des Gründers einer Konservenfirma namens Postum Company kreuzte mit ihrer Jacht vor Massachusetts und legte in Gloucester an. Man servierte ihr eine Gans, die ihr himmlisch schmeckte; als sie nach der Herkunft der Gans forschte, erfuhr sie, daß diese von einem dort lebenden Exzentriker, Clarence Birdseye, eingefroren worden war. Sie traf sich mit Birdseye und erfuhr Näheres über seine kleine Firma, die ihr Vater ihm dann für zweiundzwanzig Millionen Dollar abkaufte. Postum gab seiner Firma den neuen Namen General Foods, nach dem Vorbild des Birdseyeschen General Seafoods. Birdseye war überzeugt davon, daß seine neuen Ideen den Grund für einen gigantischen Konzern in der Nahrungsmittelindustrie legen werden, der eine vergleichbare Rolle wie General Motors oder General Electric in ihren jeweiligen Branchen spielen könne.

Birdseye verbesserte seine Gefriertechnik durch das Schnelltrocknungsverfahren, das er 1946 einführte, und betätigte sich auch auf vielen anderen Gebieten. Er gründete eine Elektrizitätsfirma und verbesserte die Glühbirne. In Peru entwickelte er ein Verfahren zur Herstellung von Papier mittels der zerstampften Rückstände aus Zuckerrohrfabriken. In den sechsundneunzig Jahren, die er lebte, erwarb er zweihundertfünfzig Patente.

Als Birdseye seine Tiefkühltechnik einführte, befand sich die Kabeljaufischerei in einer kritischen Phase. Wie die Briten verlangten auch die Amerikaner in zunehmendem Maße nach frischem, statt nach haltbar gemachtem Fisch; der Handel mit gesalzenem Kabeljau ging kontinuierlich zurück. Im Jahre 1910 stellte gesalzener Kabeljau nur noch ein Prozent der in Neuengland angelandeten Fischmenge. Aber trotz der verbesserten Transportsysteme war es schwierig, den Inlandsmarkt mit frischem Fisch zu versorgen, so daß der Kabeljaumarkt immer weiter schrumpfte. Gleichzeitig wuchs die Kapazität der Fischereiflotten gewaltig. Im Jahre 1928 wurden die ersten dieselgetriebenen Trawler in Dienst gestellt, die sich als noch leistungsstärker erwiesen als die Damfpschiffe.

Weil der Salzfisch nach wie vor den Hauptindustriezweig von Gloucester bildete, befand sich die Stadt in einer ökonomischen Krise. Im Jahre 1923 traf sich Bürgermeister William MacInnis mit dem Handelsminister Herbert Hoover, um mit ihm das Problem der schwindenden Märkte zu diskutieren. Hoover organisierte eine Konferenz in New York, die über Maßnahmen zur Förderung des Kabeljauverzehrs in den USA beraten sollte. Da sich aber General Foods nun dem Tiefkühlverfahren von Birdseye verschrieben hatte, war gesalzener Kabeljau bald schon aus Gloucester verschwunden. Im selben Jahr, in dem Hoover seine New Yorker Konferenz abhielt, wurde die angesehenste Fischfirma von Gloucester, Gorton, in eine Krise gestürzt, die sie zur Aufgabe des Handels mit Salzfisch veranlaßte. Der italienische Staat hatte bei Gorton gesalzenen Kabeljau im Wert von über einer Million Dollar geordert. Aber während die Lieferung den Atlantik überquerte, kam Benito Mussolini an die Macht. Als das Schiff der Firma Gorton ankam, wurde die Ladung beschlagnahmt; bezahlt wurde sie nie.

Im Jahre 1921 kam es zur Einführung von Filetiermaschinen in Neuengland. Neun Jahre später arbeiteten dort bereits 128 Filetierbetriebe; ihre Abfälle verkauften sie an Fischmehlfabriken, die ebenfalls ins Kraut schossen. Als man dann Tiefkühltechnik und Filetiertechnik miteinander verknüpfte, wurden »Fischfilets« zu einem führenden Produkt. *Scrod*, ein kleines Kabeljaufilet, erfreute sich zunehmender Beliebtheit. Die Verwendung des Wortes reicht in den USA mindestens bis ins Jahr 1849 zurück; offenbar leitet es sich von dem holländischen Wort *schrode* her, was »schmaler Streifen« bedeutet. Als das Filetieren industrielle Praxis wurde, entwickelte sich *scrod* zu einem gängigen Begriff im Haushalt.

Aber bei *scrod* handelte es sich manchmal auch um Schellfisch. In dem Maße, wie Fisch in den Inlandsgebieten an Beliebtheit gewann, verschwamm der Unterschied zwischen den einzelnen Grundfischarten mehr und mehr. Wann immer die Jahrhunderte hindurch der Kabeljau in Gegenden populär wurde, die von seinen Herkunftsgewässern weit entfernt lagen, gab es die Tendenz, ihn einfach »Fisch« zu nennen. Mit Stockfisch bezeichnete man ursprünglich nur getrockneten Kabeljau, aber im Laufe der Zeit wurde das Wort zum Sammelnamen für alle Dorschartigen in getrocknetem Zustand. Kabeljau und andere gesalzene Dorschartige kannte man im britischen Teil Westindiens unter dem Namen Salzfisch. Jetzt passierte das gleiche mit dem Tiefkühlfisch. Konsumenten, zu deren Speiseplan Seefische vorher nicht gehört hatten – manche von ihnen hatten noch nie eine Fischart aus dem Meer unzerlegt und in ihrem natürlichen Zustand zu Gesicht bekommen –, kauften nun »Fischfilets« oder »Fischstäbchen«. Um was für eine Fischart es sich dabei handelte, darüber wurde kaum noch informiert. Man hielt den Fisch für Kabeljau, obwohl die Filets und Stäbchen in wachsendem Maße aus Schellfisch bestanden, bis der wiederum durch Rotbarsch verdrängt wurde. Heute bestehen die Fischstäbchen normalerweise aus Pazifik-Köhler. »Fisch« ist offenbar stets das, was jeweils noch zu haben ist.

Die Fischstäbchen waren ein enormer kommerzieller

Erfolg. Die Fischfilets wurden in Blockform eingefroren und die Blöcke dann in Scheiben zersägt, die schließlich stäbchenförmig zerschnitten wurden. In einer Reklame der Firma Gorton aus den fünfziger Jahren werden die Fischstäbchen als »die neueste, große Errungenschaft der Fischindustrie von heute« gepriesen. In der Reklame heißt es dann weiter: »Dank der Fischstäbchen stellt für die normale amerikanische Hausfrau die Zubereitung von Fisch keine Plackerei mehr dar. Vielmehr ist es ihr ein Vergnügen, Fisch auf den Tisch zu bringen, wie umgekehrt für ihre Familie Fisch zu einem Lieblingsessen geworden ist. Ebenso einfach zuzubereiten wie adrett zu servieren und schmackhaft, haben die Fischstäbchen – das läßt sich mit Fug und Recht sagen – die Nachfrage nach Fisch gewaltig gesteigert und gleichzeitig die Fischindustrie revolutioniert.«

Die Tiefkühltechnik veränderte auch das Verhältnis zwischen Fischindustrie und Fischereihäfen. Tiefgefrorenen Fisch konnte man überall einkaufen – je nachdem, wo er am billigsten und am reichlichsten vorhanden war. Angesichts der Expansion der Märkte konnten die lokalen Fischereiflotten mit der Nachfrage der Fischfirmen nicht Schritt halten. Gorton und andere Firmen trennten sich von ihren eigenen Trawlerflotten und schließlich auch von ihren Heimathäfen. Zwischen 1960 und 1970 verdreifachte sich die Fischstäbchenproduktion, während sich die Produktion in Gloucester nur verdoppelte. Der Marktanteil Gloucesters am wachsenden Fischhandel schrumpfte.

Die wichtigste Entwicklung bestand darin, daß während des Zweiten Weltkrieges die drei Neuerungen – Hochleistungsschiffe, Schleppnetze und Gefriertechnik – zum großen Fabrikschiff zusammengeführt worden waren. Zu den ursprünglichen Vorzügen des dampfgetriebenen Scherbrettschleppnetzfischers hatte gehört, daß Masten und Takelung weggefallen waren und so auf Deck reichlich Platz für die Verarbeitung der Fische frei geworden war. Der Maschinenantrieb gestattete auch Schiffe mit größerem Rumpf und mehr Stauraum. Ursprünglich wurde das Netz mittels einer frei schwingenden Spiere an der Schiffsseite, des sogenannten Fischgalgens, geschleppt und eingeholt; man spricht von Seitentrawler. Der Hecktrawler, der im Pazifik erfunden wurde, verlieh dem Schiff bei rauher See mehr Stabilität und konnte größere Netze schleppen. Außerdem wurde mit ihm der große freie Decksraum am Heck für das Einholen der Fische verfügbar. Während des Zweiten Weltkrieges fing man an, diesen erweiterten Raum für das Einfrieren der Fische zu nutzen. In den fünfziger Jahren, auf die man heute als auf das goldene Zeitalter der Hochseeschleppnetzfischerei zurückblickt, wurden die Kabeljaufänge in der Nordsee, vor Island und Norwegen, an den verschiedenen Bänken, im Sankt-Lorenz-Golf und entlang der neuenglischen Küste Jahr für Jahr größer. Fast überall auf der Welt wuchsen die kommerziellen Fangmengen.

Gab es irgendwelche Grenzen für die Menge an Kabeljau, die sich aus dem Meer holen ließ, oder war die Natur unerschöpflich, wie man im 19. Jahrhundert geglaubt hatte? Die Fischer fingen an, sich Sorgen zu machen. Im Jahre 1949 wurde eine Internationale Kommission für die Fischerei im Nordwestatlantik ins Leben gerufen, die nach Möglichkeiten suchen sollte, Exzesse beim Fischfang einzudämmen.

Die Technik allerdings konzentrierte sich auch weiterhin auf das Ziel, die Erträge beim Fischfang zu steigern. Die Fabrikschiffe erreichten Dimensionen von 150 oder mehr Metern Länge und von 4000 oder mehr Tonnen Fassungsvermögen; angetrieben wurden sie von Zwillingsdieselmotoren mit über 6000 PS; sie zogen Schleppnetze, deren Öffnungen groß genug waren, um Jumbojets zu verschlingen. Der Trawler schleppte sein Netz im Vierstundenrhythmus, und dies Tag und Nacht. Bei der Gespannfischerei, einer Technik, die häufig von der in Vigo stationierten spanischen Fangflotte angewandt wurde, hängte man ein riesiges

Schleppnetz zwischen zwei Fabrikschiffe. Das eine Schiff kümmerte sich um das Netz, während das andere den Fisch verarbeitete. Nachdem das Netz eingeholt war, tauschten die Fahrzeuge die Rollen und machten weiter, so daß die Fischereitätigkeit nie unterbrochen werden mußte.

Die Gleitrollen am Boden des Netzes wurden durch »Felshüpfer« ersetzt, große Scheiben, die normalerweise hochspringen, wenn sie gegen einen Felsbrocken stoßen, und es auf diese Weise möglich machen, das Netz dicht über einem felszerklüfteten Meeresboden entlangzuziehen, ohne daß es beschädigt wird. Außerdem wühlen »Scheuchketten« den Grund auf und sorgen für Krach und Trübung des Wassers. Kabeljaue und andere Grundfische verstecken sich instinktiv am Boden, wenn sie Gefahr wittern; die Kitzler erfüllen die gleiche Funktion wie Treiber, die aufs Unterholz schlagen, um Vögel aufzustöbern; die erschreckten Kabeljaue schießen aus den Spalten, in denen sie Schutz gesucht haben, und gehen ins Netz.

Der Meeresboden, der zurückbleibt, ist eine Wüste. Sämtliche Fische in Reichweite dieser umfangreichen Netze werden eingesammelt. Den einzigen Differenzierungsmechanismus bildet die Maschengröße. Fische, die kleiner sind als die Löcher im Netz, können entkommen. Diejenigen, die auf eine Regulierung des Fischfangs dringen, plädieren zwar mit Vorliebe für die Einführung von Mindestgrößen bei den Netzmaschen, aber von Fischern wird immer wieder darauf hingewiesen, daß auch bei großen Maschen kleine Fische kaum mehr eine Chance zu entkommen haben, sobald sich die Rückwand des Netzes mit einer ordentlichen Ausbeute an Kabeljauen gefüllt hat. Millionen unerwünschter Fische – Arten, für die kein Bedarf besteht, Fische die zu klein sind oder bei denen bereits die Quotengrenze erreicht ist, sogar Fische, die in der laufenden Woche einen geringen Marktwert haben – werden über Bord geworfen, gewöhnlich tot.

Jahrhundertelang mußten die Fischer untersuchen, welchen Belag der Meeresboden hatte, und beobachten, was sich in der Luft abspielte. Die Fischer von Nova Scotia hielten Ausschau nach sogenanntem »Kirschengrund«, einer Art von rotem Geröllboden, den Kabeljaue schätzten. Sie ließen ein Lot mit einem Stück Talg hinunter und besahen sich, welche Farbe der Kies hatte, der an dem Talg hängengeblieben war. Oder die Fischer suchten den Horizont ab, um zu sehen, wo sich plötzlich Wolken von Seevögeln bildeten. Die Luft füllte sich mit wildem Gekreisch, während die hungrigen Raubvögel auf die schäumende Meeresoberfläche hinunterschossen, um dem Aufruhr Köderfische – Heringe oder Lodden – zu entreißen. Die Fischer wußten dann, daß dort ihre Beute wartete: hungrige Kabeljaue und sonstige Grundfische mit aufgerissenen Mäulern, vor denen die verzweifelten Köderfische, die sonst in mittlerer Wassertiefe zu Hause waren, in wilder Flucht nach oben drängten. So stellt sich die Nahrungskette in all ihrer Gewalttätigkeit dem Räuber aller Räuber dar, der dann weiß, wo er seine Leinen oder Netze auszulegen hat.

All diese Techniken sind im Begriff zu verschwinden. Mittlerweile werden die Fischschwärme durch Sonargeräte oder Aufklärungsflugzeuge geortet, das heißt, mit Hilfe von technischem Gerät, das im Zweiten Weltkrieg zur Ortung feindlicher Unterseeboote entwickelt wurde. Sind die Fische lokalisiert, kann der Trawler anrücken und das Gebiet leerräumen, wobei er nicht nur die Fische fängt, um die es ihm geht, sondern im Nebeneffekt auch alle anderen mit einsammelt. Um es mit der Gortonschen Reklame aus den fünfziger Jahren zu sagen: »Dank dieser Methoden hat die Fischerei aufgehört, das auf gut Glück betriebene Geschäft zu sein, das sie noch vor fünfzig Jahren war.«

BESUCH IN NEUENGLAND

Im Jahre 1923 reiste Evelene Spencer vom Fischereiamt der USA aus ihrer Heimat in Portland, Oregon, nach Gloucester, Massachusetts. Über ihren Besuch berichtete sie im *Portland Oregonian.* »Heute befahren 5000 Männer [aus Gloucester] die Meere von Hatteras bis zum Polarkreis.« Besonders beeindruckt war sie von der Rolle, die gesalzener Kabeljau in der neuenglischen Küche spielte. »Portland wird seine derben Gerichte und seinen rohen Kohl hoffentlich nicht vergessen. Aber was man in der Stadt unbedingt lernen sollte, ist die Verwendung von Salzfischerzeugnissen. ... Ich hatte keine Ahnung, daß Salzfisch so köstlich schmecken kann, bevor ich ihn in Gloucester kosten durfte.«

Dann präsentierte sie zwei klassische neuenglische Gerichte mit gesalzenem Kabeljau: Fischbällchen und das folgende Rezept für ein Neuenglisches Kochgericht.

Kochgericht aus gesalzenem Kabeljau mit Gemüsen und Schweinegrieben

Man bedeckt die erforderliche Menge gesalzenen Kabeljau mit kaltem Wasser und schiebt den Topf auf die hintere Hälfte des Herds; wenn das Wasser heiß ist, gießt man es ab und bedeckt den Fisch erneut mit kaltem. Man wechselt das Wasser drei oder vier Mal, im Abstand von jeweils einer halben Stunde. Man kann auch den Fisch zwei Stunden lang in reichlich kaltem Wasser einweichen. Dann gibt man ihn in einen Kochtopf mit frischem kaltem Wasser, bringt das Wasser zum Kochen und läßt es dann sieden. Salzfisch wird härter, wenn man ihn stark kocht. Man gibt die erforderliche Menge geschälte Kartoffeln hinzu und köchelt das Ganze, bis die Kartoffeln gar sind. In Gloucester sagt man, daß der Fisch nie zäh ist, wenn man ihn zusammen mit den Kartoffeln hat köcheln lassen. Man bereitet Rote Bete, Karotten und Zwiebeln vor und kocht sie, bis sie weich sind. Man schneidet gesalzenen fetten Speck in kleine Würfel, legt sie in eine Bratpfanne und brät sie langsam, bis das Fett ausgelassen ist und knusprige »Grieben« zurückbleiben.

Den Fisch und die Kartoffeln legt man in die Mitte der Servierplatte. Die gekochten Roten Bete, Zwiebeln und Karotten arrangiert man rund um den Fisch und die Kartoffeln. Das Schweinefett und die Grieben füllt man in eine heiße Sauciere. Bekommt man von allem etwas auf den Teller gehäuft, dann macht sich der echte Einheimische daran, die Gemüse und den Fisch fein zu zerschneiden und alles zusammenzumengen, um schließlich eine große Kelle Schweinefett und »Grieben« darüber zu schütten. Ich ließ die verschiedenen Bestandteile lieber getrennt, um das Aroma jedes einzelnen genießen zu können.

Evelene Spencer,
Portland Oregonian, 1923

9: Island entdeckt, daß alles einmal ein Ende hat

»Die Städte fransen in platte, rostbraune Lavafelder aus: verstreute Schuppen, die von Drahtzäunen umgeben sind, Stockfisch, der an Wäscheleinen trocknet, und ein paar weiße Hühner. Weiter drunten an der Küste ist die Lava gesprenkelt mit etwas, das wie riesige Wäschekörbe aussieht; es handelt sich um dicht gepackte Haufen Fisch, bedeckt mit Segeltuch.«

W. H. Auden und Louis MacNeice,
Letters from Iceland, 1967

Nur ein Jahrzehnt nachdem sie die Kanadier und die Welt beruhigt hatten, in den Gewässern rund um Großbritannien seien »keine Anzeichen für einen Abbau der Bestände zu erkennen« und dergleichen anzunehmen sei »unwissenschaftlich«, entdeckten die Briten, daß die Kabeljaubestände in der Nordsee erschöpft waren. Im Jahre 1902, sieben Jahre nach Huxleys Tod, begann die britische Regierung schließlich die Möglichkeit einer Überfischung von Gewässern einzuräumen. Ihre wunderbaren Grundschleppnetzfischer mit ihren stählernen Rümpfen hatten sich bereits aus der Nordsee nach Island verzogen. Dort trafen sie ortsansässige Fischer, die noch ebenso fischten wie zu der Zeit, als die Hanse die Briten vertrieben hatte. Isländer sind traditionsbewußt. Sie sprachen und sprechen bis heute die Wikingersprache. Und sie haben nach wie vor keine Familiennamen. Geradeso, wie der Sohn Eriks des Roten, Leifur, unter dem Namen Leif Eriksson bekannt wurde, wird auch heute noch ein Isländer, dessen Vater Harald hieß und ihm den Namen Jóhann gegeben hat, Jóhann Haraldsson heißen. Sein Sohn wiederum wird den Nachnamen Jóhannsson tragen; seine Tochter wird eine geborene Jóhanndottir sein.

Island ist eine lavaüberkrustete Insel, umgeben von guten, sicheren Häfen mit tiefem Wasser, die im schützenden Inneren langer Fjorde liegen. Die Fischereihäfen allerdings befinden sich nicht in den Hafenfjorden, sondern liegen häufig ohne schützende Bucht unmittelbar am Meer. Bis in die ersten Jahrzehnte des 20. Jahrhunderts hinein bestand das wichtigste isländische Fischereifahrzeug in einem Ruderboot mit offenem Deck; bei einem Hafen, der tief drinnen im schützenden Fjord lag, hätte man Stunden mit der Fahrt zu den Fanggründen und wieder zurück verbracht. Die Fischer wählten deshalb einen Punkt direkt am Meer, der in der Nähe der Fanggründe lag; ihr Boot zogen sie mit Hilfe von Rollen, die sie aus Walfischrippen machten, über den Lavaboden an Land. Die einzelnen Boote konnten bis zu zwölf Riemen haben, im allgemeinen allerdings waren es vier bis sechs, die von je einem Mann gerudert wurden. Gewöhnlich war das Boot auch mit einem kleinen, einzelnen Segel getakelt, aber die Riemen erwiesen sich oft als effektiver, da die Winde um die Fjorde launisch sind. Jeder Ruderer betätigte eine der Handleinen.

Dennoch blieb Island in der Hauptsache eine Fischereination. Auf die Frage, warum Island in solch einer technischen Rückständigkeit verharrte, antwortete Jón Thór, Historiker im isländischen Institut für Meeresforschung: »Nach 1500 stellten sich neue Ideen nur mühsam ein.« Bis 1389 sei Island eine lebensprühende Gesellschaft mit großer

Literatur, Forschungsdrang und kreativen politischen Konzepten gewesen. Aber in jenem Jahr brach der Vulkan Hekla aus, erschütterte die ganze Insel und bescherte ihr lange Zeiten der Finsternis; daran schloß sich ein brutal kalter Winter an, der in der Frühlingsschmelze große Überschwemmungen zur Folge hatte. Danach brachen Seuchen aus. Im Jahre 1397 kam Island dann aus der norwegischen Herrschaft unter die dänische. Die Dänen regierten das Land mit großer Gleichgültigkeit und beanspruchten für Island ein Handelsmonopol, ohne indes viel Handel mit dem Land zu treiben. Als 1532 die Briten verjagt wurden, verlor Island seinen letzten Kontakt zur Außenwelt.

Fisch stellte zwar durchweg den Hauptexportartikel Islands dar, aber bis zur zweiten Hälfte des 19. Jahrhunderts blieb die exportierte Menge klein. Während zu Ende des 18. Jahrhunderts Neuengland und Neufundland jeweils bereits 22 000 Tonnen Kabeljau jährlich exportierten, brachte es Island auf nicht einmal tausend Tonnen. Die meisten Isländer waren Bauern, aber viele von ihnen, zumal im Süden und Westen des Landes, verdienten in der Fischereisaison von Februar bis April mehr als durch die Landwirtschaft, die sie das restliche Jahr über betrieben. Abgesehen von ein paar Zierbäumen, die Landschaftsgärtner in Reykjavik angepflanzt haben, wächst auf der ganzen Insel kein Baum. Folglich gibt es auch kein Obst, und ebensowenig wird Getreide angebaut. Im 15. Jahrhundert kauften die Engländer Fisch und lieferten dafür Getreide. Aber Stockfisch diente schon stets als Brotersatz. Man reißt Stücke ab und bestreicht sie mit Butter. Von 1500 bis 1800 erhielt jedes Schulkind in Island einen halben Stockfisch pro Tag. Für frischen oder gesalzenen Kabeljau entwickelten die Isländer nie ein Faible. Seit 1855 allerdings, als die Dänen der Aufhebung des Außenhandelsverbots zustimmten, begannen die Isländer das Salzen von Kabeljau zu lernen und sich einen Platz auf den Qualitätsmärkten Spaniens und Portugals zu sichern.

Jahrhundertelang veränderten sich die Fischereifahrzeuge und die Fangausrüstung in Island nur wenig. Ausschnitt aus einer bebilderten Handschrift aus dem späten 16. Jahrhundert; es handelt sich um eines der Gesetzesbücher, in denen rechtliche Regelungen aufgezeichnet sind. Auf dieser Seite geht es um die Fischerei. *(Arni-Magnússon-Institut, Reykjavík, Island)*

Foto, um 1910, aufgenommen in Isafjördhur, einem Fischerdorf an der Westküste Islands *(Akranes-Museum, Akranes, Island)*

Grindavík ist ein am Meer gelegener schmaler Streifen Land, der im Jahre 910 zur Fischereistation erkoren wurde, weil er so nahe bei den Kabeljaufanggründen lag. Im Jahre 1934, als Tómas Thorvaldsson zum ersten Mal auf See fuhr, brachten die Fischer immer noch allmorgendlich zwanzig Minuten damit zu, ihre Boote über die Lava ins Meer zu ziehen. Am Abend brauchte es eine Stunde, bis sie wieder droben auf Land waren. Es gibt heute noch Frauen, die sich erinnern können, wie sie eines der Boote kentern und in einer großen Sturzsee untergehen sahen.

Die Isländer der Generation von Tómas wuchsen zu arm auf, um sich importierte Waren kaufen zu können. Sie aßen, was die Insel hervorbrachte, in der Hauptsache jeden nur denkbaren Teil von Kabeljauen und Schafen. Sie brieten Kabeljauhaut und hoben Kabeljaugräten auf, bis diese sich hinlänglich zersetzt hatten, um weich und eßbar zu werden. Sie rösteten auch Schafsköpfe, wobei sie besonders die Augäpfel schätzten. Als weitere Spezialität galt *hákarl*, das Fleisch eines riesigen grönländischen Hais, der gejagt wurde, weil sein Lebertran kommerziellen Wert hatte. Das Fleisch, das Zyanidsäure, ein tödliches Gift, enthält, wurde dadurch genießbar, daß man es wochenlang in der Erde vergrub, bis es verfaulte.

Völlig verschwanden die Ausländer nie aus isländischen Gewässern. Im Jahre 1768, auf ihrem Höhepunkt, verfügte die holländische Islandflotte über 160 Schiffe, die vor Island fischten. Nachdem die Franzosen 1763 ihre nordamerikanischen Besitzungen verloren hatten, fingen sie an, in großem Umfang in isländischen Gewässern Fischfang zu betreiben; das setzte sich bis zum Ersten Weltkrieg fort. Für die Isländer stellten ausländische Fischereifahrzeuge einen seltenen und entsprechend willkommenen Kontakt mit der Außenwelt dar. Als aber in den neunziger Jahren des letzten Jahrhunderts die Briten in die isländischen Gewässer

Die *Hannes rádherra*, ein isländischer Trawler aus den dreißiger Jahren. Auf Rabattkarten in Zigarettenschachteln, die in Island vertrieben wurden, waren isländische Trawler abgebildet. Wie die Trawler kamen auch die Zigaretten aus englischer Fabrikation.

zurückkehrten, war das der Beginn eines Streites, der sich über achtzig Jahre hinziehen sollte.

Über die eigentlich beunruhigende Tatsache wurde nicht weiter diskutiert: daß nämlich die neuen, riesigen, dampfgetriebenen Trawler mit ihren Rümpfen aus Stahl deshalb nach Island gekommen waren, weil sie dank ihrer Leistungskraft binnen eines Jahrzehnts die Bestände in der Nordsee erschöpft hatten. Die Überfischung existierte als Problem noch nicht. Aber die besten Kabeljaugründe vor der Südküste Islands liegen auf einem schmalen Schelf, das sich nur wenige Kilometer vor der Küste erstreckt. Diese geringe Entfernung war es, was die Fischerei mit Ruderbooten ermöglichte. Nun also drängten sich diese neuen britischen Schiffe – riesige, leistungsstarke Stahlkonstruktionen – um das südliche Schelf und überfuhren die Netze und Leinen der ortsansässigen Fischer.

In Island war man in dieser Sache geteilter Meinung. Die einen wollten, daß alle Ausländer von den isländischen Gewässern ausgeschlossen wurden. Andere dagegen fanden, Island solle seinerseits einige dieser Monsterschiffe erwerben, um damit die Früchte seines eigenen Meeres zu ernten. Die letztere Ansicht trug den Sieg davon. Das tut sie normalerweise immer. Das ganze Jahrhundert hindurch entschieden sich im Streit zwischen bescheidener Küstenfischerei und machtvollen, leistungsstarken ausländischen Flotten die jeweiligen Regierungen stets dafür, den Aufbau konkurrenzfähiger heimischer Flotten zu subventionieren.

Der erste Trawler britischer Bauart, den Island kaufte, traf im Jahre 1905 ein. Im Jahre 1915 verfügte das Land bereits über eine Flotte von zwanzig stählernen Trawlern – einige davon neu, andere gebraucht gekauft, die meisten in Großbritannien gebaut.

In Grindavík ging die Fischerei in der gleichen Form weiter, in der sie schon jahrhundertelang betrieben wurde. Die Stadt *hatte* einfach keinen Hafen, und da sich Trawler nicht auf Walfischrippen über den Strand rollen lassen, blieb die Erfindung des Trawlers für die Stadt wie auch für viele ihresgleichen ohne Bedeutung. Tómas Thorvaldsson und seine Freunde hatten allerdings eine Idee, die zur ersten größeren Veränderung in der Stadt seit tausend Jahren führte. Es gab einen Gezeitentümpel, der bei Ebbe durch einen schmalen Streifen Land vom Meer getrennt war. Tómas und seine Kameraden fingen an, den Streifen Land mit Schaufeln abzutragen. Jeden Tag schaufelten sie bei Ebbe ein bißchen schwarzen Lavakies weg, den sie dann mit der Schubkarre abfuhren, bis sie endlich einen Hafen geschaffen hatten. Tómas kaufte sein erstes »Decksboot«, einen kleinen, tief im Wasser liegenden, dampfgetriebenen Seitentrawler. Dann kaufte er sich einen größeren. Aus Tómas wurde ein Geschäftsmann.

Die Trawler hatten nicht nur eine Vergrößerung der Fangkapazitäten Islands zur Folge. Sie bewirkten auch einen tiefgreifenden Wandel in dieser vorindustriellen Gesellschaft mit ihren 78 000 Menschen, von denen die meisten Bauern waren, die kaum mehr als ihren Lebensunterhalt verdienten. Diejenigen, die Trawler erwarben, wurden zu den ersten Kapitalisten Islands. Der Kabeljau führte in Island zur Entstehung einer Unternehmerklasse, geradeso wie er das in den vierziger Jahren des 17. Jahrhunderts in Neuengland getan hatte. Reykjavík, die größte Stadt der Insel, die beim Eintreffen der ersten britischen Trawler wenig mehr als zweitausend Einwohner hatte, wuchs zu einer Großstadt mit einer neuen Art von Bevölkerung heran – einer Arbeiterklasse, die aus früheren Bauern bestand.

Zu den Entwicklungen, die der wirtschaftliche Aufschwung mit sich brachte, zählte eine Renaissance des geistigen Lebens. Die isländische Literatur, die bis zur dänischen Machtergreifung eine stolze Tradition verkörpert hatte, gelangte erneut zu schöpferischer Blüte. Auch die Wissenschaften machten in den zwanziger Jahren große Fortschritte: den isländischen Biologen wurde klar, daß die Regenerationsfähigkeit der Kabeljaubestände ihre Grenze hatte.

Dann wurden die Trawler in britischem Besitz abgezogen. Wie im Zeitalter der Segelschiffe die Staaten ihr Fischereiwesen als kostengünstige Bezugsquelle für gute Matrosen genutzt hatten, sahen sie jetzt in den Fischereiflotten eine Fahrzeugreserve, die sich ohne Mühe für den Krieg umrüsten ließ. Die Trawler waren schnell, sturmerprobt und auch als Schlepper tauglich, was sie zu hervorragenden Minensuchbooten machte. Oder wenn man Bug und Heck mit Batterien bestückte, konnte man sie als Patrouillenboote einsetzen. Als 1914 der Erste Weltkrieg ausbrach, requirierte die britische Admiralität die meisten Trawler in britschem Besitz, die länger als sechsunddreißig Meter und nicht älter als zehn Jahre waren, für die Marine.

In einer Zeit, als man sich noch wenig Mühe gab, die

Größe der Fischbestände zu ermitteln, stellte das britische Agrarministerium eine Untersuchung der Fangmengen an, die Trawler aus Hull und Grimsby vom isländischen Schelf zurückbrachten. Die Untersuchung ergab, daß ein einziger Trawler, der vor Island fischte, dreimal soviel Fische an Land brachte wie einer, der an den Sandbänken der Nordsee seine Netze auswarf. Heute sind die Historiker der Ansicht, daß die isländischen Bestände schon rasch bis auf das Niveau der Nordseebestände abgebaut worden wären, hätte der Krieg nicht den Fischen eine vierjährige Erholungspause verschafft. In den Jahren 1917 und 1918 erlebten die isländischen Fischer, wie die Fangmengen anstiegen; nachdem dann die Briten zurückgekehrt waren, ging es wieder bergab.

Nach dem Krieg bekamen die Briten entgegen den Versprechungen der Admiralität nicht alle ihre Trawler zurück. Manche waren zerstört oder beschädigt. Aber bald schon war für Ersatz in Gestalt größerer, schnellerer und besser ausgerüsteter Schiffe gesorgt. Verbesserte Entladeeinrichtungen und schnellere Schienenwege ließen Aberdeen, Fleetwood, Hull und Grimsby zu wichtigen Häfen für die Islandflotte werden; Firmen, die sich wie in Neuengland zu großen Gesellschaften entwickelten, versorgten die Nation mit Fisch. Aber je größer und besser ausgerüstet die Fahrzeuge wurden, um so größere Kapitalinvestitionen erforderte die Fischerei. Bis 1937 verfügte jeder britische Trawler über ein Funkgerät, Elektrizität und ein Echometer – den Vorläufer des Echolots. Hätte in früheren Zeiten der Einstieg in die Fischerei die gleiche Art Kapital erfordert wie im 20. Jahrhundert, der Kabeljau hätte in Neuengland nie und nimmer eine Nation begründen können, in der mittelständische, durch eigene Tüchtigkeit zu Wohlstand gekommene Unternehmer den Ton angaben.

Seit der industriellen Revolution entwickelte sich in Großbritannien ein ständig wachsender Markt für Grundfische – allen voran Kabeljau, Schellfisch und Scholle –, weil gebratener Fisch, später dann Fish-and-chips (Bratfisch und Pommes frites) zum Lieblingsessen der städtischen Arbeiterklasse wurde. Sowohl Island als auch Großbritannien befischten die isländischen Gewässer, um diesen Markt zu versorgen. In den zwanziger Jahren kam dann noch eine größere deutsche Fischereiflotte hinzu, die ebenfalls die isländischen Kabeljaufanggründe frequentierte.

Die Küstenfischerei, ein beachtlicher Sektor der isländischen Wirtschaft, fing an zu protestieren, ihre Geräte und Fanggründe würden durch die Trawler zerstört; in Island waren immer mehr der Ansicht, man müsse die Hoheitszone weiter ins Meer hinausschieben. Das englisch-dänische Abkommen aus dem Jahre 1901 hatte indes das Meer um Island, abgesehen von einer Dreimeilenzone vor der Küste, zum internationalen Gewässer erklärt; der damaligen dänischen Kolonie Island fehlte es an der Macht, daran etwas zu ändern. Statt dessen bauten die Isländer eine ansehnliche, gut ausgebildete Küstenwache aus und unternahmen in enger Zusammenarbeit mit dem Internationalen Rat für die Erforschung der Meere (International Council for Exploration of the Seas [IREM]), der anerkannten Autorität hinsichtlich kommerziell ausgebeuteter Fischpopulationen, den Versuch, die Größe der Fischbestände zu überwachen. Gegen Ende der zwanziger Jahre brachte diese Küstenwache häufig deutsche und britische Trawler auf, die sie beim Eindringen in küstennahe Fanggründe erwischt hatte.

Die Briten setzten dagegen die neue Funktechnik auf ihren Trawlern ein und hielten sich gegenseitig über die Aktivitäten der Küstenwache auf dem laufenden. Am berühmtesten waren die sogenannten Großmutter-Botschaften aus dem Jahre 1928. Drei Botschaften – »Großmutter geht es gut«, als nächstes: »Großmutter geht es immer noch gut«, und schließlich: »Großmutter fühlt sich schlecht« – zeigten an, wann ein Schiff der Küstenwache aus dem Hafen auslief. 1936 wurden dann kodierte Funknachrichten in isländischen Gewässern verboten. Dennoch gingen die Großmutter-Botschaften weiter, wobei es häufig britische fischverarbeitende Gesellschaften waren, die für die Kodierungssysteme sorgten.

Der Zweite Weltkrieg brachte das Ende der Großmutter-Botschaften und eine kleine Erholungspause für die schwindenden Kabeljaubestände. Wieder wurden alle britischen Hochseetrawler für den Kriegsdienst requiriert. Nachdem Deutschland Dänemark besetzt hatte, besetzten die Alliierten Island, um zu verhindern, daß die Insel ebenfalls fiel. Da die Briten jetzt keine Fischereiflotte mehr hatten, versorgte Island den britischen Markt und den Weltmarkt. Sechs Jahre lang behauptete sich Island als die Hauptfischereination Nordeuropas.

In Großbritannien herrschte dringender Bedarf nicht nur an Fisch, sondern auch an Lebertran vom Kabeljau. Die Briten begeisterten sich schon lange für Kabeljaulebertran. Ehe man darauf verfiel, den Tran zu raffinieren und einzunehmen, fand bereits seit Jahrhunderten der schwärzliche Rückstand aus Fässern, in denen Kabeljaulebern transportiert wurden, als Balsam Verwendung; in Westafrika ist das bis heute der Fall. In den achtziger Jahren des 18. Jahrhunderts entschied die britische Medizin, Kabeljaulebertran sei ein Heilmittel gegen Rheumatismus, was damals ein diagnostischer Sammelname für alle möglichen Beschwerden und Schmerzen war. Im 19. Jahrhundert behandelte man mit Lebertran Tuberkulose, Unterernährung und andere mit Armut zusammenhängende Krankheiten. Während der Weltkriege wurde Kabeljaulebertran in Hull zu einem wichtigen Geschäftszweig; man fütterte Haustiere und Menschen damit. Im Zweiten Weltkrieg verteilte das britische Ernährungsministerium, das sich Sorgen wegen der gesundheitlichen Folgen der Lebensmittelknappheit machte, kostenlos Lebertran an schwangere und stillende Frauen, Kinder unter fünf und Erwachsene über vierzig. In den Schulen trichterten Krankenschwestern die ekelhaft schmeckende Flüssigkeit löffelweise den widerstrebenden Kindern ein, während die Erwachsenen sie häufig mit Orangensaft verabreicht bekamen. Der ganze Lebertran kam aus Island, wo er zum Aufbau einer verarbeitenden Industrie beitrug, die auch nach dem Krieg fortbestand und gedieh. In der Überzeugung, daß es dem Lebertran zu verdanken war, wenn trotz Bombardements und Lebensmittelrationierung die gesündesten Kinder aufgewachsen waren, die England je gesehen hatte, führte die britische Regierung das Programm bis zum Jahre 1971 fort. Es wurde schließlich abgebrochen, weil die Leute den Lebertran nicht mehr schlucken wollten. Die Isländer allerdings nehmen ihn nach wie vor, und das gilt auch für viele Amerikaner.

Während des Krieges kletterten die Fischpreise auf Rekordhöhen; die Dollar, die Island für den Fisch erhielt, erleichterten den Handel mit den amerikanischen Truppen, die auf der Insel stationiert waren. Die Isländer bauten Unterkünfte und Militärbasen für die Amerikaner und fingen an, große Mengen amerikanischer Waren zu importieren.

Zu Ende des Krieges war Island ein gewandeltes Land. Eine der wichtigsten Veränderungen bestand darin, daß es 1944 auf dem Verhandlungsweg seine vollständige Unabhängigkeit von Dänemark erwirkte. Nunmehr konnte es seine Beziehungen zur übrigen Welt nach eigenem Gutdünken gestalten. Dank des Kabeljaus hatte sich Island binnen einer Generation aus einer Kolonialgesellschaft des 15. Jahrhunderts zu einer modernen Nachkriegsgesellschaft gemausert. W. H. Auden, der sich in den dreißiger Jahren lange in Island aufhielt, kehrte 1964 dorthin zurück und war höchst erstaunt über den Wandel. Er traf zufällig einen seiner damaligen Führer, der jetzt Lehrer war, und wollte von ihm wissen, was für ein Leben die Isländer im Krieg geführt hatten. »Wir haben Geld gescheffelt«, gab der Lehrer zur Antwort.

EIN DÄNISCHES NEUJAHR

Die Dänen bestellen einen ganzen Kabeljau schon Wochen vor Silvester, damit sie dann auch wirklich ein frisches Exemplar bekommen. Heimgesucht von einer skandinavischen Winterdepression, schrieb Ann Bierlich, eine Fernsehfilmcutterin aus Kopenhagen, frischer Kabeljau in Senfsoße, ein traditionelles Silvesteressen, sei »das einzig Gute an diesem Land«. Sie hatte sehr genaue Vorstellungen davon, wie man frischen Kabeljau zu kochen hatte. Fischsenf, ein starker, körniger Senf, wird frisch zubereitet und auf dänischen Märkten verkauft.

Frischer Kabeljau mit Senfsoße

Man rechnet ein halbes Kilogramm pro Person und zerschneidet den Kabeljau in ungefähr drei Zentimeter dicke Scheiben. Man nimmt den größten verfügbaren Topf. Man gibt soviel kaltes Wasser hinein, daß der Fisch bedeckt ist. Man nimmt viel Salz, eine ordentliche Handvoll grobe Salzkörner, und salzt das Wasser so stark, daß man meinen könnte, es sei die Nordsee. Man legt die Kabeljauscheiben ins kalte Wasser, schaltet den Ofen auf niedrige Hitze und erhitzt das Wasser so, daß es nicht kocht, sondern wabert. Man läßt die Kabeljauscheiben ein paar Minuten in dem wabernden Wasser. Nur nicht zu Tode kochen! Der Kabeljau muß fest und weiß sein. Senfsoße – man läßt zwei Eßlöffel Butter zergehen,

gibt zwei Eßlöffel Mehl hinein und dann einen Liter Milch. Die Soße muß dick sein. Schließlich kommt ein ordentliches Quantum Fischsenf dazu! (Ein Spritzer Dillessig gibt der Sache den letzten Pfiff.)
Das Gericht wird mit gekochten gestiftelten Kartoffeln, kleingehackten hartgekochten Eiern, kleingehackten gekochten Roten Beten und frischem Meerrettich gegessen. Und was trinkt man dazu? Eiskaltes Bier und Schnaps, natürlich!

Ann Bierlich, Kopenhagen, 1996

10: Drei Kriege, um das offene Meer zu schließen

»Leben ist Salzfisch.«

Halldór Laxness, Reykjavik, dreißiger Jahre

Als der Zweite Weltkrieg zu Ende ging, befanden sich die Fischbestände im europäischen Nordatlantik, wo sechs Jahre lang kaum Fischerei betrieben worden war, auf einem Niveau, wie man es seitdem nie wieder erlebt hat. Die Fischerei auf dem isländischen Schelf, an den Sandbänken der Nordsee, in der Barentssee, im Britischen Kanal und in der »Irish Box«, wie man die Gewässer rund um Irland zu nennen pflegt, erbrachte enorme Ausbeuten. Wie in alten Zeiten an den nordamerikanischen Banks waren große Kabeljauexemplare gang und gäbe. Die Hauptfischereinationen nahmen indes den Fischfang mit immer größeren, schnelleren, leistungsstärkeren Trawlern wieder auf.

Als 1944 der neue unabhängige Staat Island ins Leben trat, bedeutete das die Annullierung des englisch-dänischen Abkommens mit seiner Dreimeilenzone. Nachdem sie fünfeinhalb Jahrhunderte lang unter einer desinteressierten Kolonialverwaltung existiert hatten, waren die Isländer ent-

Ansichtskarte, 1910–15, gedruckt in Island für französische Fischer, um Grüße in die Heimat zu senden

schlossen, durch Bewirtschaftung ihres einen und einzigen Naturreichtums, nämlich ihrer Kabeljaugründe, den Grund für den Aufbau einer modernen Gesellschaft zu legen. Im Jahre 1955, als Halldór Laxness den Literaturnobelpreis gewann, war das harte Leben, das er in seinen Romanen beschrieb, bereits dabei, zu einer Erinnerung zu verblassen. Ein entscheidender Schritt beim nationalen Aufbau wurde im April 1950 getan. Nach Verstreichen der erforderlichen zweijährigen Vorankündigungsfrist annullierte Island den alten Vertrag und dehnte seine Hoheitsgewässer auf vier Meilen vor der Küste aus. So bescheiden nach heutigen Begriffen diese Ausdehnung des Hoheitsanspruches war, damals bedeutete sie einen kühnen Schritt, weil die Vorstellung vom unbeschränkten Zugang zu den Meeren ein weithin gültiges Prinzip im internationalen Recht darstellte.

Die Dreimeilenzone war erstmals im Jahre 1822 eingeführt worden, anläßlich des Fischereiabkommens für die Nordsee, das in Den Haag von Frankreich, Deutschland, den Niederlanden, Dänemark und Großbritannien unterzeichnet wurde. Ironischerweise waren die Hauptbefürworter der Dreimeilenzone die Briten; sie verteidigten die Zone zum Teil mit der gleichen Taktik, die sie später, als die Isländer sie gegen die britischen Schiffe anwandten, als widerrechtliche Schikane brandmarkten. Als ein britisch-amerikanischer Vertrag, der amerikanischen Fischern Zugang zu kanadischen Gewässern einräumte, im Jahr 1866 auslief, mußten die Amerikaner Gebühren zahlen, um in der Dreimeilenzone fischen zu können. Bis in die dreißiger Jahre unseres Jahrhunderts allerdings galt bei den meisten westlichen Nationen das Prinzip einer Hoheitszone als höchst fragwürdig.

Weil dann aber die USA ihre küstennahe Ölförderung schützen wollten, tauchte 1945 im Internationalen Recht ein neues Konzept auf. Präsident Harry Truman erließ eine Proklamation, die besagte, die USA hätten das Recht auf Verfügung über die mineralischen Rohstoffe auf dem Kontinentalschelf vor den Küsten des Landes. Niemand hatte bis dahin das Eigentum an einem Kontinentalschelf beansprucht. Die Banks gehörten nicht den USA und Kanada. England war nicht Besitzer seines Schelfs. Niemand war Eigentümer der Nordsee. Da der Kabeljau und die meisten anderen kommerziell genutzten Fischarten in der Hauptsache auf Kontinentalschelfs zu finden sind, waren die Folgen der Trumanschen Erklärung ungeheuer weitreichend. Hinzu kam, daß Truman am gleichen Tag noch eine weitere Proklamation erließ: »Angesichts des dringenden Erfordernisses, die Fischereibestände zu erhalten und zu schützen, hält es die Regierung der Vereinigten Staaten für angebracht, in den an die Küsten angrenzenden Hochseegebieten Schutzzonen einzurichten.« Mit dieser Maßnahme reagierten die USA auf einen Streit mit Japan in der Zeit vor dem Krieg, als japanische Fischer vor der Küste Alaskas den Lachs weggefangen hatten, ehe dieser in die Flüsse gelangen und dort laichen konnte.

Die Proklamation stieß in Lateinamerika, das nach dem Krieg von einem neuen Nationalismus erfaßt worden war, augenblicklich auf Widerhall: zahlreiche lateinamerikanische Länder erhoben ebenfalls Anspruch auf ihr Kontinentalschelf. Die Europäer – besonders die Briten – wehrten sich heftig, aber auf ihre Position wirkte sich schwächend aus, daß ihre eigenen Besitzungen in Amerika in Richtung auf Schutzmaßnahmen drängten. Während sich Großbritannien im Prinzip widersetzte, beanspruchte es gleichzeitig ein Stück des nordamerikanischen Schelfs für die Bahamas. 1950 gab es bereits ein gewisses Maß an internationaler Unterstützung für die isländische Viermeilenzone, zumal sich der Großteil des internationalen Fischfangs weiter von der Küste entfernt abspielte.

Aus ebendiesem Grunde allerdings hielten viele Isländer das neue Gesetz für allzu bescheiden. Nach 1954 begannen die isländischen Kabeljaufänge dramatisch abzunehmen. Das gleiche galt für Goldbarsch oder Rotbarsch, der als kommerzieller Fisch zunehmend an Bedeutung gewonnen hatte. Insgesamt sank zwischen 1954 und 1957 die Ausbeute an Grundfischen um 16 Prozent. Als Argument für die Ausdehnung der Hoheitszone wurde außerdem die Tatsache geltend gemacht, daß Schellfisch und Scholle, die näher zur Küste leben und deshalb durch die Viermeilenzone geschützt waren, in ebendiesen Jahren zugenommen hatten. Im Jahre 1958 dehnte Island seine Hoheitsgewässer auf zwölf Meilen aus.

Während die Isländer jubelten, schickte die britische Regierung eine Protestnote, in der sie erklärte: »Ansprüche auf die Ausübung der alleinigen Gerichtsbarkeit im Zusammenhang mit Fischereigebieten, die sich außerhalb der üblichen Grenzen für Hoheitsgewässer befinden, entbehren jeglicher Grundlage durch internationales Recht.« In der Erklärung hieß es dann weiter: »Die Regierung Ihrer Majestät kann nicht glauben, daß die isländische Regierung

Gewalt gegen britische Fischereifahrzeuge gebrauchen würde, um Gehorsam gegenüber einem einseitigen Dekret zu erzwingen, das Parteien der Regierungskoalition ohne Rücksicht auf internationales Recht in Vorschlag gebracht haben.« Wieder einmal unterschätzten die Briten die Entschlossenheit eines Volkes, das sich gerade erst als Nation entdeckt hatte.

Und so begannen die »Kabeljaukriege«, wie die britische Presse titelte. Es gab deren drei, auch wenn es nie zu einer Kriegserklärung kam und kein einziger fiel. Daß niemand umkam, war zu einem großen Teil reines Glück.

Frankreich, Belgien, Dänemark, Deutschland, die Niederlande und Spanien unterstützten allesamt die britische Position und sorgten damit für eine noch nie dagewesene westeuropäische Einheitsfront. In ihren Augen »störten« die Isländer die rechtmäßige Schiffahrt außerhalb des Hoheitsgebiets Islands. Am 30. August 1958, als die Frist für die Räumung der auf zwölf Meilen erweiterten Hoheitsgewässer ablief, hatten außer den britischen Trawlern alle ausländischen Fahrzeuge das Gebiet verlassen. Die Trawler waren nun in Begleitung britischer Kriesgsschiffe. Die isländische Küstenwache machte siebenunddreißig Schiffe der britischen Marine mit einer Truppenstärke von siebentausend Mann aus, wobei die Unterlagen der britischen Admiralität zeigen, daß die Streitkräfte sogar noch größer waren.

Die Zerstörer und Fregatten, die mit kampferprobten Veteranen aus dem Zweiten Weltkieg bemannt waren, erzielten Geschwindigkeiten von bis zu dreißig Knoten. Die isländische Küstenwache verfügte über sieben Schiffe, von denen die größten und modernsten siebzehn Knoten schafften. Die Schiffe waren mit jeweils einer Kanone bestückt, und bei den Matrosen handelte es sich um Polizeiangehörige oder auch Zivilisten – um Leute ohne Kampferfahrung. Aber sie waren alle erprobte Seeleute, die sich in den isländischen Gewässern auskannten wie in ihrer Westentasche. Während der zweieinhalb Jahre, die der erste Kabeljaukrieg dauerte, gelang es der Küstenwache nur, einen einzigen Trawler aus Grimsby aufzubringen, der sich in die alte Viermeilenzone vorgewagt hatte, wo die britische Marine nicht patroullierte. Bei dem ständigen Manövrieren kamen allerdings die Trawler sehr wenig zum Fischen. Die Marine ließ die Trawler in abschirmbaren rechteckigen Sektoren von fünfundvierzig Kilometern Länge Fischfang treiben – militärisch gesehen ein kluger Schachzug, aber katastrophal für die Erträge.

Aufgrund der Berichte ihres Botschafters glaubte die britische Regierung, die Isländer seien in der Frage der Erweiterung ihrer Fischereizone gespalten. Oppositionsparteien hatten protestiert, aber hauptsächlich weil sie den Zeitpunkt der Durchführung des Vorhabens für falsch hielten. Als die Briten ihren Irrtum erkannten, fingen sie an zu verhandeln – in Reykjavík, in London und in Paris. Nach fünf Monaten, im Februar 1961, erkannten die Briten die Zwölfmeilenzone endlich an, während Island erklärte, es denke über eine weitere Ausdehnung seiner Hoheitsgewässer nach. Daß die isländische Regierung einwilligte, den Briten eine dreijährige Anpassungsfrist einzuräumen, führte fast zu ihrem Sturz.

Zehn Jahre später veranstalteten die beiden Länder noch einmal dasselbe in Grün. Im März 1971 verkündete Island, es werde mit Wirkung vom 1. September 1972 seine Hoheitsgewässer auf fünfzig Meilen ausdehnen. Großbritannien und Westdeutschland, die nun in der Europäischen Wirtschaftsgemeinschaft partnerschaftlich verbunden waren, protestierten heftig und forderten den Internationalen Gerichtshof auf, gegen diese Verletzung internationalen Rechts, wie sie sagten, einzuschreiten. Island erklärte, es werde den Spruch des Gerichtshofes nicht anerkennen, da es um das isländische Kontinentalschelf gehe und die Sache deshalb keine internationale Angelegenheit sei. Noch ehe der

Internationale Gerichtshof zu einer Entscheidung gelangen konnte, war der zweite Kabeljaukrieg bereits geschlagen und durch Friedensschluß beendet.

Dieser zweite Krieg verlief kürzer und gefährlicher. Einerseits war die isländische Küstenwache besser vorbereitet und besaß schnellere Schiffe. Andererseits wurde die britische Marine durch Westdeutschland unterstützt, das sich zwar nicht militärisch beteiligen durfte, aber Fahrzeuge für »Nachschub und Schutzaufgaben« zur Verfügung stellte. Im ersten Kabeljaukrieg hätte die Küstenwache einen britischen Trawler nur dadurch stoppen können, daß sie auf ihn schoß. Die Küstenwache war nicht nur in der Bewaffnung stark unterlegen, sondern die Isländer legten, wie die Briten damals hervorhoben, auch keinen Wert darauf, britische Seeleute durch Beschießung umzubringen. Im Jahre 1958 aber hatten isländische Ingenieure bereits heimlich eine Waffe für den Kabeljaukrieg entwickelt, mit der sie im folgenden Jahr alle sieben Fahrzeuge der Küstenwache ausrüsteten. Als dann im ersten Kabeljaukrieg die Verhandlungen begannen, beschlossen die Isländer, diese Waffe nicht einzusetzen; es gelang ihnen, sie mehr als zehn Jahre lang, bis zum zweiten Kabeljaukrieg, geheimzuhalten.

Im zweiten Kabeljaukrieg ging dann die Sache folgendermaßen vor sich: Das Fahrzeug der Küstenwache näherte sich dem ausländischen Trawler und erklärte dessen Kapitän, er verletze isländisches Recht und solle sich außerhalb der Fünfzigmeilenzone begeben. Lehnte der Kapitän das ab, kam das Schiff der Küstenwache heran und kreuzte achtern im rechten Winkel den Weg des Trawlers, wobei es die Geheimwaffe der Küstenwache hinter sich her zog – nämlich ein Gerät, das die Kabel der Schleppnetze durchtrennte. Tatsächlich stellte die neue Waffe nur eine Anwendung der alten Minenräumtechnik auf die Fischerei dar. Einer der vier Zinken der Vorrichtung erfaßte das Schleppkabel und zerschnitt es, womit ein Netz im Wert von fünftausend Dollar mitsamt den Fischen, die sich eventuell bereits darin gesammelt hatten, verloren war. Einem Schleppnetzfischer ohne Schleppnetz blieb nichts anderes übrig, als heimzukehren. Während des einjährigen Konflikts verloren vierundachtzig Trawler – neunundsechzig britische und fünfzehn deutsche – ihre Netze. Um ihre Netze zu schützen, fingen die Trawler an, paarweise zu fischen, wobei der eine mit dem Fang beschäftigt war und der andere auf das Heck aufpaßte. Aber da so nur jeder zweite Trawler Fischfang betrieb, verfügte die Fischereiflotte nur noch über die Hälfte ihrer normalen Fangkapazität. Außerdem kollidierten mehrere Trawler, weil sie bei hohem Seegang zu dicht hintereinander fuhren. Sturmwinde von neunzig Kilometer pro Stunde sind in diesen Gewässern gang und gäbe.

Nachdem das Gerät zum Kappen der Netzkabel seine Wirksamkeit unter Beweis gestellt hatte, verkam der zweite Kabeljaukrieg zu einer Art Autoskooterrennen auf hoher See. Trawler rammten Fahrzeuge der Küstenwache, um sie daran zu hindern, ihre Netzkabel zu durchtrennen. Die Fahrzeuge der Küstenwache verstanden sich aber auch aufs Rammen und waren besonders geeignet dafür, weil ihre Rümpfe verstärkt waren, um sie als Eisbrecher einsetzen zu können. Die Briten zögerten, erneut die Marine ins Feld zu schicken, weil Island und Großbritannien mittlerweile als Verbündete an der integrierten NATO-Streitmacht beteiligt waren. Statt dessen schickten sie vier große, schnelle Schlepper, die, der isländischen Version zufolge, die Fahrzeuge der Küstenwache rammen sollten. Der britischen Lesart zufolge hatten die Schlepper nicht den Auftrag, isländische Schiffe zu rammen, sondern Positionen einzunehmen, die es den Fahrzeugen der Küstenwache unmöglich machten, Trawlerkabel zu durchtrennen. Aber was auch immer mit den Schleppern beabsichtigt war, sie rammten jedenfalls ein paar isländische Fahrzeuge. Am 18. März 1973 feuerte ein isländisches Kanonenboot scharfe Granaten vor den Bug eines britischen Schleppers, und am 26. Mai riß eine isländische Granate ein Loch in den Rumpf eines britischen Trawlers. Die Trawler zogen sich daraufhin fünfzig Meilen weit von der Küste zurück und weigerten sich, erneut in die Zone einzufahren, sofern die britische Marine sie nicht schützte. Sieben britische Kriegsfregatten wurden hinbeordert, und abermals wies man die Trawler an, in überwachten Sektoren zu fischen. Drang ein Schiff der Küstenwache in einen Sektor ein, bemühten sich die Fregatten, die Schlepper und die Trawler gemeinsam, es so lange zu rammen, bis es sank. Die Folge waren ständige Kollisionen auf hoher See, die aber wundersamerweise zu keinen Verlusten an Menschenleben oder Schiffen führten. Nach den Zusammenstößen krochen die beiden havarierten Schiffe zurück in ihre Heimathäfen.

Die isländische Regierung erwies sich als empörend stur. Sie weigerte sich, verletzte oder erkrankte britische Seeleute ins Land zu lassen, es sei denn sie kamen auf isländischen Schiffen, was die Übergabe des jeweiligen Trawlers bedeutet hätte. Sie schloß britische NATO-Flugzeuge von der isländischen Flugüberwachung aus und drohte sogar mit dem Abbruch der diplomatischen Beziehungen. Anders als Großbritannien hing die gesamte Wirtschaft Islands an der Fischerei; der Fischfang war das Wunder, das die Nation aus dem Mittelalter in eine Wohlstandsgesellschaft hatte überwechseln lassen. Trotz einer Geschichte herzlichen Kontakts zwischen den beiden Nationen und trotz ihres engen Bündnisses war Island nicht bereit, in der Frage seines einzigen Naturreichtums Konzessionen zu machen. Die NATO, der dieser Konflikt in den eigenen Reihen mitten im Kalten Krieg Sorgen bereitete, fing an, die Briten zum Nachgeben zu drängen. Am Ende erkannte Großbritannien im Austausch gegen eingeschränkte Fischereirechte für kleinere britische Trawler die Fünfzigmeilenzone an.

Eine der großen Veränderungen in der Welt nach dem Krieg bestand darin, daß sich kleine Nationen dank der internationalen Organisationen, insbesondere der UN, stärker Gehör verschaffen konnten als je zuvor. Die Idee, den Hoheitsanspruch ins Meer hinein auszudehnen, griff um sich. Im Jahre 1973 sprachen sich auf einer Sitzung des Komitees der Vereinten Nationen für die Nutzung des Meeresbodens vierunddreißig Nationen, bei denen es sich in der Mehrzahl um lateinamerikanische, afrikanische und asiatische Länder handelte, für eine Hoheitszone von zweihundert Meilen aus. Die einzigen Nationen des nördlichen Europa, die das unterstützten, waren Island und Norwegen, die beide im Begriff standen, im Kabeljauhandel eine führende Position zu erringen.

Trotz der Fünfzigmeilenzone schienen im Jahre 1974 die isländischen Kabeljaubestände bereits wieder bedroht. Der Anteil großer Kabeljauexemplare in den Fängen war dramatisch rückläufig. Laut isländischen Biologen hatten ein Jahrzehnt zuvor achtzehnjährige Kabeljaue noch eine geläufige Erscheinung dargestellt, während man jetzt nur selten einen Kabeljau fand, der älter als zwölf Jahre war. Das bedeutete, daß sich die Fortpflanzungskapazität der Bestände stark verringert hatte. Sogar britische Wissenschaftler bestätigten diese Befunde.

Am 15. Oktober 1975 dehnte Island unter Berufung auf den Schwund der Kabeljaubestände und auf die Notwendigkeit von Maßnahmen zum Artenschutz seine Hoheitsgewässer erneut aus – diesmal auf zweihundert Meilen. Und auch jetzt wieder verließen alle ausländischen Trawler die neue Zone, bis auf die Briten und die Westdeutschen. Das Ganze ging noch einmal von vorne los.

Es sollte der kürzeste und gemeinste der drei Kriege werden. Bei einem Vorfall im Dezember 1975 berichtete ein britischer Schlepper, ein Fahrzeug der Küstenwache habe zwei Schüsse abgefeuert, von denen keiner getroffen habe. In fünf

Monaten kam es zu fünfunddreißig Kollisionen, während die isländische Küstenwache sechsundvierzig britische und neun deutsche Schleppnetze abtrennte. Beide Seiten bekamen Übung in der geheimnisvollen Kunst, unter Freunden Seeschlachten zu schlagen. Der britische Außenminister James Callaghan erklärte vor der heimischen Presse: »Beide Konfliktparteien zeigen Mut, aber für Potenzbeweise besteht kein Anlaß.«

Gleichzeitig wurde intensiv verhandelt. »Fest steht, daß die Isländer ein überaus schwieriger Verhandlungspartner sind«, schrieb die Londoner *Financial Times*. Island war nicht zu Kompromissen bereit. An einem Punkt brach das Land tatsächlich die diplomatischen Beziehungen zu Großbritannien ab. Die NATO indes setzte eine Fortführung der Gespräche durch. Jón Jónsson, der langjährige Direktor des isländischen Instituts für Meeresforschung und einer der Unterhändler bei den Gesprächen während des dritten Kabeljaukrieges, meint: »Zwischen den Wissenschaftlern verlief der Kabeljaukrieg sehr freundschaftlich. Die Engländer sind unsere liebsten Feinde.« Er erinnert sich, daß ein britischer Unterhändler einmal im Scherz vorgeschlagen habe, am folgenden Donnerstag keine Netzkabel zu durchschneiden, weil im Fernsehen ein Programm gesendet werde, das er sich anschauen wolle. Jónsson erinnert sich gerührt an die guten Reisetips, die er für einen Ferienaufenthalt in Cornwall erhielt, den er mit seiner Frau plante.

Auch wenn die Briten nicht ihre ganze Volkswirtschaft bedroht sahen, stand doch viel für sie auf dem Spiel. Die führenden Köpfe der Trawler-Industrie und die Interessenvertretungen der Fish-and-Chips-Branche, die sogenannten Fischbräterei-Verbände, warnten vor einem bevorstehenden Zusammenbruch der gesamten Fischereiwirtschaft. Die großen Kabeljauhäfen Hull, Grimsby und Fleetwood erlebten einen rasanten Niedergang. Die Kaufleute, die den Trawlern die Fänge abkauften und sie im Großhandel weitervertrieben, waren vom Islandkabeljau abhängig. Zwischen dem Ende des zweiten Kabeljaukrieges und dem Jahr 1976 war die Zahl der Großhändler in Hull von zweihundertfünfzig auf siebenundachtzig gefallen. Die Alliierten Großbritanniens schlugen als Lösung des Problems wiederholt vor, die britischen Konsumenten sollten von ihrem geliebten Kabeljau zu anderen Fischarten wechseln. Westdeutschland handelte mit den Isländern ein Abkommen aus, demzufolge sie zur Entschädigung dafür, daß man sie vom Kabeljaufang vor Island ausschloß, Rotbarsch-Quoten zugestanden bekamen. Die westdeutsche Regierung erklärte der britischen, das ganze Problem lasse sich lösen, wenn sich die britischen Haushalte auf Rotbarsch und Schellfisch umstellten. Die Europäische Wirtschaftsgemeinschaft wies darauf hin, daß es vor der schottischen Küste Blauen Wittling im Überfluß gebe. »Könnten die Briten dazu gebracht werden, ihn zu essen, würde sich der ganze Kabeljaukrieg erübrigen«, war im Mai 1976 in der *Financial Times* zu lesen. Aber die Briten wollten Kabeljau, nicht Wittling oder Köhler, und Rotbarsch verabscheuten sie.

Jónsson beschreibt die Verhandlungen in London als »hitzige Diskussion, aber auf kultiviertem Niveau. Die Briten kämpften allerdings auf verlorenem Posten, und ich fand es verblüffend, wie kurzsichtig sie waren. Die ganze Welt ging in Richtung Zweihundertmeilenzone. Ich erklärte dem britischen Minister: ›Ich bin ganz sicher, daß Sie sich in ein paar Jahren selber für zweihundert Meilen entscheiden werden, und dann werden wir Sie beraten können, wie man das am besten durchsetzt.‹ Und sie haben sich auch für zweihundert Meilen entschieden, nur an unserem Rat hatten sie kein Interesse.«

Tatsächlich stand die Europäische Wirtschaftsgemeinschaft als Ganzes im Begriff, eine Zweihundertmeilenzone zu beanspruchen. Die britische Regierung bestand auf einer exklusiv britischen Hundertmeilenzone in den eigenen

Gewässern. Im Februar 1976 brachte die EWG Großbritannien mitten in seinen Verhandlungen mit Island in arge Verlegenheit, weil sie die britische Forderung ablehnte und einfach nur eine gesamteuropäische Zweihundertmeilenzone ausrief.

Tómas Thorvaldsson war siebenundfünfzig Jahre alt, als die Zweihundertmeilenzone sein Leben veränderte. Er hatte schon viele Veränderungen erlebt und hatte es zum gutbezahlten Geschäftsführer einer Trawler-Gesellschaft gebracht, die über eine eigene Fischfabrik verfügte. Jetzt wurde er auch noch in den Regierungsapparat berufen: als Vorstandsmitglied und zweiundzwanzig Jahre später als Direktor einer staatlichen Behörde, die alle Fischexporte überwachte. Er denkt oft an die alten Tage zurück und besucht gern den schwarzen, sichelförmig gekrümmten Küstenstreifen mit dem Lavastrand, über den sie immer die Boote ins Wasser zogen. Erfüllt von feierlichem Ernst, pflegt er zu sagen: »An dieser Stelle sind Menschen über tausend Jahre lang auf See gefahren.«

Für seine Kinder aber scheint das alte Island geradezu unvorstellbar. Sogar das Essen hat sich geändert. Die jungen Leute essen keinen Stockfisch; sie gehen in die Bäckerei und kaufen Brot. Abgesehen von Lamm und Fisch ist das, was sie essen, importiert und teuer. An einem Tag im Winter, wenn die arktische Nacht fast vierundzwanzig Stunden lang ist und die Menschen mit Selbstmordgedanken schwanger gehen, wird mit einem in früheren Zeiten undenkbaren finanziellen Aufwand ein Fest gefeiert, bei dem die alten Isländer *hákarl*, Schafskopf, Widderhoden und andere Gerichte aus ihrer Vergangenheit essen.

Was die materiellen Zeugnisse betrifft, ist die Vergangenheit fast völlig verschwunden. Ein Gebäude aus den dreißiger Jahren gilt schon als historisch. Ein Drittel der Stadt Heimaey, eines Fischerhafens auf einer kleinen Insel vor der

Südküste, wurde 1973 bei einem Vulkanausbruch verschüttet. Ein Schild auf den neuentstandenen Lavafeldern behauptet, einige Meter tief drunten liege der älteste Kiwanis Club Islands, Baujahr 1924.

In den meisten Städten liegen die Einwohnerzahlen unter zweitausend. Die wenigen Menschen fahren in ihren Autos auf unnötig breiten, gut asphaltierten Straßen. Es gibt keine Menschenmassen, keine Zeichen von Armut, nichts Altes und keinerlei Schmutz. Nur eine baumlose, untadelige Ebene mit Häusern aus Metall oder Beton, frisch angestrichen in Farben, die wetterbeständig sind, aber keine Wärme ausstrahlen und nichts aus der Natur widerspiegeln. Die meisten Städte wirken wie ein Verkaufspark für fabrikneue, überdimensionierte Wohnmobile. »Das sind die Häuser, die wir für die jungen Leute gebaut haben, nachdem wir fertig damit waren, per Hand den Hafen zu graben«, erklärt Tómas.

Der Hafen in Grindavík wird Jahr für Jahr ein bißchen weiter ausgebaggert. Die Männer der Stadt sind auch jetzt noch damit beschäftigt. Er ist heute der Heimathafen für fünfzig Fischereifahrzeuge, angefangen von kleinen Zweimannbooten mit einem für das Schleppen von Netzen umgerüsteten Heck bis hin zu großen, modernen Grundschleppnetzfischern.

Nachdem die isländische Zweihundertmeilenzone 1976 internationale Anerkennnung gefunden hatte, erklärten die meisten Nationen ihren Anspruch auf eine eigene Zweihundertmeilenzone. Ungefähr 90 Prozent der weltweit bekannten Fischgründe lagen innerhalb dieser dreihundert Kilometer vor der Küste der einen oder der anderen Nation. Die Fischer mußten sich nun weniger mit den Gesetzen der Natur als mit den von Menschen gemachten Gesetzen arrangieren. Ihre Hauptaufgabe bestand nicht mehr darin, so viele Fische wie möglich zu fangen, sondern das erlaubte Kontingent nicht zu überschreiten. Fischer waren schon lange versierte Steuerleute, Matrosen, Biologen, Meteorologen, Mechaniker, Weber und Ausbesserer. Jetzt mußten sie sich auch als gute Bürokraten bewähren und lernen, wie man mit Vorschriften umging, ihren Fallstricken entrann, durch ihre Schlingen hindurchlavierte. Auch darin erwarben sie Übung. Die Fischer fühlen sich selten für die Vorschriften verantwortlich. Zuständig ist aus ihrer Sicht die Regierung – sie muß die Regeln festlegen; Sache der Fischer ist es, sich durchzumogeln. Wenn die Bestände zugrunde gehen, ist es die Regierung, die sich nicht gekümmert hat und schuld ist.

Dient die Schutzzone dazu, Ausländer vom Fischfang auszuschließen, wie meist der Fall, braucht die betreffende Nation nur noch ihre eigenen Fischer im Zaum zu halten. Das galt den Isländern als Schlüssel zu einer wirksamen Bewirtschaftung der Fischgründe. Jóhann Sigurjónsson, stellvertretender Leiter des Instituts für Meeresforschung, erklärt: »Es reicht, wenn man seine eigenen Leute überwachen muß. Wir wollen keine Fischerei-Olympiade wie in der Nordsee. Jeder versucht, so schnell wie möglich so viel wie möglich zu ergattern.« Die Europäische Gemeinschaft versuchte, dieses Problem durch ein bürokratisches Regelwerk, die Fischereipolitik der Gemeinschaft, zu lösen, schuf aber damit nur ein neues, kompliziertes System von jeweils in nationales Recht umgesetzten Vorschriften, mit dem sich die Fischer bespaßen können.

Island erkannte, daß es die Fangkapazität der eigenen Flotte einschränken mußte. Für die Schleppnetze wurden größere Maschen verfügt. Die Fischer allerdings schafften sich zum Ausgleich mehr Trawler an. Dann begrenzte die Regierung die Größe der Flotte und die Länge des Aufenthalts auf See; die Fischer reagierten darauf mit dem Kauf größerer, effektiverer Ausrüstungen. Die Kabeljaubestände nahmen weiter ab. 1984 führte die Regierung Fangquoten für die einzelnen Arten pro Fahrzeug und Fangsaison ein. Das war ein umstrittenes System, das oft in Vergeudung resultierte. Ein Grundfisch, der aus fünfzig Faden Tiefe hochgeholt wird, stirbt durch die Änderung in den Druckverhältnissen. Handelte es sich aber um einen Kabeljau und war die Quote für Kabeljau aufgebraucht, wurde er zurück ins Meer geworfen. Oder wenn der Preis für Kabeljau gerade niedrig lag und das Netz neben Schellfischen oder Schollen auch Kabeljaue enthielt, dann warfen die Fischer sie über Bord, weil sie sich ihre Fangquoten erhalten wollten, bis mit Kabeljau ein guter Preis zu erzielen war.

Im Jahre 1995 wurde ein System eingeführt, das die Gesamtmenge beim Kabeljaufang auf höchstens 25 Prozent des geschätzten Bestandes beschränkte. Auch da gab es Schlupflöcher. Aber mit jeder neuen Maßnahme verringerte sich der Widerstand. Angesichts der schwindenden Bestände sahen sich die Isländer ins Mittelalter zurückkehren – zu Erdhütten, Wellblechschuppen, dem verbuddelten Hai und verkohlten Schafsköpfen. Die Politiker des Landes, die Fischer, die Eigentümer der Trawler und die fischverarbeitenden Gesellschaften – sie alle arbeiteten immer bereitwilliger mit den Wissenschaftlern des Instituts für Meeresforschung zusammen. Ihre Hauptgegner waren Lokalpolitiker, die versuchten, für ihren Wahlbezirk etwas herauszuschlagen.

Vor Einführung der Zweihundertmeilenzone hatte Tómas Thorvaldsson nie an die Möglichkeit einer Überfischung der Gewässer gedacht; er dachte nur daran, wie sich mehr Fische fangen ließen. Aber nun mußte er seine Fangkapazität verringern. »Sich zu überlegen, wie man es schaffte, weniger Fische zu fangen, war für den Kopf eine schwierige Aufgabe«, sagt er. Er zeigt mir einen leeren Schlafraum, in dem bis 1990 zweiundfünfzig Arbeiter aus anderen Teilen Islands untergebracht waren. Sie kamen damals her, um zweitausend Tonnen Salzfisch jährlich zu produzieren. In den letzten Jahren dagegen produzierte Tómas nur noch drei- bis vierhundert Tonnen pro Jahr. Höhere Preise, weniger Fische und weniger Fischer lautete das neue Rezept im Fischereiwesen. Obwohl die Branche traditionell die Rolle eines Motors für die wirtschaftliche Entwicklung spielte, hatte die Regierung mittlerweile den Anteil der Fischer an der Arbeitnehmerschaft des Landes auf gerade einmal fünf Prozent heruntergedrückt.

Er betrachtet die Wände seines Büros, an denen Fotos von sämtlichen Schiffen hängen, die er irgendwann besessen hat, deutet auf das tief im Wasser liegende kleine Dampfboot, sein erstes mit einem Deck versehenes Fahrzeug, und meint: »Vielleicht sollten wir zu dem da zurückkehren.«

KLEINKINDER IN ISLAND

Im späten Januar und im Februar, während der Laichzeit, aß man in Island traditionellerweise Kabeljaurogen, der mit der Leber des Fisches gestopft wird. Wie die meisten traditionellen isländischen Gerichte findet auch dieses bei der jungen, im Wohlstand lebenden Generation keinen Anklang mehr.

Gestopfter Kabeljaurogen

Man schneidet den Rogen an der Seite auf und kehrt ihn von innen nach außen. Man steckt die Leber hinein und gibt das Ganze eine paar Minuten lang in kochendes Wasser. Manchmal ersetze ich die Leber durch einen Pudding aus Kabeljaumus, kleingehackten Zwiebeln, Mehl und Ei, weil die kleinen Kinder Leber nicht mögen.

Úlfar Eysteinsson,
Restaurant »Thrír Frakkar«,
Reykjavík, 1996

Teil drei

Die letzten Jäger

»Das ist kein Fisch, den Ihr hier kauft:
Ihr kauft das Leben von Menschen.«
(Fischhändler zu einem Kunden, der einen
Schellfisch kaufen will und um den Preis feilscht.)

Sir Walter Scott, *The Antiquary*, 1816

11: Requiem für die Grand Banks

»Nun ein sanftes Heben
Und Senken –
Rote Sterne – Ein abgetrennter Kabeljau-
Kopf zwischen zwei
Grünen Steinen – sich hebend
Sich senkend«

William Carlos Williams, *The Cod Head,* 1932

Zwangsläufig laden Island und Neufundland zum Vergleich ein. Beide sind sie Inseln im Nordatlantik und haben ungefähr dieselbe Größe, auch wenn Neufundland mit einer halben Million Bewohner doppelt so viele Menschen beherbergt wie Island. Auf beiden Inseln machen die Unfruchtbarkeit des Landes und die Kürze der Wachstumsperiode die Landwirtschaft zu einem ertragsarmen Unternehmen. In der Vergangenheit hing bei beiden die Wirtschaft vollständig vom Fischfang ab. Auf beiden Inseln arbeiteten die ortsansässigen Fischer mit kleinen Booten in Küstennähe, während die reichen Fanggründe draußen im Meer von Ausländern befischt wurden. Beide Inseln blieben bis nach dem Zweiten Weltkrieg unterentwickelte Kolonien.

Aber von diesem Zeitpunkt an nahmen beide eine völlig verschiedene Entwicklung. Während Island sich von Dänemark trennte und eine unabhängige Republik wurde, trennte sich Neufundland von Großbritannien und wurde eine kanadische Provinz. Als Provinz einer großen, wohlhabenden Nation war Neufundland fürs Überleben nicht mehr auf die Fischerei angewiesen. Kanada glich die Defizite aus. Anfang der neunziger Jahre zahlte der kanadische Staat bereits für jeden Dollar, den die neufundländische Fischerei verdiente, drei Dollar Zuschuß.

Neufundland, die älteste Kolonie Großbritanniens, war bis zur großen Wirtschaftskrise Ende der zwanziger Jahre selbstverwaltet. Damals aber bot der Salzfisch den Fischern keine Existenzgrundlage mehr, und eine von den Briten eingesetzte Kommission übernahm die Leitung. Unter dieser Regierungskommission erhielt ein arbeitsloser Fischer eine Unterstützung von nur sechs Cent pro Tag. Obwohl sich die Neufundländer stets der Vorstellung widersetzt hatten, von Kanada geschluckt zu werden, schien dies nachgerade die einzige noch verbliebene Option. Im Jahre 1948 führten die Briten ein Referendum durch, bei dem sich die Neufundländer mit knapper Mehrheit dafür entschieden, die zehnte Provinz von Kanada zu werden. Aber als Neufundland dann zu Kanada gehörte, sah es sich an einen großen, weit entfernten Staatsapparat verwiesen, der nicht gewohnt war, die Fischerei als eine Angelegenheit von äußerster Dringlichkeit zu betrachten. Das kanadische Außenhandelsamt interessierte sich weit mehr für Weizen und Industrieerzeugnisse. Die regionale Kabeljaufischerei galt ihm als ökonomischer Fehlschlag; deshalb versuchte es, der neufundländischen Wirtschaft durch den Aufbau einer Leichtindustrie auf die Beine zu helfen, was indes ebenfalls weitgehend fehlschlug, da die neufundländischen Gründungen mit der Industrie auf dem Festland nicht konkurrenzfähig waren.

Aber als dann im Jahre 1977 die Zweihundertmeilenzo-

Bretonische Fischereiflotte bei der Ausfahrt zu den Banks
The Graphic, 17. Oktober 1891

ne eingeführt wurde, sah die kanadische Regierung eine Chance, die Fischerei zu einer haltbaren ökonomischen Grundlage für Neufundland zu machen. Dazu mußte es sich allerdings erst einmal mit den USA über die gemeinsame Grenze verständigen und die Europäer loswerden. Danach konnte es in seiner Zone schalten und walten, wie es wollte.

Die Spanier und die Portugiesen, die es für ihr gutes Recht hielten, diese Fanggründe zu befischen, weil sie das schon seit fünfhundert Jahren taten, waren entsetzt. Für die Spanier war die Zweihundertmeilenzone ein besonders schwerer Schlag, weil das Land zwar unter allen westlichen Staaten den höchsten Prokopfverbrauch an Fisch aufwies, in der Zweihundertmeilenzone vor der spanischen Küste sich aber praktisch keine guten Fanggründe befanden. Nach Francos Tod im Jahre 1975 lockte fast jede Branche der spanischen Wirtschaft Kapitalinvestitionen an und wurde modernisiert.

Für eine moderne spanische Fischerflotte indes waren die Aussichten trübe. Die Kanadier und Amerikaner vertrieben die Spanier von ihren Sandbänken, während die Franzosen und die Briten die Bürokratie der Europäischen Gemeinschaft drängten, Spanien von der Nutzung der europäischen Gewässer auszuschließen. Bildete für die Franzosen und die Briten die Fischerei einen der Haupthinderungsgründe für die Aufnahme Spaniens in ihre Gemeinschaft, so stellte sie für Spanien eines der Motive dar, sich um die Aufnahme zu bewerben. Obwohl die spanische Fischereiflotte größer war als irgendeine andere in der Europäischen Gemeinschaft, mußte Spanien mit ansehen, wie die EG Jahr für Jahr die spanischen Fangquoten verringerte. 1983 mußten sich bereits tausend spanische Fahrzeuge in 234 Fanglizenzen für europäische Gewässer teilen. Zu Füßen der auf einem Hügel liegenden Stadt Vigo in der Provinz Galizien im Nordwesten Spaniens ankerte eine Flotte moderner Trawler, die in wachsendem Maße ohne Bestimmungsort blieb.

Die portugiesische Flotte, die als Weiße Flotte bezeichnet wurde, weil sie im Zweiten Weltkrieg ihre Schiffe weiß bemalt hatte, um die deutschen U-Boote an die portugiesische Neutralität zu erinnern, besaß ebenfalls nicht viele Fanggründe. Geblieben waren den Iberern nur eine Ecke der Grand Bank und die gesamte Flemish Cap, ein traditioneller Kabeljaugrund, weil sich beides außerhalb der Zweihundertmeilenzone in internationalen Gewässern befand. Bis 1986 fischten sowohl die Spanier als auch die Portugiesen in diesem Gebiet beträchtliche Mengen Kabeljau; dann beschloß die kanadische Regierung, für ausländische Schiffe, die an den äußeren Banks Fischfang betrieben, St. John's als Nachschub- und Ausbesserungshafen zu sperren. Die Franzosen besaßen noch St. Pierre und Miquelon, aber die Spanier waren in den fernen Gewässern ohne Anlaufhafen aufgeschmissen.

Das andere Problem für Kanada war die Grenze mit den

USA. Die Georges Bank, das fischreichste Stück des Schelfs, liegt zwar vor der Küste Neuenglands, aber ein großer Teil davon befindet sich auch in zweihundert Meilen Entfernung von Nova Scotia. Der Streit um die Georges Bank wuchs sich zwar nicht zu einem richtigen Kabeljaukrieg europäischen Zuschnitts aus, aber ein paar Schüsse wurden auch zwischen den Fischern aus Neuengland und Kanada gewechselt – vermutlich die einzigen Schüsse, die Amerikaner und Kanadier seit dem Siebenjährigen Krieg ausgetauscht hatten. Unter internationaler Vermittlung bekam Kanada die Nordostecke der Bank zugestanden, während der Rest Hoheitsgebiet der USA wurde. Zum ersten Mal in der Geschichte gehörten die Kabeljaubänke vor den Küsten Kanadas und der USA ausschließlich den beiden Ländern selbst.

Die Zweihundertmeilenzone wurde in Kanada, in den USA und andernorts nicht als eine Vorkehrung im Interesse des Artenschutzes betrachtet, sondern vielmehr als eine protektionistische Maßnahme, deren Zweck der Schutz des heimischen Fischereiwesens war. Während die Regierung der USA zur Modernisierung einer neuenglischen Fischfangflotte für die Georges Bank zinsgünstige Darlehen gewährte, investierte Kanada in eine Flotte für die Grand Banks. Zum Aufbau einer modernen Fischereiindustrie mußten die fischverarbeitenden Unternehmen, die schlechtes Management, ein überbewerteter kanadischer Dollar und die isländische Konkurrenz an den Rand des Ruins getrieben hatten, saniert werden. Unter dem Schutz staatlicher Bürgschaften wurden die Fischereigesellschaften Neufundlands zu einem Verband namens *Fishery Products International* verschmolzen; außerdem erweckte man mit staatlichen Mitteln *National Sea Products*, eine Gesellschaft in Nova Scotia, zu neuem Leben. Ende der achtziger Jahre hatten sich beide Gesellschaften zu gigantischen und erfolgreichen Unternehmungen entwickelt. *FPI* hatte es sogar geschafft, die staatlichen Anteile zurückzukaufen. Damals war der kanadische Dollar im Vergleich zum US-Dollar schwach; Neufundland und Nova Scotia konnten auf dem Bostoner Markt hervorragende Preise erzielen.

Zehn Jahre nach der Ausrufung der Zweihundertmeilenzone und nach der Schließung der kanadischen Häfen für ausländische Fischereifahrzeuge konnte die kanadische Regierung mit entsprechender Selbstzufriedenheit in Anspruch nehmen, freie Verfügung über ihre Banks errungen und die Atlantikfischerei in einen ertragreichen Wirtschaftszweig verwandelt zu haben. Die Zahl derer, die in der Fischerei und in der fischverarbeitenden Industrie tätig waren, hatte beträchtlich zugenommen. Die Fischereigesellschaften bemannten riesige Trawler mit neuen Besatzungen, unter denen viele Fischfabrikarbeiter waren, da an Bord eines modernen Trawlers die Verarbeitung der Fische einen großen Raum einnimmt. Sam Lee von Petty Harbour erinnert sich mit leichtem Spott: »Einer, mit dem bin ich aufgewachsen – sein Vater hatte einen Laden. Er arbeitete in der Fabrik. Nicht lange, da war er ein erfahrener Hochseefischer.«

Aber während die neue, exklusive kanadische Fischerei auf hoher See wuchs und gedieh, stellte die küstennahe Fischerei fest, daß es mit ihren Fängen abwärts ging. Sie hatte den Verdacht, daß schuld daran die Hochseefischerei war, die so viele Kabeljaue wegfing, daß es keine Fische mehr gab, die zum Laichen an die Küste kommen konnten. Die Küstenfischer beklagten sich bei der aufsichtführenden Behörde, dem Amt für das Fischereiwesen und die Meere, aber der Staat hatte in die Hochseefischerei, nicht in die Küstenfischerei investiert; der Erfolg dieser Investition genoß politische Priorität. In dem Maße, wie die küstennahen Bestände schwanden, verschärfte sich der Disput. Auf der einen Seite standen die Küstenfischer, auf der anderen die Fischereigewerkschaften, die Besatzungen der Trawler, die Fischereigesellschaften und die Regierung. Cabot Martin, ein Rechtsanwalt aus Neufundland, der sich der Sache der Küstenfischer unentgeltlich annahm, erklärt: »Unfair am Kampf Sam Lees gegen *National Sea* ist einzig und allein, daß Sam Lee über kein Geld verfügte.«

»Wir gründeten den Verband der neufundländischen Küstenfischerei, weil niemand den Fischern zuhörte. Wir redeten gegen eine Wand an«, sagt Sam Lee. »Wir wollten nicht nur die Küstenfischer ansprechen. Jeder, dem etwas an der Sache lag, konnte mitmachen.«

Die kleine, lokale Fischfabrik erlebte serienweise Bankrotte, und die Fänge verdarben, ehe die Fischer von Petty Harbour einen anderen Weg finden konnten, sie nach Boston zu schaffen. Schließlich übernahmen die Fischer die Fabrik als Kooperative, und da die Regierung sich für fischverarbeitende Unternehmen interessierte, durften sie sich Geld für Modernisierungen leihen. Zur Aufbewahrung des Kabeljaus legten sie Wehre an, und so konnten sie ihn am Leben erhalten, bis sie ihn auf dem Markt untergebracht hatten. Cabot Martin, der sich von Haus aus für Fischzucht interessierte, zeigte ihnen, wie man das Gewicht des Fanges verdoppeln konnte, indem man Lodden, Heringe und Makrelen an die Kaubeljaue verfütterte, wobei sich das zusätzliche Gewicht größtenteils nicht in der Länge, sondern in der Dicke des Fisches niederschlug und so den Wert pro Pfund des Fisches vergrößerte. Die Kabeljaue fingen an, den dickeren Exemplaren der Bestände an der Georges Bank zu ähneln. Aber mit der Zeit wurde es immer schwerer, Kabeljaue zu fangen, die überhaupt groß genug waren, um sie in die Wehre zu stecken. Sogar die Köderfische für die Mast der Kabeljaue wurden rar.

Im Jahre 1989 beschlossen Martin und der Küstenfischereiverband angesichts der Gleichgültigkeit, die ihnen die Regierung bewies, diese zu verklagen; sie hofften, eine gerichtliche Verfügung gegen die Fischerei mit Grundschleppnetzen zu erwirken. Sie warfen dem Amt für das Fischereiwesen und die Meere vor, Umweltrücksichten zu vernachlässigen. Das Gericht entschied sich gegen eine Verfügung mit der Begründung, sie würde negative Auswirkungen auf die Wirtschaft haben und die Fischfabrik von *National Sea* in St. John's zwingen, für mehrere Monate im Jahr zu schließen.

Martin, der seitdem Umweltschutzkampagnen wie die von Greenpeace gegen den Walfang und die Seehundjagd miterlebt hat, bedauert heute, daß sie überhaupt vor Gericht gezogen sind. »McDonald's war der größte Kunde [für die Fänge der Schleppnetz-Trawler]. Wir waren nicht sehr schlau«, erklärt er.

Daß die Regierung für die Küstenfischer kein Ohr hatte, ist noch stark untertrieben. Die Regierung überschlug sich vor Begeisterung über die atlantischen Kabeljaubestände und die Zukunft der Fischereiflotte. Die Fänge wurden immer größer, und Fischer, die ihre Quoten für Rotbarsch nicht vollkriegten, bekamen zum Ausgleich zusätzliche Quoten für Kabeljau. Eine Arbeitsgruppe unter der Leitung von Senator Michael Kirby erhielt den Auftrag, ein Gutachten über die Zukunft der Fischerei im Atlantik zu erstellen. Ein großer Teil des Berichts war dem Problem gewidmet, wo man die neuen Märkte für all den Fisch finden sollte, den die neue kanadische Grundfischereiflotte fangen würde.

Die Kanadier waren noch nie Fischesser. Nicht einmal die Neufundländer und die Bewohner Nova Scotias essen große Mengen Fisch. Das gleiche gilt auch für die Amerikaner, Neuengländer eingeschlossen. Aber die Bevölkerung der USA ist so groß, daß immer die Möglichkeit zu einer Ausdehnung des Marktes besteht. Dem Kirby-Bericht zufolge verzehren die Amerikaner 105,8 Kilogramm Fleisch und nur 1,8 Kilogramm Grundfisch pro Kopf und Jahr. Der Bericht ging von der Schätzung aus, daß in den folgenden fünf Jahren die kanadischen Grundfischfänge um 50 Prozent anwachsen würden; wenn sich der Grundfischkonsum der Amerikaner um bloße 0,1 Prozent pro Kopf steigern lasse, könne der Markt in den USA den ganzen kanadischen Überschuß aufnehmen.

Tatsächlich wuchsen die Fangmengen nicht, weil Fisch im Übermaß vorhanden war, sondern weil es eine leistungsfähige, moderne Trawler-Flotte möglich machte, die Abschnitte mit verbliebenen Kabeljaupopulationen zu orten und systematisch auszuräumen. Im Rückblick liegt das klar zutage; man darf allerdings nicht vergessen, daß in der langen Fischereigeschichte Neufundlands der Wanderfisch Kabeljau immer wieder einmal aus bestimmten Regionen verschwand, nur um in anderen wieder aufzutauchen. Fast in jedem Jahr, aus dem Aufzeichnungen existieren, gab es einige Gegenden Neufundlands oder Labradors, aus denen die Kabeljaubestände fast verschwunden waren. In manchen Jahren war nur eine einzige Gegend davon betroffen. Die Jahre 1857 und 1874 stachen dadurch hervor, daß es überhaupt keine Ausfälle gab. 1868 machten sich die Bestände fast in allen Gebieten rar. Aber im Jahr darauf tauchten sie dann irgendwo doch immer wieder auf. Allem Alarmgeschrei zum Trotz hatten diese Ausfälle nie zum Verschwinden des Kabeljaus geführt, sondern sich als bloße zeitweilige Veränderungen im Wanderungsmuster erwiesen, die vielleicht auf Temperaturschwankungen zurückzuführen waren. In den achtziger und frühen neunziger Jahren unseres Jahrhunderts nahm die kanadische Regierung an, die Gewässer um Neufundland seien wieder einmal von diesem wohlvertrauten Phänomen betroffen. Ralph Mayo, ein Meeresbiologe, der für das staatliche Handelsfischereiamt der USA arbeitet und die Georges Bank von seinem Laboratorium in Woods Hole, Massachusetts, aus überwacht, bezeichnet das als »Wahrnehmungsproblem«. »Man sieht Kabeljaue«, sagt er, »und hält sie für die Spitze des Eisbergs. Aber vielleicht sind sie schon der ganze Eisberg.«

Hinzu kam, daß auch der Kirby-Bericht noch unter dem Einfluß der Huxleyschen Lehre von der Widerstandsfähigkeit und Unverwüstlichkeit der Natur stand. Diese Idee scheint unverwüstlicher als die Natur selbst, und Jahr für Jahr kommen ein oder zwei neue Bücher heraus, die den Gedanken feiern. Wie im 16. Jahrhundert der Glaube an eine westliche Durchfahrt nach Asien ist auch diese Theorie durch bloße Erfahrung nicht kleinzukriegen.

Im Jahre 1989 stand Fischereiminister John Crosbie, der Sohn und Enkel einflußreicher Fischhändler aus St. John's, im Radisson Hotel von St. John's und bemühte sich, Befürchtungen zu zerstreuen, daß die Fischerei in Bälde die Schotten dichtmachen müsse. Im Juli 1992 kehrte er in dasselbe Hotel zurück, um genau dies zu verkünden – die Aussetzung des Kabeljaufangs im nördlichen Atlantik; damit waren dreißigtausend Fischer arbeitslos. Sam Lee und andere Küstenfischer, die seit Jahren die Aussetzung des Fischfangs mit Trawlern gefordert hatten, warteten draußen. Als Crosbie sich weigerte, mit ihnen zu reden, begann Lee, normalerweise ein freundlicher, gutartiger Mann, wütend mit Fäusten an die Tür zu hämmern.

Im Januar 1994 verkündete Brian Tobin, der neue Fischereiminister, eine Ausdehung des Moratoriums. Die gesamte atlantische Kabeljaufischerei Kanadas bis auf die Betriebe im Südwesten Nova Scotias wurde dichtgemacht; für andere Grundfischarten wurden strikte Quoten festgelegt. Der kanadische Kabeljau war zwar noch nicht biologisch ausgestorben, aber kommerziell war es aus mit ihm – seine Seltenheit machte ihn wirtschaftlich unrentabel. Gerade einmal drei Jahre vor dem fünfhundertsten Jubiläum der Entdeckungsfahrt Cabots, auf der die Besatzung, wie sie berichtete, Kabeljaue mit Körben aus dem Meer geschöpft hatte, war es mit der Herrlichkeit vorbei.

Die fischverarbeitenden Fabriken, die dem Gericht als Argument gedient hatten, die Klage der Küstenfischer abzuweisen, mußten nun also doch schließen. Die zwei Riesengesellschaften, *FPI* und *National Sea Products*, schraubten ihre Produktion herunter und fingen an, Kabeljau aus Island und Norwegen zu verarbeiten. *National Sea Products* benutzte dazu eine Fabrik mit einer Belegschaft von zweihundertfünfzig Leuten in Arnold's Cove, einem typischen neufundländischen Fischereistädtchen vergleichbar Petty Harbour, das im innersten Winkel einer Bucht auf Pfählen über dem Wasser erbaut war. Die Regierung von Neufundland, die bemüht war, die Bewohner der kleinen Inseln vor der neufundländischen Küste an weniger abgelegene Orte umzusiedeln, hatte welche nach Arnold's Cove verfrachtet, wo es in der Fabrik von *National Sea Products* Arbeitsplätze gab. Die Fabrik kaufte von den Norwegern russischen Kabeljau, der ohne Kopf und tiefgefroren geliefert wurde. In Arnold's Cove wurde er halb aufgetaut, in Filets geschnitten und wieder eingefroren.

Die als Kooperative betriebene Fabrik in Petty Harbour wollte das gleiche tun, hatte aber nicht das nötige Kapital. »Wir wollten es mit russischem Kabeljau probieren, um unsere Fabrik in Betrieb zu halten«, sagte Lee. »Aber das war ein paar Nummern zu groß für uns.« Statt dessen nutzt man die Fabrik als Schule. Aber die Kooperative schuldet dem Staat ein verzinstes Darlehen in Höhe von über einer Million kanadische Dollar, das zur Anschaffung von Gefrieranlagen aufgenommen wurde. »Bis zum Moratorium waren wir mit der Rückzahlung beschäftigt. Der Staat will die Fabrik nicht, deshalb werden wir sie behalten können. Niemand will sie. Die Fische werden zurückkommen und die Fabrik wieder den Betrieb aufnehmen. Aber bis dahin werden sich unsere Schulden mit den Zinsen auf zwei Millionen Dollar erhöht haben.«

Die Regierung mußte auch den Fang der sogenannten

Winterflunder, der Plattfischart *Pseudopleuronectes americanus*, verbieten, weil sich in den Netzen der Fischer, die diesem am Meeresboden lebenden Plattfisch nachstellten, verdächtig große Mengen Kabeljau fanden. Es war gesetzlich erlaubt, diese Kabeljaue als Nebenfang mitzunehmen, aber es sah so aus, als machten die Fischer den Nebenfang zur Hauptsache. Einige verlegten sich auf den Klumpfisch-Fang, was Lee kategorisch als Vergeudung ablehnt, weil nur der Rogen entnommen und der restliche Fisch weggeworfen wird. Manche Küstenfischer haben sich auch der Krabbenfischerei zugewandt, die sich als sehr lukrativ erwies, und andere dem Hummerfang. Auch mit dem Fischen von Wellhornschnecken für den Export hat man es versucht. Aber für Grundfischer waren das alles minderwertige Formen des Fischens. Die meisten von ihnen kassierten einfach ihre Stütze und verlegten sich aufs Warten.

St. John's, die älteste Stadt Nordamerikas, wurde an einem von hohen majestätischen Felsen überragten Hochseehafen erbaut. Mit ihren hell bemalten Holzhäusern vom Ende des letzten Jahrhunderts thront die Stadt auf einem steilen Hügel über dem Hafen. Der prunkvollen viktorianischen Architektur ungeachtet eignet der Stadt etwas vom schlichten Reiz einer Grenzstadt. Die Wasserseite war einst dicht besetzt mit Geschäften, die Nachschub an die europäischen Flotten verkauften, deren Schiffe die Piers am Fuße der Stadt säumten. Portugiesen und Spanier spielten Fußball in der Stadt und tranken Wein zu knusprigem Brot. Mittlerweile sind sie alle verschwunden. Im Hafenviertel drängen sich jetzt Bars, Restaurants und Andenkengeschäfte für Touristen.

Das große Thema für den Tourismus bildet der Kabeljau. Weiße längliche Bonbons, gefüllt mit Erdnußbutter, heißen Kabeljauknochen. Es werden kleine Holzmodelle von Trawlern verkauft. In den Bars empfängt man die Fremden mit einem Begrüßungsritual, das »Einkreischen« heißt. Das

Wort ist ein Überbleibsel aus den Zeiten des Handels mit Kabeljau und Melasse, dessen Bedeutung niemand mehr kennt. Die Touristen kippen einen Schuß »Kreischer«, einen in Neufundland abgefüllten jamaikanischen Rum, und müssen anschließend einen Kabeljau küssen – gewöhnlich einen ausgestopften. Ansonsten gibt es Kabeljaue nur in Form von tiefgefrorenen russischen Filets oder, wenn ab und an die Fischereiwacht welche fängt.

Unterdes hat man auf den Grand Banks Öl gefunden. Als ein Jahrzehnt zuvor Öl auf der Georges Bank gefunden wurde, spielten die Fischer eine wichtige Rolle, als es darum ging, die Ölgesellschaften an der Ausbeutung der Vorkommen zu hindern. Die neufundländischen Fischer haben sich bereits besorgt darüber geäußert, wie sich die seismographischen Sondierungen der Ölgesellschaften auf die Fischbestände auswirken; aber als Arbeitslose stellen sie keine sonderlich starke Lobby dar. »Sie behaupten, es habe keine Auswirkungen auf die Fische, aber das ist gelogen«, erklärt Lee.

Alle sprechen von der Zeit, »wenn der Kabeljau zurückkommt«. Lee meint, die Fabriken würden wieder aufmachen, sobald der Kabeljau wiederkehre. Tom Osbourne, Leiter der Materialversorgung bei *National Sea Products* in Arnold's Cove, äußert: »Es wird nicht mehr lange dauern, da kommt der hiesige Fisch zurück, und wir werden hier gefangene Fische verarbeiten können. Irgendwann wird er wieder dick da sein und die Märkte der USA zurückerobern.«

Auch Cabot Martin ist überzeugt davon, daß der Kabeljau wiederkommt. »Mir wäre es lieber, wir hätten Fische, um die wir uns streiten könnten. Es wird sich alles wiederholen. Sie werden es wieder probieren. Sie werden wieder mit Schleppnetzen arbeiten wollen. Wir werden wieder gegen sie kämpfen müssen.«

Aber vielleicht sehen die Pläne der Natur anders aus.

SONNTAG IN NEUFUNDLAND

Gesalzene Kabeljauschwimmblasen

1 Kilo Kabeljauschwimmblasen
4 Streifen gesalzenes Schweinefleisch
Schalotten oder Zwiebeln

Man legt ungefähr ein Kilo gesalzene Kabeljauschwimmblasen in Wasser und läßt sie über Nacht stehen; dann gießt man das Wasser ab. Man gibt sie in einen Kochtopf, läßt sie etwa 10 Minuten kochen und gießt das Wasser ab. Man brät das Schweinefleisch, schneidet die Schalotten oder Zwiebeln klein, schneidet dann die Schwimmblasen in kleine Stücke und schmort alles zusammen. Falls nötig, gibt man ein wenig Wasser zu.
Dieses Rezept war vor rund 80 Jahren in Gebrauch; das Gericht kam oft zum Sonntagabendessen auf den Tisch und wurde mit selbstgebackenem Brot und Butter serviert. Es reichte für die ganze Familie und war äußerst schmackhaft. Heutzutage könnte man als Beilage Kartoffelbrei, Pommes frites oder gekochte Kartoffeln mit grünen Erbsen reichen.

Winnifred Green, Hants Harbor,
Neufundland, aus *Fat-back & Molasses: A Collection of Favourite Old Recipes from Newfoundland & Labrador*,
hrsg. v. Ivan F. Jesperson, St. John's, 1974

12: Die Tücken der unverwüstlichen Natur

»Was wir an Seehecht gewinnen,
verlieren wir an Hering.«

Englisches Sprichwort

»Der Kabeljau kehrt zurück, sagen die Fischer
Minister soll Wiederaufnahme des Fischfangs
in neufundländischen Gewässern zulassen«

Schlagzeile auf der Titelseite,
Globe & Mail, Toronto, 5. Oktober 1996

Die Neufundländer debattieren darüber, wann »der Kabeljau zurückkehrt«. Nur wenige trauen sich zu fragen, ob überhaupt. Ein Meer ohne Kabeljau ist unvorstellbar. Auch die Frage, ob es noch eine kommerzielle Fischerei geben werde, wagen sie nicht zu stellen. Die ehrlichste Begründung für die Ansicht, daß die Kabeljaue zurückkehren würden, liefert Sam Lee: »Sie kommen zurück, weil sie müssen.«

Die Wissenschaft ist sich da nicht so sicher. Ralph Mayo vom Laboratorium des staatlichen Handelsfischereiamts in

Woods Hole, Massachusetts, weist darauf hin, daß es keine Formel gebe, mit deren Hilfe sich errechnen lasse, wie viele Fische – oder, wissenschaftlich ausgedrückt, welche Quanten Biomasse – nötig seien, um die Regeneration einer Population zu gewährleisten, oder wie viele Jahre das brauche. In der Natur kämen sowohl Wunder als auch katastrophische Entwicklungen vor. Im Jahre 1922 habe aus unbekannten natürlichen Ursachen der isländische Kabeljaubestand so viele Jungfische hervorgebracht, daß Island ungeachtet aller britischen und deutschen Trawler zehn Jahre lang über einen Bestand von gesunder Größe verfügt habe. »Es gibt jede Menge natürlicher Variablen. Es braucht nur ein großer Wintersturm die Larven von den Bänken wegzuspülen und zu zerstreuen«, erklärt Mayo. Nur eine Rechnung sei sicher: »Wenn man bei Null ist, kommt auch nur noch Null heraus.« Welche Menge über Null ebenfalls bloß Null ergebe, sei unbekannt.

Angeheizt wird der Optimismus durch die Tatsache, daß sich in den Gewässern anderer Länder die Kabeljaubestände ziemlich rasch erholt haben. 1989 erkannte die norwegische Regierung, daß die Kabeljaubestände des Landes ernstlich bedroht waren. Sie erlegte der Fischerei so strenge Beschränkungen auf, daß viele Fischer, Fischfabrikarbeiter und Schiffsbauer arbeitslos wurden und sich die Größe der norwegischen Fischereiflotte drastisch verringerte. Die Region Finnmark im Norden erlebte eine Arbeitslosigkeit, die mit 23 Prozent ein noch nie dagewesenes Niveau erreichte. Aber weil die Regierung diese Maßnahmen zu einem Zeitpunkt ergriff, als die Bestände noch kommerziell ergiebig und eine genügende Anzahl großer Laichfische vorhanden waren, stabilisierte sich die Kabeljaupopulation und fing nach ein paar Jahren wieder an zu wachsen. Über die kanadische Situation äußert Peter Gati vom Norwegischen Rat für die Ausfuhr von Meeresfrüchten: »Ich vermute, die Politiker hatten nicht den Mut, Leute arbeitslos werden zu las-

Agúst Ólafsson, Matrose an Bord der *Ver*, posiert mit einem Kabeljau für den Koch des Schiffes, Gudbjartotur Asgeirsson, um 1925. Asgeirsson, der auf isländischen Trawlern zwischen 1915 und 1940 als Koch fuhr, machte häufig Fotos. *(Isländisches Landesmuseum, Reykjavík)*

sen.« In Norwegen hingegen wurde der Mut mit dem Glück rasch wachsender Kabeljaubestände belohnt. Als man im Herbst 1992 die Kabeljaubestände in der Barentssee überprüfte, war die Überraschung der regierungsamtlichen Planer nicht weniger groß als im Jahre 1989. Nach den zwei fruchtbarsten Jahren, die, den Aufzeichnungen zufolge, diese Bestände je erlebt hatten, war die Kabeljaupopulation wieder gesund.

Im Jahre 1994 schätzte die kanadische Regierung, daß die Aussetzung des Fischfangs, die sie verfügt hatte, bis zur Jahrhundertwende aufrechterhalten bleiben müsse. Seitdem haben Politiker mehrfach versucht, die Sache zu beschleunigen. Um indes die Population wiederherzustellen, brauchte es in Kanada, wenn alles gut läuft, eine Erholungszeit von ungefähr fünfzehn Jahren. Eine gesunde Population setzt eine Anzahl großer alter Laichfische voraus, und bei der Nordrasse beträgt deren Alter zirka fünfzehn Jahre. Schwer vorstellbar, daß die Kanadier sich so lange zurückhalten und eine Generation lang auf die Kabeljaufischerei verzichten. Der Fischereiwissenschaftler George Rose von St. John's Memorial University hat die Ansicht geäußert, der politische Druck mache es nahezu unmöglich, ein Moratorium lange genug aufrechtzuerhalten, um den Kabeljaubeständen eine Rückkehr zu früheren Niveaus zu ermöglichen. Rose, der bei der Forderung nach Aussetzung des Fischfangs eine führende Rolle spielte, erklärt: »Ich habe wenig Hoffnung, daß wir jemals eine Rückkehr zu alten Zuständen zulassen werden. Sobald es 300 000 sind, wird der Druck, sie zu fangen, unwiderstehlich werden.«

In Abständen wird ein »Eigenbedarfsfischen« veranstaltet. Ein Wochende lang erlaubt man den Ortsansässigen, Kabeljau für den Hausverzehr zu fangen. Nach solchen Wochenenden kann man plötzlich Kabeljau kaufen; es fahren Kleintransporter herum, die ihn feilbieten. Und doch beschweren sich die Lokalpolitiker, die Zeit für das »Eigenbedarfsfischen« sei zu knapp bemessen. Die Bürgermeisterin von Lewisporte erklärt, manche Leute müßten an den Wochenenden arbeiten; sie wolle, »daß jeder seine Chance bekomme«.

In einem Artikel der *Globe & Mail* vom Oktober 1996 verkündete Fischereiminister Fred Mifflin, die Männer der Fischereiwacht berichteten von wachsenden Größen und Zahlen. »Die Fische sind fetter, sie sind gesünder, wir können also sicher sein, daß der Rückgang aufgehört hat.« Das paßt ganz und gar nicht zu den Befunden von Sam Lee und seinen Kollegen in Petty Harbour; aber sie sind auch nur sechs von vierhundert neufundländischen Fischern, die zur Fischereiwacht gehören. Schaut man sich Mifflins Daten genauer an, stellt man fest, daß sie aus dem Süden Neufundlands stammen, wo die Gewässer wärmer sind und die

Fische schneller wachsen. Tatsächlich handelt es sich bei dem Kabeljau dort um eine Population, die völlig verschieden ist von der Nordrasse, der man in den Gewässern vor dem restlichen Neufundland, vor Labrador und im Umkreis der Banks begegnet. Hier haben wir erneut ein Beispiel für das, was Ralph Mayo als »das Wahrnehmungsproblem« bezeichnet.

Wochen vor Mifflins Verlautbarung äußert Rose: »Wir haben 15 000 Kabeljaue in der South Bay gefunden, und jetzt sagen alle, der Kabeljau ist wieder da. Aber langsam! Vor zehn Jahren betrug die Biomasse, die Population, 1,2 Millionen.«

Manche schlagen vor, der Natur nachzuhelfen. Als sich die norwegische Fischerei in der Krise befand, pumpte der Staat viel Geld in Versuche mit der Kabeljauzucht. Kaum waren die wildlebenden Bestände wieder da, verloren die Norweger alles Interesse an ihren Zuchtbemühungen, weil das mehr Geld kostete. Dabei hatten die Züchter, technisch gesehen, mit ihren Bemühungen, wildlebende Jungfische in Wehre zu setzen und dort zu füttern, bis sie dick und groß waren, durchaus Erfolg. Die Kabeljaue waren sogar darauf dressiert, zum Futterplatz zu kommen. »Die Aufzucht von Jungfischen wird letztlich den Fang wildlebender Fische ersetzen«, meinte Peter Gati vom Norwegischen Rat für die Ausfuhr von Meeresfrüchten. Das Fleisch der norwegischen Zuchtkabeljaue war extrem weiß, weil die Fische »purgiert« wurden; das heißt, man ließ sie einige Tage hungern, ehe man sie verkaufte, wie man das gemeinhin auch mit Hummern macht. Ein weiterer Vorteil bestand darin, daß man sie lebendig auf den Markt bringen konnte. Auch bei Cabot Martins Plänen in Petty Harbour hatte das eine zentrale Rolle gespielt.

Wenngleich im Gegensatz zur fest etablierten Lachszucht die Kabeljauzucht Neuland ist, behauptet Martin, Kabeljaue seien viel leichter aufzuziehen. Lachse haben empfindliche Schuppen und sind anfällig gegen Infektionen, während Kabeljaue es aushalten, wenn man sie fest anpackt, und widerstandsfähig gegenüber Krankheiten sind. Hinzu kommt, daß sich Lachse nicht gerne zusammenpferchen lassen, wohingegen Kabeljaue von Natur Herdentiere sind.

Die Fischzucht – angefangen von Lachsen bis hin zu Muscheln – stellt einen Industriezweig dar, der Jahr für Jahr größer wird. Die Aussichten sind durchaus rosig. Nach seinem Versuch in Petty Harbour richtete Martin etliche Wehre ein, in denen er den Kabeljau mit Makrelen, Heringen und Lodden mästete. Damit erzeugte er vermutlich hervorragenden Kabeljau, aber zum Zeitpunkt der Aussetzung des Fischfangs beliefen sich seine Schulden bereits auf eine Million kanadische Dollar. Kommerziell erfolgreiche Fischzuchtanlagen senken die Betriebskosten dadurch, daß sie Kügelchen aus gepreßtem Fischmehl verfüttern statt der wildlebenden Köderfische. Beim Lachs wird auch künstlicher Farbstoff an die Tiere verfüttert, damit das Fleisch die rosa Tönung bekommt, die es in freier Wildbahn erhält, weil die Lachse Schalentiere fressen. Gastronomisch gesehen haben ein wildlebender Lachs und ein Zuchtlachs etwa ebensoviel gemein wie ein Rippenstück vom Wildschwein und ein Schweinskotelett.

Nicht nur Gastronomen sondern auch Wissenschaftler betrachten die Fischzucht mit großer Sorge. Kabeljaue, die in Wehren aufgezogen werden, wachsen mit unglaublicher Geschwindigkeit. Sie sind im Verlauf ihrer Entwicklung jeweils viel größer als wildlebende Exemplare der Nordrasse. Kabeljaue verdoppeln ohnehin jährlich ihre Größe, aber ein Zuchtkabeljau kann im gleichen Zeitraum um das Vierfache wachsen. Da die Größe über die Fruchtbarkeit entscheidet, könnte ein Weg zum Wiederaufbau der Bestände so aussehen, daß man Fische in der Zuchtanlage aufzieht und dann freiläßt. Aber das ist ein riskantes Unternehmen.

Der Gedanke, Zuchtfische in einen Wildbestand auszusetzen, macht Wissenschaftlern angst, weil der Mensch die Fische nicht auf die gleiche Art ausliest, wie die Natur das tut. Wenn ein Kabeljau nicht resistent gegen Krankheiten ist, nicht weiß, wie man Raubfischen entgeht, sich nicht aufs Jagen oder Sammeln von Nahrung versteht, über ein unzulängliches Wärmemeßsystem verfügt und deshalb nicht das Antifrostprotein erzeugt oder nicht die Veränderung der Wassertemperatur mitbekommt, die ihm anzeigt, daß er zum Laichen an die Küste muß, dann wird dieser Kabeljau in freier Wildbahn nicht überleben. In einer Zuchtanlage hingegen wird er überleben, und wenn er andere Eigenschaften hat, die ihn für das Leben unter Zuchtbedingungen besonders tauglich machen, dann wird dieser untüchtige Fisch gedeihen und vielleicht sogar ein Übergewicht gewinnen. Pflanzt er sich dann mit einem wildlebenden Fisch fort, gibt er seine »schlechten Gene« an die Nachkommenschaft weiter.

Christopher Taggart, Fischereiozeanograph an der Dalhousie University in Halifax, zieht eine Parallele zwischen Zuchtfischen und Rassehunden oder Rassepferden: »Die meisten Rassehunde weisen genetische Mängel auf wie etwa schlechte Hüftgelenke. Rassepferde braucht man nur anzuschauen, und schon brechen sie sich ein Bein. Das ist der Nebeneffekt der züchterischen Auslese. Man versucht, einen Hund mit dickem, flauschigem Fell zu züchten, der noch dazu gut schwimmen kann, und am Ende hat er außerdem schwache Hüftgelenke. Pflanzt sich der Hund dann in freier Wildbahn fort, erzeugt er eine Wolfspopulation mit schlechten Hüftgelenken.«

Welche genetischen Auswirkungen die Zucht von Fischen hat, wissen wir noch nicht. Bei Fischen, die ihr ganzes Leben in Wehren verbringen, setzen wir voraus – hoffen wir –, daß sie nie in offene Gewässer entkommen und sich dort mit Artgenossen vermischen. Aber Unfälle dieser Art sind passiert. Und was noch schlimmer ist, manche Zuchtanlagen erzeugen Jungfische zu dem erklärten Zweck, sie freizulassen und den Wildbestand durch sie zu vergrößern.

Lachszüchtereien in Neuengland haben soviel Brut in die Gewässer ausgesetzt, daß nach Schätzungen im Jahre 1996 nur noch fünfhundert Atlantiklachse in Neuengland die vielfältigen genetischen Eigenschaften der wildlebenden Art aufwiesen.

Das zentrale Problem im Blick auf das Überleben einer Art besteht in der Erhaltung ihrer genetischen Vielfalt – der breiten Palette von genetischen Eigenschaften, die der Art die Fähigkeit verleihen, sich an die zahlreichen Anforderungen anzupassen, die das Leben in der Welt mit sich bringt. Die Wissenschaft kann sich keineswegs sicher sein und höchstens hoffen, daß die winzige, zusammengeschmolzene Population der überlebenden Nordrasse noch über die volle Bandbreite der Eigenschaften verfügt, die einmal im Genpool einer Population von vielen Millionen vorhanden waren. Taggart meint, zur Bewahrung der genetischen Vielfalt, sofern diese überhaupt noch existiert, sollte die Zucht »so natürlich wie möglich gestaltet sein – fast wie die Brutverhältnisse in freier Wildbahn. Wir wissen, daß Laichplätze nicht aufs Geratewohl ausgewählt werden. Man muß Orte aussuchen, die günstig für das Überleben der Jungfische und günstig für den Zusammenhalt der Gruppe sind.« Nach diesen Gesichtspunkten nämlich wählt ein wildlebendes Kabeljauweibchen seinen Laichgrund aus.

Die Überfischung stellt ein immer größeres, globales Problem dar. Die UN-Organisation für Ernährung und Landwirtschaft stuft etwa 60 Prozent der Bestände der von ihr überwachten Fischsorten als voll genutzt, überbeansprucht oder erschöpft ein. An der Atlantikküste der USA ist es zu einem dramatischen Rückgang der Bonito-Population gekommen, auch wenn die Fischer von Gloucester dies unter

Hinweis auf die guten Fänge, die sie nach wie vor machen, nicht wahrhaben wollen. Die Schwertfischbestände im Mittleren Atlantik nehmen ab. Schneckenmuschel und Rotbarsch verschwinden aus den Gewässern der Karibik. Im Golf von Mexiko ist der Schnapper *Lutianus aya*, ein Nebenfang bei der Garnelenfischerei, vom Aussterben bedroht. Peru büßt seine Sardellenpopulation ein. Der Köhler wird im russischen Ochotskischen Meer bald nicht mehr zu finden sein. Da mittlerweile 90 Prozent der Fischgründe dank der Zweihundertmeilenzonen unzugänglich sind, sucht man in größeren Tiefen nach neuen Arten. Über die Ökologie dieser Wassertiefen wissen wir nicht viel, aber da das Wasser dort unten sehr kalt ist, dürfte die Fortpflanzung äußerst langsam verlaufen. Nach Einführung der Zweihundertmeilenzonen kam eine *Orange roughy* genannte Fischart der Gattung *Arripis* auf den Weltmarkt und erfreute sich rasch solcher Beliebtheit, daß aus den Tiefen in der Nähe von Neuseeland fünf Tonnen pro Stunde hochgeholt wurden. Im Jahr 1995 war der Fisch fast verschwunden.

Der Zusammenbruch der Sowjetunion entzog vielen Fischereiabkommen die feste Grundlage. Rußland spielt mittlerweile eine Hauptrolle im Kabeljaufang; Kabeljau ist für die Fischerei in der russischen Barentssee fast zu einem Äquivalent für Geld geworden. Wenn die Kanadier russischen Kabeljau kaufen, der in Norwegen verarbeitet wurde, dann deshalb, weil Rußland den norwegischen Markt mit Kabeljau überschwemmt.

Angesichts des von den Europäern seit langem überfischten Atlantik hat sich der Schauplatz in den Pazifik verlagert, wo es nicht nur große japanische, russische, amerikanische und koreanische Fischfangflotten gibt, sondern wo auch die Chinesen, die sich nicht gerade durch große Bereitschaft zur internationalen Zusammenarbeit auszeichnen, ihre Fischfangkapazität beträchtlich erweitert haben.

Der Gedanke, die Fischerei im Atlantik durch Fischfang

im Pazifik zu ersetzen, ist alt. Der pazifische Kabeljau war einer der Gründe, warum die USA 1867 den Russen Alaska abkauften. Aber da sich die wichtigsten Märkte weit weg entlang dem Atlantik befanden, hatte der pazifische Kabeljau nicht den gleichen Erfolg wie der atlantische. In einem Buch aus dem Jahre 1897 vertrat ein amerikanischer Gelehrter namens James Davie Butler die Ansicht, daß die Alternative der pazifischen Kabeljaufischerei den letzten großen Streitpunkt zwischen den USA und Kanada an Bedeutung verlieren lasse und damit den Weg für eine »schließliche Vereinigung mit Kanada« freimache.

Der pazifische Kabeljau ist indes ein anderer Fisch, dessen Fleisch weniger geschätzt wird. Er wandert nicht, und er scheint auch nicht älter als zwölf Jahre zu werden. Und was noch wichtiger ist: die Fänge haben denen im Atlantik nie das Wasser reichen können. Statt dessen wurde der Alaska-Pollack zum Paradestück des Nordpazifik, zum »Kabeljau unserer Tage«, wie ein Angestellter bei Gorton formulierte. Dieser aber wird derart überfischt, daß nicht nur seine eigenen Bestände, sondern auch die Bestände der Raubtiere, die ihm nachstellen, Seelöwen und mehrere Seevogelarten, seit Mitte der siebziger Jahre einen dramatischen Rückgang erlebt haben.

Die Ökologie des Meeres ist kompliziert und bildet ein einziges großes Geflecht. Wenn große Fabrikschiffe in der Nordsee Sandfische und andere kleine Fischarten überfischen, die dann zu Fischmehl zermahlen werden, das in Dänemark als Brennstoff Verwendung findet, hungern nicht nur die Kabeljaue, sondern auch Seevögel. Im Jahre 1986 schwärmten Scharen von Robben nach Süden aus und fraßen die Küstenfische vor Norwegen, weil sie wegen der Überfischung der Lodde Hunger litten. Die Fischer verlangten, daß auf die Robben Jagd gemacht wurde, um die Nordseefischerei vor ihnen zu retten. 1995 hoben Norwegen und Kanada ihr Jagdverbot für Robben auf, weil die

Populationen wuchsen, und die Tiere sich von Kabeljau ernähren.

In den späten fünfziger Jahren wurde die Robbenjagd zur Zielscheibe für Umweltschützer, als die hohen Preise, die für Robbenfelle gezahlt wurden, und die Existenz riesiger Herden eine ganze Meute rücksichtsloser, erfahrener Amateurjäger an die Küsten Neufundlands und Labradors lockten, wo sie mit Hubschraubern auf Jagd gingen. Im Jahre 1964 erregte ein Film, den eine Montrealer Filmgesellschaft namens Artek gedreht hatte und der zeigte, wie einem Robbenbaby bei lebendigem Leibe das Fell abgezogen wurde, den Zorn der Tierfreunde in aller Welt. Die weltweiten Proteste ebbten auch nicht ab, als herauskam, daß der Abhäuter von der Filmgesellschaft bezahlt worden war und daß es sich bei zwei von den übrigen »Jägern« um Mitglieder der Filmcrew handelte. Als der politische Druck durch Umweltschutzgruppen sogar dazu führte, daß die Europäische Gemeinschaft einen Einfuhrboykott für Robbenerzeugnisse verhängte, verbot Kanada im Jahre 1983 endlich die Robbenjagd, die man in Neufundland und Labrador seit altersher betrieben hatte.

Daß die Wiederaufnahme der Robbenjagd 1995 im eigenen Land und weltweit von Umwelt- und Tierschützern verurteilt wurde, überrascht nicht. Die Verteidiger der Robben machten geltend, es gebe keine wissenschaftliche Begründung für die Notwendigkeit, Robben abzuschießen. Manche leugneten sogar, daß sich Robben von Kabeljau ernähren. Ehe der Schutz der Robben zu einem öffentlichen Anliegen wurde, wußte in Neufundland jedermann, daß Robben Kabeljaue fraßen. Das bekannte Etikett auf den Flaschen von G. H. Gaden, der führenden neufundländischen Firma für alkoholfreie Getränke, zeigt eine Robbe auf einer Eisscholle und dazu die Worte *keep cool*. Im weniger eingeschüchterten 19. Jahrhundert hielt die Robbe außerdem einen Kabeljau im Maul.

Nach Angaben der kanadischen Regierung sorgte das Verbot der Robbenjagd für eine Verdoppelung der Sattelrobbenpopulation, die auf 4,8 Millionen Exemplare geklettert sei; im Falle der Aufrechterhaltung des Jagdverbots sei bis zum Jahr 2000 mit einem Anstieg auf sechs Millionen zu rechnen gewesen. Die Robben fressen enorme Mengen Fisch und sind bei den Fischern wegen ihrer Verschwendungssucht besonders verhaßt. Wie der übliche nordamerikanische Konsument schlagen sich die Kegelrobbe, der Gemeine Seehund und die Sattelrobbe nicht gern mit den Fischgräten herum. Sie reißen Stücke aus dem weichen Bauch des Kabeljaus heraus und lassen den Rest liegen. »Die Robben müssen gar nicht viel Kabeljau fressen, um großen Schaden anzurichten«, sagt George Rose. »Das heißt nicht, daß wir der Robbe den Krieg erklären müssen. Aber wir müssen die Robbenpopulation unter Kontrolle halten.« Ein kanadischer Journalist, der sich an Brigitte Bardots Kampagne von 1977 erinnerte, bei der sie mit einem ausgestopften Robbenbaby auf einer Eisscholle posierte, meinte, die französische Schauspielerin hätte ebensogut einen Kabeljau im Arm halten können.

Berücksichtigt man, wie sehr die Arten aufeinander angewiesen sind, so lautet die entscheidende Frage, ob andere Arten – und zwar nicht nur die Robben, sondern auch das Phytoplankton, das Zooplankton, die Lodden, die Seevögel und die Wale – fünfzehn Jahre lang auf die Rückkehr des Kabeljaus warten können. Möglicherweise hat die Natur sogar noch weniger Geduld als die Politiker. »Wie es kommt, so kommt es eben. Das Ergebnis ist nicht unbedingt wieder das gleiche«, sagt Rose. Wenn sich die Arten, die dem Kabeljau als Nahrung dienten, vermehrten, weil kein Kabeljau da sei, um ihnen nachzustellen, würden vielleicht andere Arten an die Stelle des Kabeljaus treten, und falls sie Erfolg hätten, sei vielleicht nicht mehr genug Nahrung da, um eine große Kabeljaupopulation zu versorgen. Einige Biologen befürchten, daß Rochen, Glattrochen und Dornhaie bereits auf dem Vormarsch sind.

Hinzu kommt, daß auch schon ein unerwünschter Verwandter aufgetaucht ist: der Polardorsch (*Boreogadus saida*). Für die Meeresökologie mag das nicht weiter schlimm sein, aber für Fischer ist es schlechte Kunde. Der Polardorsch wird etwa zwanzig Zentimeter lang; bis jetzt wurde ihm wenig kommerzieller Wert beigemessen. Weil er viel kleiner ist, konkurrieren die erwachsenen Exemplare nicht mit denen des atlantischen Kabeljaus, die Jungfische hingegen sehr wohl. Und was noch schlimmer ist: der Polardorsch frißt die Eier und Larven des atlantischen Kabeljaus.

Der Polardorsch ist eine von mehreren nördlichen Arten, die etwa um dieselbe Zeit, als der atlantische Kabeljau verschwand, ihr Verbreitungsgebiet nach Süden in die Gewässer um Neufundland und Labrador ausdehnten. Die anderen beiden Arten, Krill und Garnele, sind sehr einträglich. Herkömmlicherweise genießt in Neufundland der Krabbenfang ein geringeres Ansehen, und die Fischer mieden ihn deshalb; aber der asiatische Markt für Krill ist außerordentlich gewinnträchtig, und Mitte der neunziger Jahre haben es etliche Neufundländer dadurch zu Wohlstand gebracht. Der Dollarwert des Krill, der im Jahre 1995 angelandet wurde, war der höchste, den in der Geschichte des neufundländischen Fischereiwesens je ein Fang erbrachte.

Aus welchen Gründen diese drei Arten südlich wanderten, kann die Wissenschaft nicht mit Sicherheit sagen. Ein Grund könnte sein, daß die Kabeljaue, die Garnelen und Krabben fressen, nicht mehr da waren. Aber damit wäre die Anwesenheit des Polardorsches noch nicht erklärt. Denkbar wäre auch, daß in den betreffenden Jahren die Wassertemperaturen niedriger lagen.

Rose allerdings, der aufs Meer hinausfährt, um die nördlichen Kabeljaubestände zu untersuchen, meint: »Den Fischern fallen viele Merkwürdigkeiten auf, die dafür sprechen, daß etwas faul ist.« Beim Erreichen der Geschlechtsreife sind heute die Kabeljaue jünger und kleiner als früher. Kleinwüchsige, vierjährige Exemplare laichen bereits. Das überrascht nicht. Wenn Arten vom Aussterben bedroht sind, kommt es häufig vor, daß sie die Geschlechtsreife früher erreichen. Hauptzielpunkt der Natur bleibt das Überleben. Aber Rose erzählte auch, man habe Kabeljaue beobachtet, die bei Wassertemperaturen von minus einem Grad Celsius laichten. Normalerweise wandern die Kabeljaue in wärmere Gewässer, um zu laichen. Von den Fischern kommen ständig Berichte über Unregelmäßigkeiten, wie etwa, daß Fische in Gebieten auftauchen, in denen sie noch nie gesehen wurden, oder in ungewohnten Wassertiefen, oder bei unüblichen Wassertemperaturen oder zu ausgefallenen Zeiten im Jahr.

Noch irritierender ist vielleicht, daß nach den Untersuchungen von Rose die Nordrasse ihre Wanderungen eingestellt hat. Die Bestände waren traditionell im jahreszeitlichen Rhythmus einer Wanderroute von 750 Kilometer Länge gefolgt; seit 1992 sind indes nach Roses Ansicht die Gruppen, die überlebt haben, an der Küste geblieben. Den Grund dafür kennt Rose zwar nicht, er vermutet aber, daß die größeren, älteren Fische früher die Wanderung anführten und jetzt als Führer fehlen. Denkbar ist auch, daß die Kabeljaue wanderten, weil sie Nahrung und Platz fürs Laichen brauchten und bei der so stark verringerten Population diese Notwendigkeit entfallen ist.

Gleichgültig, welche Schritte unternommen werden, um die Kabeljaubestände vor Neufundland wieder aufzubauen, eines der größten Hindernisse auf diesem Weg ist eine fast krankhafte kollektive Verleugnungshaltung gegenüber dem, was geschehen ist. Die Neufundländer scheinen bereit, alles zu glauben, nur nicht, daß sie es sind, die den Naturschatz geplündert haben. Ein kanadischer Journalist hob in einem Artikel hervor, der Kabeljau sei etwa um die gleiche Zeit aus den Gewässern vor Neufundland verschwunden, in der die Bestände vor Norwegen wieder gewachsen seien. Kurz, die Nordrasse hatte ihre Siebensachen gepackt und war nach Norwegen ausgewandert.

Der Mensch sieht gern die Natur und ihre Entwicklungsgeschichte als etwas vom menschlichen Tun völlig Getrenntes. Auf der einen Seite steht die natürliche Welt, auf der anderen der Mensch. Aber der Mensch ist Teil der natürlichen Welt. Wenn er ein gnadenloses Raubtier ist, dann gehört das mit zur Entwicklungsgeschichte der Natur. Wenn der Kabeljau und der Schellfisch und andere Arten aussterben, weil der Mensch sie umbringt, wird etwas Anpassungsfähigeres an ihre Stelle treten. Die Oberpragmatikerin Natur sucht unverdrossen nach immer neuen Lösungen. Aber wie der Kakerlak beweist, spricht uns das, was sie findet, nicht in jedem Fall an.

DAS PARISER DEBÜT AUS FRISCHEM SALZKABELJAU

»Kabeljau ist herrlich, wie sich das Fleisch weißblättrig auffächert.«

Alain Senderens

Seit er mit nur neunundzwanzig sein erstes Restaurant in Paris eröffnete, war Alain Senderens ein Star; er ist ein kulinarisches Genie mit einem Gespür für Vermarktung und einem eigentümlichen, nachdenklichen Intellekt. Wenige Menschen haben soviel über Essen nachgedacht wie er.

Im Jahre 1972 – als junger Chef des neuen Pariser Restaurants L'Archestrate war er Stadtgespräch – hatte er neben vielen anderen revolutionären Ideen den Einfall, frischen Kabeljau, *cabillaud*, auf den Tisch zu bringen. In einem Pariser Restaurant der obersten Klassen hatte so etwas noch nie auf der Speisekarte gestanden. Wie der gesalzene Kabeljau stammen auch viele große Pariser Küchenchefs aus südlichen Regionen – Senderens kommt aus dem Südwesten Frankreichs. Gesalzener Kabeljau, *morue*, ein ländliches Essen aus dem Süden, hatte es nach und nach zu einem traditionellen Gericht der französischen Küche gebracht. Nicht hingegen frischer Kabeljau.

Senderens kreierte ein Rezept für frischen Kabeljau und bot das Gericht als *Cabillaud Rôti* auf der Speisekarte an. Niemand wollte das essen. Also entfernte er das Wort *cabillaud* und ersetzte es durch *morue fraîche*, »frischer gesalzener Kabeljau«. Das Gericht wurde ein Riesenerfolg. Hier das Rezept:

Morue Fraîche Rôti (Geschmorter Frischer Salzkabeljau)

4 Kabeljaustücke nebst Haut von jeweils 220 Gramm Gewicht
Auberginenkaviar
750 Gramm in Würfel geschnittene grüne Paprika
1,5 Kilogramm in Würfel geschnittene rote Paprika
1,5 Kilogramm kleingeschnittene Pilze
500 Gramm zerdrückte Tomaten
20 kleingeschnittene Schalotten
10 kleingehackte Knoblauchzehen
20 kleingeschnittene Sardellenfilets
10 Auberginen, 4 Stunden lang bei 60 Grad geschmort
3 in feine Streifen geschnittene Zucchini

1. Man vermengt Olivenöl, Schalotten, Knoblauch und Sardellen, fügt die rote und die grüne Paprika sowie die Tomaten hinzu. Das Ganze wird gedünstet, bis die Flüssigkeit verkocht ist. Dann gibt man die geschmorten und zerdrückten Auberginen und die Pilze hinzu. Man läßt alles ein paar Minuten kochen und stellt es zur Seite.
2. Man schmort die Zucchinistreifen.
3. Man läßt die Kabeljauhaut in der Pfanne braun werden und gart den Fisch anschließend in der Röhre.
4. Man richtet das Ganze auf einer Platte an.

Alain Senderens, Küchenchef, Paris

13: Mobilmachung gegen die spanische Armada

*»So klein und beschränkt Field Lane ist,
es hat seinen Barbierladen, sein Kaffeehaus,
seine Bierschenke und seine Fischbratküche.«*

Charles Dickens, *Oliver Twist*, 1837–1838

In einem Großbritannien, das seine geschätztesten Traditionen zunehmend in Gefahr sieht, ist eine immer häufiger debattierte Frage das Überleben der echten Fish-and-Chips. »Wir sehen die Zeiten kommen, wo man keine ordentlichen Stücke mehr kriegen wird«, erklärt Maureen Whitehead, die mit ihrem Mann den beliebten Fish-and-Chips-Laden an der Polsloe Bridge in Exeter, im grünen Hügelland des östlichen Devonshire, betreibt. Wie allen, die mit frischem Kabeljau vertraut sind, ist ihr klar, wieviel daran liegt, daß die Stücke dick sind. »Wenn sie die kleinen nicht wachsen lassen, ist die Sache gelaufen«, fügt sie hinzu.

Für die meisten, wenn auch nicht für alle, aus der britischen Arbeiterklasse ist das Wort Fisch gleichbedeutend mit Kabeljau. In Yorkshire allerdings bedeutet es Schellfisch, und die Harry-Ramsden-Läden, eine Fish-and-Chips-Kette, die 1928 in Guiseley, Leeds, gegründet wurde, bauten mit Schellfisch eine über sechzigjährige Tradition auf. Als sie allerdings in den neunziger Jahren nach Südengland expandierten, waren sie gezwungen, zu Kabeljau überzuwechseln. Außer in London ist im südlichen England nichts anderes akzeptabel.

In der Dickensschen Beschreibung eines Diebesverstecks in den Armenvierteln von London tauchen die wichtigsten Geschäfte auf, die zum Proletariermilieu gehörten. In London begann der Handel mit Bratfisch während der industriellen Revolution in den dreißiger Jahren des letzten Jahrhunderts. Jüdische Händler in den Bezirken East End und Soho brieten Fisch und verkauften ihn über den Ladentisch, Jahrzehnte bevor die Chips, in Stücke geschnittene fritierte Kartoffeln, dazukamen. Als Fisch konnte damals und kann bis heute alles herhalten, was auf dem Markt in Billingsgate einen guten Preis erzielte – Kabeljau, Schellfisch, Scholle, Seehecht oder sogar Glattrochen und Dornhai. In den letzten Jahren taucht zunehmend Dornhai in den Chips-Läden auf, aber nur in London geben die Ladeninhaber das auch zu. In den meisten anderen Teilen Englands stellt das Verschwinden des Kabeljaus oder auch bereits das Verschwinden der großen Exemplare eine ganze Lebensform in Frage.

Newlyn ist ein düsterer, aus Ziegelsteinen erbauter, steil zu den Hafenanlagen abfallender Fischereiort in Cornwall, wenige Kilometer von Land's End, dem äußersten westlichen Zipfel Englands, entfernt. Dort erklärt David Jewell, ebenfalls Besitzer eines Fish-and-Chips-Ladens, den echten Fisch könne er nicht immer anbieten. Fish-and-Chips, das Jedermannsessen, müsse hinlänglich preiswert sein, und die hohen Preise für Kabeljau zwängen ihn manchmal, sich mit Köhler oder Wittling zu begnügen. Außerdem ist dieses britischste aller Essen häufig gar nicht mehr britisch. Fishy Moore's, einer der ältesten Fish-and-Chips-Läden in England, der sich in Coventry befindet und 1891 gegründet wurde, hat den Kabeljau gänzlich aufgegeben. Coventry liegt in den Midlands und so weit weg vom Meer, wie nur irgendein Ort in England liegen kann. Achtzig Jahre lang fuhr aber Familie Moore allmorgendlich nach Skegness an der Ostküste von England, um dort frisch angelandeten Nordsee-Kabeljau einzukaufen. Im Jahre 1968 verkaufte die Familie den Laden. Der jetzige Besitzer, Shaun Britton, der sein Handwerk beim Vater lernte, erklärt: »Es ist fast unmöglich, guten britischen Kabeljau zu bekommen. Was man auf den Kais zu sehen bekommt, war drei Tage lang auf dem Schiff.« Fishy Moore's kauft tiefgefrorenen Kabeljau, der von Island, Norwegen und gelegentlich von den Färöern kommt.

Wenn es etwas gibt, was für die britische Arbeiterklasse ebenso grundlegend und typisch ist wie Bratfisch, dann ihre Fremdenfeindlichkeit. In der Behauptung, daß Ausländer britische Arbeiter um ihren Kabeljau bringen, steckt deshalb politischer Sprengstoff. In den Augen der britischen Fischer und vieler anderer Briten hat genau dies die Europäische Gemeinschaft, die mittlerweile Europäische Union heißt, getan. Die Behauptung ignoriert natürlich die lange Geschichte des britischen Raubbaues an den Fischbeständen und die Tatsache, daß die gefürchteten spanischen Supertrawler, die heute so allgemein verdammt werden, eine britische Erfindung waren. Und das Recht der Fischer auf freien Zugang zum Meer, ein Prinzip, für das die Briten in isländischen Gewässern mit soviel rhetorischem Aufwand kämpften, geriet auf mysteriöse Weise jedesmal in Vergessenheit, wenn einer der europäischen Partner Anspruch auf Fischereirechte in britischen Gewässern erhob.

Nach Angaben der britischen Regierung sind 70 Prozent der Fischarten in britischen Gewässern von Überfischung betroffen. In der Nordsee fielen die Fänge von 287 000 Tonnen im Jahr 1981 auf 86 000 Tonnen im Jahr 1991. Wie die kanadische Nordrasse erreicht auch der britische Kabeljau die Geschlechtsreife viel früher als im traditionell üblichen Alter von drei bis fünf Jahren; große Exemplare trifft man immer seltener an.

In den neunziger Jahren wurden in dem Maße, wie die Nordseefischerei in die Krise geriet, die Fischfangaktivitäten in die »Irish Box« verlegt. Bald schon begann der Internationale Rat für die Erforschung der Meere, der seit Jahren warnend auf die schwindenden Bestände in der Nordsee hingewiesen hatte, ähnliche Verhältnisse aus der Irischen See zu melden.

Innerhalb der Europäischen Union wird über Fischfangfragen durch eine vielgehaßte Bürokratie entschieden, die zuständig für die gemeinsame Fischereipolitik ist. In jedem einzelnen Land bekommt jedes einzelne Schiff allmonatlich für jede einzelne Fischart in jedem einzelnen Teil des Meeres eine feste Fangquote zugewiesen. Es herrscht weitgehende Übereinstimmung darin, daß dieses System den Rückgang des Kabeljaus und anderer wirtschaftlich wertvoller Fischarten nicht hat aufhalten können. Bei den Entscheidungsprozessen spielen Politik und nationale Interessen häufig eine viel größere Rolle als die Rücksicht auf den Artenschutz und die Erhaltung der Bestände. Seit vielen Jahren sind die Wissenschaftler und die europäischen Minister einhellig der Ansicht, daß die Quoten beim Seehecht um 40 Prozent gesenkt werden müssen, um die Gefährdung dieser Fischart abzuwenden. Bei den jährlichen Treffen der Fischereiminister indes machen sich die Spanier, für die Seehecht ein wichtiges Nahrungsmittel ist, für die Beibehaltung der bestehenden Quoten stark, so daß jedesmal der Beschluß zur Rückführung der Quoten unterbleibt.

Bei einer Zusammenkunft des Europäischen Ministerrats im Dezember 1994 wurde im Rahmen der Gemeinsamen Fischereipolitik vereinbart, vierzig spanische Fischereischiffe in der »Irish Box« Fischfang treiben zu lassen. Nachdem sie vierzig Jahre lang mit ihren eigenen Trawlern die Gewässer überfischt hatten, erhielten die Fischer von Cornwall und Devon jetzt die Möglichkeit, jemand anderem die Verantwortung für den Schwund ihrer Kabeljaubestände zuzuschieben. Noch ehe die vierzig Schiffe eingetroffen waren, sprach alle Welt in Südwestengland bereits höchst unfreundlich von *den Spaniern.* Maureen Whitehead in ihrem Fish-and-Chips-Laden in Exeter weiß nun, wem sie die Schuld geben kann, wenn ihre Kabeljaustücke ein bißchen schmächtig wirken. »Wenn die Spanier alles wegfangen, gibt es keine dicken Stücke mehr«, warnt sie.

Draußen im lieblichen, grünen Cornwall, dessen üppige Vegetation der Golfstrom wärmt, schießt man sich zunehmend auf die Spanier ein. Die Beziehungen zwischen den europäischen Ländern waren im Laufe der Geschichte oft getrübt, und die Spanier hatten hier noch nie einen guten Ruf. Die Bevölkerung von Cornwall bewahrte voller Unversöhnlichkeit das Gedächtnis an die Zeiten, als lange vor den beiden Weltkriegen gegen Deutschland und den Jahrhunderte währenden Schlachten gegen Frankreich die engen, steil abfallenden Straßen von Newlyn durch brandschatzende Spanier geplündert wurden, die in ihren Galeonen aufkreuzten. Und nun kamen sie also wieder.

Die Spanier mit ihrer Fischereiflotte, die größer ist als alle übrigen, und mit keinen nennenswerten eigenen Fischgründen bilden in der Atlantikfischerei eine beliebte Zielscheibe des Hasses. Nur selten findet Erwähnung, daß sie auch dank eines ungewöhnlich hohen Prokopfverbrauches den größten Markt haben. Jahrhundertelang haben Fischer rund um den Atlantik, angefangen von den Pilgervätern Neuenglands bis hin zu den unabhängig gewordenen Isländern, von den spanischen Märkten gelebt.

Kabeljau landen spanische Fischer nur noch wenig an – und das gilt sogar für die baskischen Fischer, mit denen doch alles anfing. Die riesigen *bacalao*-Gesellschaften – die über eigene Trawlerflotten verfügten, gesalzenen Kabeljau von den Banks an Land brachten, ihn trockneten und verkauften – haben alle dichtgemacht. Trueba y Pardo war früher ein großes Unternehmen in Bilbao. In Pasajes, dem Hafen von San Sebastián, hatte die 1926 gegründete Firma PYSBE – Pesquerías y Secadores de Bacalao de España (Spanische Fischer und Trockner von Gesalzenem Kabeljau) – ihren Sitz. Beide schlossen in den sechziger Jahren ihre Tore. Abgesehen von den Fischern und den Dockarbeitern hatte PYSBE allein fürs Putzen und Trocknen der Fische fünfhundert Arbeiter beschäftigt. In der Firma Trueba y Pardo arbeiteten an die zweihundert Putzer. Bei diesen Beschäftigten handelte es sich fast durchweg um Frauen, die ganz wenig Lohn und keine Sozialleistungen erhielten und ihre Arbeitstage damit verbrachten, die dunkelgraue Haut zu entfernen, mit der die Bauchhöhle der Fische ausgekleidet ist. Die Arbeit galt als unattraktiv, und die Arbeiterinnen kosteten die Unternehmen nur wenig Geld. Jede der Frauen konnte tausend Kilo Fisch am Tag bewältigen. Anschließend wurde der Kabeljau in den Bergen luftgetrocknet. Bei den heutigen Löhnen und Sozialleistungen konnten sich die Unternehmen keine solch großen Belegschaften leisten.

Als die Zweihundertmeilenzone eingeführt wurde, verloren die Basken den Zugang zu den meisten Kabeljaugründen. Und bis zur Aufnahme Spaniens in die Europäische Gemeinschaft, die in den achtziger Jahren stattfand, gab es in den europäischen Gewässern kaum noch Kabeljau. In den neunziger Jahren liefen aus baskischen Häfen nur mehr ein paar alte Trawler zum Kabeljaufang aus.

Das Banken- und Finanzwesen, das in den beiden Handelszentren Bilbao und San Sebastián entstanden war, gedieh weiter. In diesem kommerziellen Milieu vollzogen die Basken den Übergang von einer eigenen Kabeljauindustrie zum Kabeljauimport.

Ein paar Kilometer von Bilbao entfernt, den Fluß Nerbioi hinauf, in der Stadt Arrigorriaga bietet das Büro von Adolfo Eguino Ausblick auf die steilen grünen Berge des Baskenlandes. Vor den Fenstern des Büros befinden sich schmiedeeiserne Gitter in der Form aufgeklappter gesalzener Kabeljaue. Eguino ist Direktor von Baisfa, einer der größten baskischen *bacalao*-Firmen. Der kleine, robust aussehende Mann in den Fünfzigern hat ein barsches Wesen, das eher ansprechend als verletzend wirkt. Eguino wuchs in Portugalete auf, einer alten Seefahrerstadt, deren Name »Hafen der Galeonen« bedeutet. Etliche der Männer, die Newlyn plünderten, könnten von hier gekommen sein. Weil er für die Schule nichts übrig hatte, ging er schon mit vierzehn ab, um sein eigenes Geschäft aufzumachen. Er spezialisierte sich darauf, *bacalao* an kleine Lebensmittelgeschäfte zu verkaufen, unter anderem auch an die Ladenkette, die seinem Vater gehörte. Auf diese Weise wurden die Leute bei PYSBE und Trueba y Parda auf ihn aufmerksam; mit sechs Partnern aus diesen Gesellschaften gründete er Baisfa. Mittlerweile importieren sie ihren ganzen Kabeljau aus Island – 1500 Tonnen pro Jahr. Im Jahr 1994 hörten die Isländer auf, den Kabeljau per Schiff nach Spanien zu liefern und schickten ihn statt dessen nach Rotterdam, von wo er auf Lastwagen hinuntergefahren wird. Das bedeutet, daß nicht mehr alle paar Monate eine ganze Schiffsladung ankommt, sondern daß jede Woche ein einziger Container eintrifft. »Das Geheimnis guten gesalzenen Kabeljaus besteht darin, daß er nicht zuviel Zeit auf dem Schiff verbringt«, meint Eguino.

Und doch sind aus unerfindlichen Gründen die Menschen in Cornwall und in ganz England überzeugt davon, daß die Spanier ihnen den Kabeljau wegnehmen. In Wirklichkeit sind die Spanier interessierter daran, ihnen den Seehecht wegzunehmen, aber da die Engländer sich nur aus Kabeljau etwas machen, muß es wohl der Kabeljau sein, hinter dem die Spanier her sind.

Newlyn sieht anders aus als die beidseits benachbarten Städte Penzance und Mousehole. Das sind Ferienorte, wo britische Urlauber dem unverwechselbar britischen Zeitvertreib frönen, eingemummelt in Pullover und Schals an den Stränden und auf den Gehwegen spazierenzugehen. Newlyn dagegen ist eine Stadt, deren Einwohner Fischer sind – oder vielmehr in zunehmendem Maße arbeitslose Fischer. Seit Beginn der neunziger Jahre gibt es an den langen Piers zu Füßen der Stadt, wo die Trawler festmachen, gewöhnlich ein, zwei Schiffe, die »außer Dienst gestellt«, sprich, zerlegt und als Schrott verkauft werden. Im Bemühen, die britische Fischereiflotte zu verkleinern, zahlt die Regierung den Fischern Prämien für die Zerstörung ihrer Boote. Außer der Fischerei aber gibt es in Cornwall kaum Arbeit. Mike Townsend, Chef des Fischerzeugerverbandes von Cornwall, faßt die Situation der Cornwall-Fischer zusammen: »Es gibt nichts anderes hier. Wenn sie nicht Fische fangen, sind sie arbeitslos, wenn sie dagegen genug fangen, um sich ihren Lebensunterhalt zu verdienen, werden die Fische bald verschwunden sein.«

William Hooper, der fünfundfünfzigjährige stämmige Kapitän der fünfundvierzig Meter langen *Daisy Christiane*, erklärt: »Würden sie dieses Schiff außer Dienst stellen, ich könnte mir nicht einmal einen Nachtisch leisten.« Hooper fährt seit vierzig Jahren aus Häfen in Cornwall zum Fischfang hinaus. »Die Bestände sind nicht mehr so, wie noch vor zehn Jahren«, meint er. »Sie nehmen allmählich immer weiter ab. Wettmachen kann man das nur durch ein größeres Schiff mit einem größeren Netz, mehr Kosten also, und trotzdem ist der Fang nicht so, wie noch vor zehn Jahren.«

Hooper fuhr 1955 erstmals auf See, als man, wie er sagt, »in Fischen watete, weil während des Kriegs so wenig gefischt worden war«. Mit einem Dreizehn-Meter-Boot, wie er es damals hatte, könnte er heute seinen Lebensunterhalt nicht mehr verdienen. Als ein am Ertrag beteiligter Fischer arbeitet er jetzt auf einem gesellschaftseigenen Trawler und muß wie die ganze Mannschaft hart schuften, um sich seinen prozentualen Anteil am Fang zu verdienen. Kein einzelner Fischer könnte das Geld für den Treibstoff und die Wartung eines Schiffes aufbringen, das groß genug ist, um zwei Schleppnetze von fünf Tonnen Gewicht zu ziehen; diese Größenordnung braucht es, um beim Fischfang Rentabilität zu erreichen.

Unter den britischen Fischern sprechen sich immer mehr dafür aus, die Gemeinsame Fischereipolitik für gescheitert zu erklären und sich aus ihr zurückzuziehen. Zu den freimütigsten Verfechtern dieser Ansicht gehört Mike Townsend. »Manchmal müssen wir einfach sagen ›Stopp! Wie wir die Bestände bewirtschaften, das ist nicht vertretbar.‹« Großbritannien, so macht er geltend, werde ein besserer Hüter seiner eigenen Gewässer sein.

Über das Hauptsteuerungsinstrument im Fischerwesen, nämlich die Fangquoten, die sich auf die Überwachung der Fischpopulationen durch den Internationalen Rat für die Erforschung der Meere stützen, wird heftig gestritten. Wenn die Grundfische abnehmen, dann sieht das Quotensystem vor, daß die Fischer weniger von ihnen fangen und gleichzeitig ihre Fangmengen bei den kleineren Fischen erhöhen, die den Grundfischen als Nahrung dienen. Mittels der Quoten versucht man, künstlich das Gleichgewicht zwischen den Arten wiederherzustellen und dabei den Fischern zu ermöglichen, sich weiterhin ihren Lebensunterhalt zu verdienen.

Die Schätzungen der Bestandsgrößen allerdings basieren auf den angelandeten Fängen, den Fischen, die auf den Markt kommen, und nicht auf den tatsächlichen Fängen, den Fischen, die aufs Schiff kommen und deren Anzahl die Menge getöteter Fische eher wiedergibt. Bis zu 40 Prozent der Fänge werden ins Meer zurückgeschmissen, obwohl die meisten dieser Fische bereits tot sind. Während sie mit ihren

Schiffen auf See sind, bekommen die Fischer per Funk die Fischmarktpreise übermittelt, und wenn die Preise für eine Fischart zu tief sinken, kippen sie die betreffenden Fische über Bord. Townsend und viele andere sind der Überzeugung, daß die Quoten der tatsächlichen Situation der Fischbestände in keiner Weise entsprechen. Er lacht bei der Frage nach den schwindenden Kabeljaubeständen. »Wir werden von Kabeljauen überschwemmt. Wir wissen nicht, wohin damit.« Andere Fischer allerdings, unter ihnen Hooper, können dem nicht zustimmen. Hooper zufolge sind die Bestände trotz zeitweiliger Zunahmen im Rückgang begriffen.

Im Jahr 1995 sorgte der kanadische Fischereiminister Brian Tobin für Abwechslung in dem frustrierenden Dickicht komplizierter Fischereiprobleme, als er einen spanischen Trawler, die *Estai*, aufbringen und samt ihrem Fang und ihrer Ausrüstung konfiszieren ließ. Die *Estai* wurde eine Woche lang festgehalten, während die kanadischen Fischereibehörden die dreihundertfünfzig Tonnen Fisch an Bord durchwühlten, um Beweise dafür zu finden, daß der Kapitän die Artenschutzvorschriften für den Nordatlantik verletzt hatte. Bewaffnet mit Fotos von grönländischem Heilbutt zu geringer Größe, auch unter dem Namen Steinbutt bekannt, den das Schiff im internationalen Teil der Grand Banks gefangen hatte, und mit einem geborgenen Netz mit zu kleinen Maschen, das die Spanier über Bord geworfen hatten, zog Tobin nun vor die Vereinten Nationen in New York. Dort hielt er eine kämpferische Rede, in der er versicherte, Kanada beabsichtige, auch weiterhin spanische Trawler aufzubringen und ihre Netze zu kappen, bis für die Gewässer außerhalb der kanadischen Zweihundertmeilenzone ein internationales Artenschutzprogramm existiere. Er fügte hinzu, Kanada nehme diese Haltung voll Zerknirschung ein, weil das Land sich bewußt sei, daß es sich in der Vergangenheit selbst der Überfischung schuldig gemacht habe. Er erklärte, die Kanadier handelten, ohne sich darauf etwas einzubilden. Der *Toronto Star* schrieb: »Hier hat Tobin ein bißchen geflunkert. Die Kanadier erfüllt es sehr wohl mit Stolz – sogar mit Begeisterung –, daß einer ihrer Politiker endlich die Initiative ergreift und hinsichtlich einer der großen Umweltkatastrophen der Welt etwas unternimmt. In Zeiten herber Kosteneinsparungen lassen seine plastische Sprache und sein schlagzeilenträchtiges Feuerwerk Tobin zum Schoßkind der Öffentlichkeit werden.«

Tobin nannte die spanischen Kapitäne »schurkische Piraten«, und der Ministerpräsident von Neufundland, Clyde Wells, hielt die Fotos von den zu kleinen Fischen hoch, während er die spanischen Fischer der Lüge und des Betrugs bezichtigte. Die kanadische Küstenwache verjagte auch weiterhin spanische Trawler aus den internationalen Teilen der Grand Banks; als einer der Trawler in das Gebiet zurückkehrte, holte sich Kanada Anregungen bei der isländischen Küstenwache und kappte sein Netz. Die Kanadier waren glücklich. Die Briten waren glücklich. In Newlyn zogen sie die kanadische Fahne mit dem roten Ahornblatt auf. Die Fischer von Neufundland bis Rhode Island und bis Cornwall jubelten. In den Wahlen von 1996 errang Tobin einen großen Sieg für die Liberalen und wurde Ministerpräsident von Neufundland. Auch die Europäer feierten einen Sieg. Emma Bonino, die fürs Fischereiwesen zuständige Kommissarin in der Europäischen Union, erklärte, der eigentliche Pirat sei der kanadische Fischereiminister und warf Kanada vor, es habe durch sein rücksichtsloses Vorgehen das Leben spanischer Fischer auf hoher See gefährdet. Die Kanadier gaben still und heimlich die spanischen Seeleute, ihr Schiff und ihre Ausrüstung wieder frei, und die Spanier, die ihre eigene Wählerschaft zufriedenstellen mußten, drohten Kanada mit gerichtlicher Verfolgung. Politisch gesehen, gab es bei dem Vorfall nur Sieger.

In Petty Harbour sagt Sam Lee: »Es machte Spaß, zuzuschauen, aber das Ganze war nicht echt. Es war, als säße man im Kino.«

Den Fischern in Cornwall diente die Geschichte als weitere Rechtfertigung dafür, sich in einen Überlebenskampf mit den Spaniern verstrickt zu sehen. William Hooper kommentiert: »Das größte Problem, das wir haben, sind die Spanier.« Befragt, wie denn die Spanier an allem schuld sein könnten, da sie doch erst neu hinzugekommen seien und die Fänge seit vierzig Jahren zurückgingen, denkt er eine Minute lang nach und sagt dann: »Stimmt, die Schotten haben früher auch überfischt.«

BACALAO – NATIONAL UND INTERNATIONAL

Bacalao a lo Comunista (Gesalzener Kabeljau nach Kommunistenart)

Man zerschneidet den gesalzenen Kabeljau in dünne Filets, wälzt diese in Mehl und brät sie dann. In eine Backform legt man eine Schicht gesalzenen Kabeljau, dann eine Schicht Kartoffelscheiben und Parmesankäse. Darüber gießt man Béchamelsoße und überbackt das Ganze in der Röhre.

El Bacalao, die Rezepte von PYSBE (Spanische Fischer und Trockner von Gesalzenem Kabeljau), San Sebastián, 1936

Bacalao Bandera Española (Gesalzener Kabeljau à la Spanische Flagge)

Man nimmt besten gesalzenen Kabeljau, kocht ihn, entfernt Haut und Gräten, zerlegt ihn in Flocken und gibt diese in eine Servierschale. Man bereitet eine gute Knoblauchmayonnaise zu. Sie gibt man über den gesalzenen Kabeljau, so daß er und die Servierschale in voller Breite bedeckt sind. Auf beiden Seiten drapiert man rote Paprikastreifen, die man geschmort oder gebraten hat, so daß sich die Farben der spanischen Flagge ergeben. Jeder Paprikastreifen muß halb so breit sein wie der Streifen Mayonnaise.

Alejandro Bon, Leonor, *Superior Cook*, Barcelona, 1946

14: Mobilmachung gegen die kanadische Armada

»Die Zeit wird kommen, wo diese Küste ein Ort der Erholung für alle Neuengländer sein wird, die einfach einmal ans Meer möchten.«

Henry David Thoreau, *Cape Cod,* 1851

Heutzutage hat Gloucester mit Rockport, seinem Nachbarort auf Cape Ann, ebensowenig gemein wie Newlyn mit Mousehole. Rockport ist ein hübsches kleines Städtchen mit einem hübschen kleinen Hafen voller teurer Jachten. Die Läden entlang dem Ufer verkaufen kunstgewerbliche Artikel und Snacks an Neuengländer, »die einfach mal ans Meer möchten«. Gloucester könnte die Schwesterstadt von Newlyn sein. Es ist eine rauhe, steil zum Meer abfallende Fischerstadt. Schöne alte Kaufmannshäuser aus Holz überblicken von den Hügeln das Meer, während Backsteinbauten aus dem 19. und 20. Jahrhundert – die an das alte proletarische Neuengland erinnern – den unteren Teil der Stadt im Umkreis des versteckten, geschäftigen Hafenviertels beherrschen. Grundschleppnetzfischer, ein paar Langleinenboote, Wandnetzboote und Hummerfänger säumen die Docks. Frühmorgens laufen sie in kleinen Gruppen aus, und von vier Uhr nachmittags an kehren sie in Begleitung von Möwenschwärmen zurück und fahren mit ihren Fängen zu den Landedocks der Fischfirmen. Die Firmen sind klein. Die alte Gründung von Birdseye, aus der Postum wurde, die sich wiederum in General Foods verwandelte, wurde später an die Firma O'Donnell Usen verkauft, die nach Florida übersiedelte. Fischverarbeitende Firmen mußten nicht mehr in Fischereihäfen ihren Sitz haben. Ihre Fische trafen in Tiefkühlcontainern ein, die häufig von fernen Meeren kamen. Die Firma Gorton, das größte Unternehmen mit dem größten Firmenschild, befindet sich immer noch in Gloucester; es ist allerdings schon Jahre her, daß sie einem Fischer in Gloucester Fische abgekauft hat. Sie kauft überhaupt von niemandem und nirgendwo mehr atlantischen Kabeljau. Mit der Erfindung der Filetiermaschine im Jahre 1933 wurde Rotbarsch, den man bis dahin immer über Bord geworfen hatte, zu einem wichtigen Fang; bis 1951 stellte er bereits 70 Prozent aller in Gloucester angelandeten Fische. Im Jahre 1966 allerdings war es auch damit vorbei: die Firma Gorton hatte ihren letzten Rotbarsch von Fischern aus Gloucester gekauft und schloß die Fabrik auf dem sogenannten »Rotbarsch-Kai«.

Mitte der neunziger Jahre gab es in der Stadt noch etwa vierhundert berufstätige Fischer, gegenüber zweitausend, die vierzig Jahre zuvor dort gearbeitet hatten. Die Fischereiflotte von Gloucester hatte den fatalen Mangel, pittoresk zu sein. Es gab zu viele alte Trawler mit hölzernem Rumpf, die gar nicht mehr versichert werden konnten, oder verrostete alte Stahlkonstruktionen und zu viele kleine Niederbord-Logger. Sie verliehen dem alten Hafen ein wunderbar malerisches Aussehen, zeigten aber auch, daß die Flotte von Gloucester veraltet war. Aber vielleicht gehört ja dem Verzicht auf Modernisierung die Zukunft.

Der Fischereikontrollrat Neuenglands (New England Fishery Management Council) hatte die Aufgabe zu verhindern, daß die Fischereiflotte die neuenglischen Gewässer vollends von Grundfischen säuberte. Das 1976 beschlossene Magnuson-Gesetz zum Artenschutz im Fischereiwesen und zur Kontrolle der Fischbestände hatte die den USA vorbehaltene Fischereizone auf zweihundert Meilen vor der Küste ausgedehnt und regionale Fischereikontrollräte ins Leben gerufen, in denen die Fischereiinteressen den Ton angaben. Die Fischer hatten sich noch nie sonderlich gut auf Schutzmaßnahmen verstanden, aber hier wurden sie durch Darlehensbürgschaften und andere finanzielle Anreize förmlich dazu eingeladen, sich um den Schutz der Bestände nicht zu kümmern; es kam zu einer massiven Vergrößerung der Fischereiflotte der USA. Als 1994 das Handelsfischereiamt der USA eine Zählung der Bestände durchführte, kam es zu dem Schluß, daß die Größe der Flotte etwa das Doppelte dessen betrug, was die Fischbestände zuließen. Die Schätzung zeigte, daß an der Georges Bank nur noch 40 Prozent der Kabeljaubestände vom Jahr 1990 vorhanden waren. Einen so schroffen Rückgang hatte man noch nie zuvor an der Georges Bank registriert. »Das ließ nun die Neuenglische Fischereikommission tatsächlich aufhorchen und machte den Weg für einschneidendere Maßnahmen frei«, erklärt Ralph Mayo vom Handelsfischereiamt.

Jedes Fahrzeug durfte jährlich nur 139 Tage Grundfischfang betreiben. Ziel war es, dafür zu sorgen, daß pro Fischereijahr nur 15 Prozent der Bestände aus dem Meer geholt wurden. Als dann aber 1996 die Schätzung ergab, daß die Fischer in den 139 Tagen 55 Prozent der Bestände weggefangen hatten, schränkte man die Fangzeit auf nur 88 Tage ein. Dieses Artenschutzsystem begünstigt in hohem Maße die kleinen Schiffe gegenüber den großen Trawlern. Die Haltung eines großen Grundschleppnetzfischers ist teuer; die jährliche Versicherungssumme etwa liegt bei 30 000 Dollar oder darüber. Der Eigner kann es sich deshalb nicht leisten, sein Fahrzeug an 277 Tagen im Jahr nicht einzusetzen. Die meisten Fischer erklärten, sie würden sogar im Winter, wenn der Grundfischfang gut ist, lieber auf einem kleinen Wandnetzboot als auf einem großen Trawler anheuern, weil die Fänge nicht groß genug seien, um sie unter einer sechs- oder siebenköpfigen Trawlerbesatzung aufzuteilen. Falls es der Fischereibewirtschaftung tatsächlich gelänge, die großen Schiffe aus dem Verkehr zu ziehen, würde das die Kapazität der Flotte stark verringern und zur Lösung des Problems beitragen.

Die Georges Bank war die einzige Bank, an der es noch Kabeljaufang gab. Kanada hatte Fischereirechte in einem Teil von ihr erworben, der als Nordostspitze bezeichnet wird und den die Kanadier von Juni bis Dezember befischten. Nach 1994 stellten die USA in ihrem Teil der Nordostspitze den Fischfang ein, während der westliche Teil der Georges Bank immer noch mit einem gewissen Erfolg befischt wurde. Da sie nur während einer massiv eingeschränkten Zahl von Tagen Grundfischerei betreiben durften, fingen die Fischer von Gloucester an, für die Umrüstung ihrer Fahrzeuge auf das Fischen in mittleren Wassertiefen vom Staat finanzielle Unterstützung zu fordern – die gleiche Art von Hilfe, die sie erhalten hatten, um nach Einführung der Zweihundertmeilenzone ihre Flotte von Grundschleppnetzfischern aufzubauen.

Die Meere quollen allem Anschein nach plötzlich über von *pelagischen* Fischarten – Arten, die in mittleren Wassertiefen leben, wie Hering, Makrele und Bunkerhering. Da diese Fische normalerweise Beutetiere des im Verschwinden begriffenen Kabeljaus waren, lag die Annahme nahe, daß beides in einem Zusammenhang stand. Ralph Mayo verwirft diese Annahme allerdings unter Hinweis darauf, daß der Heringsboom bereits Ende der achtziger Jahre, noch vor dem Rückgang der Kabeljaubestände, begann. Oder jedenfalls, noch ehe der Rückgang der Kabeljaubestände bemerkt wurde.

Wie es auch ein Kabeljau machen würde, wandten sich die Fischer kurzerhand den noch verfügbaren Nahrungsquellen zu. In den sechziger Jahren wurde Glattrochen den Hummerfischern für einen Dollar pro Scheffel als Köder verkauft, Hering war ein billiger Köder für Langleinen und Dornhai war der Fluch der Wandnetzfischer. Die rauhe Haut des Dornhais malträtierte die Hände der Fischer und war so schwer von den Maschen zu trennen, daß die Fischer die Tiere mit Messern heraushackten und die blutige Masse mit dem Schlauch von Bord spülten. In den neunziger Jahren waren Hering, Glattrochen und Dornhai allesamt bereits befischte Arten.

Der Dornhai, der unter dem neuen Namen Seeaal auf den Markt kam, war in den neunziger Jahren zwar immer noch preiswert, verkaufte sich aber gut, zumal im Export nach Europa und Asien. Mitte der neunziger Jahre wurde allerdings bereits klar, daß der Hundshai wahrscheinlich nicht die Nische des Kabeljaus in der Nahrungskette würde ausfüllen können, weil diese kleine Haiart ihrerseits Opfer einer gewissen Überfischung war. Ein Hai ist kein Fisch; statt jedes Jahr Millionen von Eiern abzulegen, bringt ein Hundshai jedes zweite Jahr fünf oder sechs »Junge« zur Welt. Einem Ansturm zu widerstehen, wie ihn der Kabeljau erdulden mußte, ist er biologisch außerstande.

Lastwagenfahrer, Reparateure, Dockarbeiter und Kapitäne von Besichtigungsbooten – überall in der Stadt trifft man ehemalige Fischer. Alle Männer, die auf dem Dock für *Old Port Seafoods* arbeiten, waren früher Fischer. Dave Malloy, ein kleiner, durchtrainierter Einheimischer in den Vierzigern, lernte die Fischerei bei seinem Vater. Im Jahr 1988 gab er auf. »Ich wußte, es war vorbei. Ich habe siebzehn Jahre lang gefischt, aber in den letzten drei Jahren bin ich halb verhungert.«

Auf dem Betonkai von *Old Port Seafoods* stehen zwei

Entladekräne, kleine Flaschenzugvorrichtungen mit motorisierter Kabelrolle, um den Seilhub zu verbessern. Drinnen stehen ein Mann und ein paar Frauen an einer rostfreien Stahltheke und filetieren kleine Kabeljaue zu *scrod*. Der Mann trägt eine rote Baseballmütze der Red Sox. Kabeljau und die Red Sox – Massachusetts' heißgeliebte Verlierer. An beiden Enden des Kais liegen Trawler mit rostenden Stahlrümpfen vertäut, die Netze oben vor dem Heck zusammengerollt, und warten auf bessere Zeiten.

Statt dessen laufen kleine Schiffe mit den merkwürdigen neuen Fängen ein. Ein Wandnetzfischer kommt mit einer kleinen Ladung Heringe, die in aller Eile hochgeschippt, entladen, gewogen und geeist werden. Beim nächsten Schiff, das eintrifft, dem über zwanzig Meter langen Trawler von Russell Sherman, braucht man, um Bescheid zu wissen, nur die Vögel zu beobachten, die sich gar nicht erst die Mühe machen, ihm zu folgen. Selbst sie interessieren sich nicht für ein paar Plattfische und einige Meerengel, auch so eine Spezies, die sich die Neuengländer erst seit kurzem angewöhnt haben, nicht wieder ins Meer zurückzubefördern. »Nur Schrott, aber wenigstens verläßt mein Schiff das Pier«, sagt Russell. »Ich verplempere nicht meine ganze Zeit mit diesen Fischen. Im Augenblick haben meine Netze Maschen von drei Zoll. Ich warte bis zum Winter und montiere dann Netze mit sechszölligen Maschen, um sie [Kabeljaue] zu fangen. Vor dem Winter lohnt sich der Netzwechsel nicht.«

Solche tristen Geschichten lenken die Unterhaltung der Fischer auf den Kabeljau. Dave Malloy, der Gabelstapler fährt, sagt: »Sie wollen was über Kabeljau wissen? Ich kann's Ihnen sagen.« Er hebt die Hand zum Mund und gibt vor, mir ein Geheimnis zuzuflüstern. »Es gibt keinen mehr.«

»Er kommt wieder«, versichert Russell. »Sie hätten das schon vor zwanzig Jahren machen sollen. Wir könnten heute bereits wieder in Kabeljau waten. Wir hätten vor zwan-

Schoner im Hafen von Gloucester, Anfang 20. Jahrhundert
(Peabody Essex Museum, Salem, Massachusetts)

zig Jahren anfangen sollen, sechszöllige Netze zu benutzen. Wie es Island gemacht hat.«

»Ich habe das schon vor Jahren gesagt, noch bevor die Tragweite griff« (zu deutsch: ehe man die Bedeutung erkannte), versichert ein anderer Fischer in jener Sprache, die man nur entlang der südlichen Küste Neuenglands antrifft. Während Russel Sherman sich mit einem älteren sizilianischen Fischer in ein Gespräch über die Schwierigkeiten beim Gewichtabnehmen vertieft, taxiert Nicki Avelas, ein weiterer Exfischer, der Teilhaber bei der Fischfirma ist, was der kleine Fang erbracht hat. Nickis großer blonder Hund paßt genau auf, was Avelas tut, und ergattert gute Happen. Nachdem Russell fertig mit Entladen ist und seine Quittung erhalten hat, spritzt er sein Deck ab und legt ab.

»Bis morgen«, sagt Dave Malloy, als er ihm die Bugleine zuwirft. Während das Schiff aus dem Hafen von Gloucester tuckert und hinter einer Reihe stillgelegter Grundschlepper verschwindet, schüttelt Dave den Kopf und sagt: »Der Kerl hat den ganzen Sommer lang nicht einen Groschen verdient.« Es ist September.

Während sie auf das nächste Schiff warten, reden sie grummelnd, wie in dieser Woche jedermann in Gloucester, über ein großes russisches Fabrikschiff im Hafen. In den Gewässern der USA darf es nicht mehr fischen, aber es hat im Hafen angelegt, um bei den Fischern zu kaufen. Sosehr sich die Fischer auch beschweren, verkaufen tun sie trotzdem. Einer von ihnen beschuldigt das Schiff, es habe die rote Fahne höher gehißt als die Flagge der USA – und das sogar im Hafen. Er behauptet steif und fest, es gesehen zu haben, und scheint nicht zu wissen, daß Rußland keine rote Fahne mehr führt.

Ein Wandnetzfischer von gut fünfzehn Meter Länge und mit dreiköpfiger Besatzung kommt herein. Beim Kapitän, Cecil, entspricht die Breite fast der Größe; sein blondes Haar ist heller als sein wettergegerbtes Gesicht. Einer aus der dreiköpfigen Besatzung ist sein Sohn; er hat die gleiche Figur. Sie sind den Thunfischern gefolgt, die Köder über Bord warfen. Die Dornhaie sind hinter dem Köder her; nachdem Cecil und seine Leute die Nacht über ihre Netze in den Thunfischgründen ausliegen hatten, kommen sie jetzt mit einem Deck voller blutender kleiner Haie zurück. Dornhaie bringen nur dreizehn Cents pro Pfund, bei größeren sind es siebzehn; dieser Fang besteht vorwiegend aus kleinen. Während Cecil den Flaschenzug betätigt und ein großer Korb mit dem schleimigen Fang über den Kai schwingt, brüllt jemand scherzend: »Da haben wir's, Fish-and-Chips für London.«

Die Fischer von Gloucester behaupten, die Thunfischbestände seien gesund, und das Gerede, daß sie selten geworden seien, hätten die Sportfischer in die Welt gesetzt. »Umweltschützer und Sportfischer. Intellektuellenzeug.« Es werde genug Thunfisch angelandet, um den Fisch als Markenzeichen für *Old Port Seafoods* in Anspruch nehmen zu können. Solange Fischer eine Fischart noch fangen können, sträuben sie sich gegen die Vorstellung, diese könne in Schwierigkeiten sein. Beim Kabeljau allerdings sehen sie alle ein, daß es Probleme gibt. Außer Nicki, der erklärt: »Da draußen gibt es massenhaft Kabeljau. Könnte man dreizöllige Netze benutzen, würde man ganz legal Massen von Kabeljau fangen. Ein Fisch von zwanzig Zoll Länge schlüpft durch ein sechszölliges Netz durch. Würden sie es einfach nur bei den Vorschriften belassen, kämen die Fische zurück. Wenn sie aber ständig neue Beschränkungen dazufügen, werden zwar die Fische zurückkommen, aber die Fischer nicht mehr dasein.«

In Gloucester hegt man allgemein die Überzeugung, daß der Schaden, den die Überfischung der Gewässer stiftet, nur vorübergehend ist, daß hingegen die Fischereibeschränkungen der Gemeinde irreparablen Schaden zufügen. Bald, so glaubt man, wird der Kabeljau wieder dasein, aber die Fischer wird es nicht mehr geben, und ihre Schiffe werden Schrott sein. Und dann – und das sei die Gemeinheit, die einen zur Raserei treiben könne! – werden diesem Szenarium zufolge die Kanadier, ihre alten Konkurrenten, herunterkommen und sich alle ihre Fische unter den Nagel reißen.

Die Animositäten zwischen den Fischern Kanadas und Neuenglands reichen bis zum Siebenjährigen Krieg zurück, als die französischen Fischer von Cape Breton die Neuengländer bedrohten und die Männer aus Gloucester an der Seite der Truppen kämpften, die den mit einer Garnison besetzten Fischereiposten Louisbourg erstürmten. Die Bevölkerung von Nova Scotia und von Quebec weigerte sich im Unabhängigkeitskrieg, mit Neuengland gemeinsame Sache zu machen. Im Jahre 1866 schlossen Briten und Kanadier die Neuengländer von der kanadischen Dreimeilenzone aus. Im Jahre 1870 wurden fünf Schoner aus Gloucester von Kanada aufgebracht; daraufhin verlangten die Einwohner von Gloucester in einer Petition an den Kongreß, die diplomatischen Beziehungen zu Kanada abzubrechen. Die *Edward A. Horton*, der Schoner aus Gloucester, den man zwang, in Guysborough, Nova Scotia, einzulaufen, und seiner Takelage beraubte, hat einen festen Platz in der Folklore Gloucesters. Sechs Neuengländer brachen nachts in ein Lagerhaus ein, holten die beschlagnahmte Ausrüstung heraus, takelten den Schoner wieder auf und schlüpften mit der Flut aus dem Hafen.

Die Vorfahren der heutigen Fischer von Gloucester hatten sich während des größten Teils der Geschichte der Stadt vor den Küsten Siziliens, der griechischen Inseln oder der Azoren herumgetrieben und dort natürlich von den Unstimmigkeiten zwischen der Stadt und Kanada nichts mitbekommen. Aber zu Reibereien kam es auch noch in neuerer Zeit, etwa als die Firma Gorton nach der Schließung ihres Rotbarsch-Betriebes in Gloucester ihren Sitz nach Kanada verlegte. Und als die Zweihundertmeilenzone eingeführt wurde, kämpften die Neuengländer, um die Leute aus Nova Scotia von der Georges Bank fernzuhalten, während die Leute aus Nova Scotia darum kämpften, sie umgekehrt von den Grand Banks fernzuhalten. Die Angst vor der kanadischen Konkurrenz gehört zum kulturellen Erbe von Gloucester, ungefähr so, wie in den Backsteinmauern von Newlyn die Angst vor den Spaniern steckt.

Richtig ist, daß die Fischereipolitik die Fischer aus ihrem Beruf drängt. Angela Sanfilippo, eine führende Figur in der Aktivistinnengruppe »Fischerfrauen von Gloucester«, organisierte ein Umschulungsprogramm für arbeitslose Fischer. In zwei Jahren hat sie für neunundzwanzig Fischer neue Jobs gefunden – sie arbeiten nun als Jachthafenangestellte, Lastwagenfahrer, Mechaniker, und ein paar sind auch im Computerbereich untergekommen. Ihr eigener Mann allerdings, John Sanfilippo, erklärte ihr: »Niemand wird mich je vom Fischen abbringen.«

Wie so viele Fischer im Gloucester des ausgehenden

20. Jahrhunderts stammen auch die Sanfilippos aus Sizilien, wo magere Fänge und kleine Boote die Regel waren. John, der 1945 als neuntes Kind in einer Fischerfamilie zur Welt kam, fing in einem kleinen Fischerboot an der Seite seines Vaters an. Sie arbeiteten mit dem Wandnetz, der Langleine, dem Heintzblinker, dem Kätscher und überstanden so die Armut der Nachkriegsjahre. Mit zweiundzwanzig ging er nach Amerika. Angela traf 1963 als Siebzehnjährige dort ein. Die Männer ihrer Familie waren ebenfalls schon seit Generationen Fischer. Sie hatte Verwandte, die in Alaska Lachs fischten, und andere, die vor San Diego Thunfisch fingen. Ihre Eltern brachten sie nach Milwaukee, wo Vettern von ihr in den Great Lakes Fischfang betrieben. Aber das Wasser war so verschmutzt, daß die Fische starben; diese Erfahrung prägte Angela das Bewußtsein ein, daß der Umweltverschmutzer ein Feind des Fischers war. Ihr Vater ging in eine Gießerei arbeiten, um seine Familie zu ernähren; aber weil er von der Fischerei nicht lassen konnte, ging er ihr an den Wochenenden nach. Tiefunglücklich stand die Familie im Begriff, nach Sizilien zurückzukehren, als Freunde ihnen von Gloucester erzählten.

In Gloucester gab John alle anderen Fischereiformen auf und konzentrierte sich ganz auf den Fang mit dem Grundschleppnetz. Grundfische waren das Höchste, auch wenn er am Sonntag, seinem freien Tag, zum State Pier ging, um Barsche zu angeln. Die meisten Fischer können von der Fischerei nicht lassen. Hummerfischer nehmen eine Angelrute zur Hand und vertreiben sich die Zeit mit Schleppangelei, während sie auf die Gezeiten warten. Wenn die Fischer der portugiesischen Weißen Flotte die Laderäume mit Kabeljau voll hatten und in St. John's anlegten, um für die Rückfahrt Vorräte einzukaufen, kamen sie an Land, um in den Bächen nach Forellen zu angeln. Als Angela mit ihrer Tochter schwanger war, trieb die Unruhe John hinaus; er kaufte bei einem russischen Fabrikschiff Köder, um mit der Langleine

Schwertfische zu fangen; die Markierbojen bestanden aus Chlorflaschen. Am 3. August 1975, in der Nacht, als seine Tochter zur Welt kam, fing er in den tiefen Gewässern jenseits der Zweihundertmeilenzone, die als Canyons bekannt sind, fünfundsechzig Schwertfische. Als die Kinder groß waren, leisteten sich die Sanfilippos einen Urlaub auf den Bermudas. John angelte mit zwei Stangen von der Anlegestelle des Hotels aus. Er benutzte Pommes frites als Köder und fing tropische Fische, die den Drachenköpfen vor Sizilien ähnelten. Er sagte der Küche, wie man sie zubereitete.

Sie schafften es, ihren Sohn Dominic an die Tufts University zu schicken, wo er ein Hauptstudium in Politischer Wissenschaft begann. Nach zwei Jahren indes kehrte er heim nach Gloucester und erklärte, Fischer werden zu wollen. Angela heulte. In Neufundland focht Sam Lee mit seinem Sohn Kämpfe aus, weil auch der die Schule abbrach, um Fischer zu werden.

»Aber nach ein, zwei Monaten«, erklärt Angela, »begriff ich, daß er glücklich ist. Er sagte, er wolle zur Georges Bank. Vorher konnte er nicht hin, weil es für ihn und seinen Vater in dem kleinen Boot zu weit war. Er heuerte auf einem großen Grundschleppnetzfischer an und fischte an der Bank, unmittelbar bevor der Fischfang dort eingestellt wurde. Jetzt will er ein Fischerboot kaufen. Ich sage ihm, er soll sich sein Geld sparen. Er werde es für anderes brauchen. Er sagt: ›Mir fehlen mein Sonnenaufgang und mein Sonnenuntergang und die Möwen, die über mir schweben.‹«

Vito Calomo, ein aus Sizilien gebürtiger Exfischer, der jetzt für die Fischereikommission im Planungsamt der Gemeinde Gloucester arbeitet, erklärt: »Man bringt einen Mann, dessen Vater und Großvater bereits Fischer waren, dazu, zu verkaufen, und man wischt hundert Jahre Erfahrung aus. Ein Fischer ist ein besonderer Mensch. Er ist ein Kapitän, ein Steuermann, ein Techniker, ein Sezierer, ein Ausnehmer, ein geübter Netzflicker, ein Marktspekulant.

Und er ist eine Touristenattraktion. Die Menschen zieht es in einen Ort, wo Männer mit Zigarren im Mund und Stiefeln an den Füßen Netze flicken. Das alles wird verlorengehen.«

In diesem Augenblick kommt ein Kleintransporter mit einem Rasenmähertraktor auf der Pritsche die Küstenstraße entlang, und Calomo ruft dem Fahrer etwas zu. »Das ist mein Bruder. Er war Kapitän, und jetzt mäht er Gras. Ein Kapitän, der Gras mäht. Einen habe ich Geschirr im Restaurant waschen sehen, und ein anderer arbeitet als Wachmann.«

Für Calomo, Sanfilippo und die meisten anderen Leute in der Fischereistadt Gloucester sind nicht sie selbst an ihrem Schicksal schuld, sondern die Regierung ist verantwortlich dafür. »Wie machen sie's denn bei den Red Sox?« fragt Calomo und zieht als Argument das Baseballteam von Boston heran, das Jahr für Jahr seine Spiele verliert. »Sie schaffen doch nicht die Mannschaft ab. Sie feuern die Manager.«

»Kanada wird Amerikas Rolle übernehmen«, sagt Calomo, »und wir werden Kanada spielen. Weil sie arbeitslose Fischer unterstützen, werden sie welche haben, wenn die Fische zurückkommen. Sie behalten ihre Fischer. Sie werden unseren Markt beliefern. Wer wird noch da sein, um Fischfang zu treiben, wenn die Fische wiederkommen?«

Angela Sanfilippo, die aktiv beteiligt war, als es darum ging, die Erdölförderung an der Georges Bank zu verhindern, fragt: »Wer kümmert sich um das Meer, wenn die Fischer weg sind?« Das ist keine unsinnige Frage. Wird sich etwa Unilever kümmern, der riesige Multi, der die Firma Gorton aufgekauft hat? Wird Unilever zornig protestieren, wenn ein Unternehmen das Meer verschmutzt?

Ist tatsächlich alles vorbei? Werden diese letzten Sammler wildwachsender Nahrung das Zeitliche segnen? Wird es die letzte wildwachsende Nahrung gewesen sein? Wird unsere letzte greifbare Verbindung zur ungezähmten Natur ein ebenso unerhebliches kulinarischen Ereignis wie der Genuß eines Fasans? Wird Gloucester wie Rockport zu einem Ort der Boutiquen, dem man das Etikett »Künstlerkolonie« verpaßt? Wird Newlyn eines Tages wie die benachbarten Städtchen oder wie zum Beispiel bereits San Sebastián nur noch für Spaziergänger dasein? Wird sich auch der Hafen von Gloucester in einen Jachthafen verwandeln? Oder soll man den Ort wie Lunenburg in Nova Scotia als ein Museum konservieren, das an die Zeiten der Fischerei erinnert?

Den Staaten ist klar, daß Fischer und Fischereihäfen für die Gesellschaft von Bedeutung sind. Während sie einerseits Programme zur Verringerung der Fischereiflotten durchführen, um die Fischbestände zu retten, zahlen sie dem Fischereiwesen andererseits Subventionen, weil es für die meisten Fischer keine andere Arbeit gibt. In der industrialisierten Welt rechnet nur Island noch damit, daß die Fischerei einen wesentlichen volkswirtschaftlichen Beitrag liefert; und sogar dieses Land bemüht sich, die Zahl der Fischer zu verringern. In einer Untersuchung der UN-Organisation für Ernährung und Landwirtschaft aus dem Jahre 1989 wurde geschätzt, daß es ungefähr 165 Milliarden Mark koste, die gesamte Fischereiflotte der Welt in Betrieb zu halten. Die Erträge hingegen beliefen sich auf nur 126 Milliarden Mark; die Differenz werde zum größten Teil durch Subventionen der Staaten an ihre Fischer und Bootsbauer ausgeglichen. Der Organisation zufolge gaben die zwölf Länder der EU Anfang der neunziger Jahre 1,044 Milliarden Mark für die jährlichen Fischereisubventionen aus, während Norwegen allein etwa 270 Millionen Mark auszahlte. Der Schätzung zufolge hatte die japanische Regierung der kriselnden Fischereiindustrie Japans 34 Milliarden Dollar an Krediten zukommen lassen, von denen der größte Teil nie zurückgezahlt werden dürfte.

Kilometer entfernt vom Hafen Gloucesters, in den Hotels

entlang der felsigen Küste Neuenglands – einst wurden die Felsen als Trockenplätze für Kabeljau geschätzt, heute liebt man sie als Bestandteil der Szenerie –, planen Touristen beim Frühstück ihren Tag. Draußen gleiten Hummerboote und kleine Trawler vorüber; ihre Dieselmotoren sind bei der Entfernung nicht zu hören. Viele der Touristen haben vor, »Wale zu beobachten«. Sie reden von den Walen wie von entzückenden Schoßtieren, schwärmen davon, wie sie hochschnellen und eintauchen und richtige Schnarchgeräusche machen. An dieser zerklüfteten Küste, wo einst mit der Waljagd Vermögen gemacht wurden, ist das Beobachten von Walen während der Tourismusmonate zu einem einträglichen Geschäft geworden. Die Kapitäne der Walbeobachtungsschiffe sind gewöhnlich arbeitslose Fischer.

Ob man in einer Gesellschaft lebt, die Wale jagt, oder in einer, die Wale besichtigt, macht einen großen Unterschied. Die Natur reduziert sich auf ein kostbares Demonstrationsobjekt, das einem Unterhaltung und Belehrung bietet, etwas weit weniger Natürliches als die Jagd. Steuern wir auf eine Welt zu, in der von der Natur nur noch Parks übrig sind? Wale sind Säugetiere, und Säugetiere legen keine Million Eier. Die Menschen waren gezwungen, die kommerzielle Jagd aufzugeben und für die Fleischversorgung Haustiere zu züchten, um die wildlebenden Säugetiere so weit wie möglich zu schützen. Fische lassen sich schwerer ausrotten als Säugetiere. Aber nach tausend Jahren Jagd auf den atlantischen Kabeljau wissen wir, daß man es auch bei Fischen schaffen kann.

Eine Kochgeschichte

»Man könnte sagen, er [der Kabeljau] stellt neben dem Brot das einzige Lebensmittel dar, dessen man, sobald man sich daran gewöhnt hat, niemals überdrüssig wird, ohne das man nicht mehr leben kann und das man gegen keine Köstlichkeit der Welt tauschen möchte.«

Elma Ivanovna Molokhovets, *Ein Geschenk für junge Hausfrauen*, St. Petersburg, 1862

WIE MAN EINEN KABELJAU RICHTIG WÄSSERT

*»Wart nur, ich werde dich entsalzen,
du großer Salzfisch!«*

Émile Zola, *Assommoir,* 1877

In der Frage, wie man Stockfisch oder Salzfisch vom Salztod befreit, gehen die Ansichten auseinander. Keine zwei Stücke behandelter Kabeljau sind genau gleich dick, trocken oder gesalzen, und außerdem bevorzugen die einzelnen Volksgruppen, häufig abhängig von dem jeweils zubereiteten Gericht, unterschiedliche Geschmacksnuancen. Normalerweise braucht man fürs Wässern mehr als vierundzwanzig Stunden, aber bei sehr trockenem Stockfisch können es mehrere Tage sein. Die meisten Köche stimmen in der Ansicht überein, daß der einzige Weg herauszufinden, ob ein haltbar gemachter Kabeljau kochfertig ist, darin besteht, ein Stück abzubrechen und zu kosten. Je länger er getrocknet wurde, um so länger dauert das Wässern. Das Wasser, in dem ein Salzfisch liegt, muß in Abständen gewechselt werden, damit er nicht in Salzlake liegt.

In der Ausgabe ihres Kochbuchs von 1758 schrieb die Britin Hannah Glasse, Stockfisch müsse in Milch und warmem Wasser eingeweicht werden. Die meisten heutigen Köche bestehen auf kaltem Wasser, und nach Ansicht vieler wird der Fisch am besten im Kühlschrank gewässert, zumal bei warmem Wetter.

Tief im Landesinneren Frankreichs, in *La France profonde*, wie die Franzosen gerne sagen, auf der anderen Seite des Bergmassivs namens Massif Central, liegt Aveyron. Das ist eine zerklüftete Gegend mit hochliegenden grünen Schafweiden, tiefen Schluchten und gezackten Felsformationen, deren bekannteste in Roquefort-sur-Soulzon die natürlichen Höhlen bietet, in denen der berühmteste Käse der Welt gereift wird. In dieses abgelegene Gebiet, wo die Schäfer bis zum heutigen Tag einen eigenen Dialekt sprechen, pflegten auf Flußkähnen Versorgungsgüter aus dem fernen Bordeaux zu gelangen. Die Kähne fuhren die Garonne hinauf zur Lot und gelangten auf dieser nach Rodez und zu anderen Städten im Département Aveyron. Der Stockfisch, den man in Bordeaux gekauft und während der zweitägigen Fahrt hinter dem Kahn her durch das Flußwasser geschleppt hatte, war bei der Ankunft weich und kochfertig.

Im 20. Jahrhundert wurde die Lot zunehmend schmutziger und unbeschiffbarer, aber eine neue Erfindung war wie geschaffen für die Wässerung von Stockfisch: das Spülklosett. Im Jahre 1947 beauftragte der Präsident des Conseil d'État, des französischen Staatsrats, seinen Kammerdiener, in Vorbereitung eines Essens, das er am Sonntag geben wollte, während der kommenden Woche jede Stunde einmal die Klosettspülung zu betätigen. Das Gericht, um das es ging, war Stockfisch. Das Wasser kam aus der *chasse d'eau*, dem Spülkasten, der oben an der Wand angebracht war. Ließ man einen Stockfisch zwei Tage lang in der *chasse d'eau*, war er weich und konnte gekocht werden. Das System war auch ideal für Salzfisch, da das Wasser ständig gewechselt wurde. All das kommt einem vielleicht unappetitlich vor, aber leider ist es heutzutage hygienischer, als die Garonne und ihre Nebenflüsse zu bemühen.

ZWEI MEINUNGEN ZUM STOCKFISCH

»[Stockfische sind] hart wie Holzstücke, aber ohne schlechten Geruch und überhaupt ziemlich geruchlos ... wenngleich sehr angenehm als Appetitanreger, und was zu diesem Zweck taugt, kann so schlecht schließlich nicht sein.«

Poggio Bracciolini (berühmter Latinist), 1436

»Getrockneter Fisch ist in Island ein Grundnahrungsmittel. Nach dortigem Brauch zerreißt man ihn mit den Fingern und ißt ihn mit Butter. Er ist unterschiedlich zäh. Die zähere Art schmeckt wie Zehennägel, und die weichere Art wie Hornhaut von den Fußsohlen.«

W. H. Auden und Louis MacNeice, *Letters from Iceland*, 1967

Man schlägt ihn

Vor dem Klosett und dem Kühlschrank war der Hammer das Gerät, das mit dem Stockfisch unfehlbar verknüpft schien. Ein Stockfisch von guter Qualität ähnelt einem grob behauenen weichen Holz, das ein bißchen leichter als Balsaholz ist. Die Fasern müssen irgendwie zertrümmert werden.

Item, wenn er [der Kabeljau] in fernen Meeren gefangen wird und zehn oder zwölf Jahre haltbar bleiben soll, wird er ausgenommen und sein Kopf entfernt, und er wird in Luft und Sonne getrocknet, und kei-

nesfalls durch ein Feuer oder durch Räucherung; und wenn das geschehen ist, nennt man ihn Stockfisch. Und wenn er lange Zeit aufbewahrt wurde und man ihn zu essen wünscht, muß er eine volle Stunde lang mit einem Holzhammer geklopft werden, woraufhin man ihn zwölf Stunden oder länger in warmem Wasser weichen läßt, um ihn dann zu kochen und wie Rindfleisch gut abzuschäumen.

Verfasser unbekannt,
Le Mesnagier de Paris, um 1393

Man bringt ihn um: Lutefisk

Die Norweger legen ihn in Lauge und weichen ihn so stark, daß er fast zu Gallerte wird.

Zuerst legt man den geklopften Stockfisch vier oder fünf Tage in kaltes Wasser, wobei das Wasser regelmäßig gewechselt werden muß. Dann bereitet man Lauge zu, indem man reine, zerstoßene Birken- oder Buchenasche in einem Topf mit Wasser kocht und stehenläßt, bis sich die Asche auf dem Boden abgesetzt hat: Dann wird das abgekühlte Wasser aus dem Topf in einen anderen Behälter gegossen, wo es stehenbleibt, bis es ganz klar ist. Der Fisch wird in dieses klare Wasser gelegt, wo er drei Tage bleibt; drei Stunden, nachdem man ihn herausgenommen hat, wird er in kaltem Wasser abgewaschen und wie jeder andere Fisch gekocht; man ißt ihn mit zerlassener Butter und Senf.

Marta María Stephensen, *A Simple Cookery Pocket Booklet for Gentlewomen*, 1800 (Übers. von Hallfredur Örn Eiríksson)

Ablenkungstaktik

Im Jahre 1982 begann der Romanschriftsteller Graham Greene, der sich Nizza zum Alterssitz erkoren hatte, anscheinend paranoide öffentliche Korruptionsvorwürfe gegen die Stadtverwaltung zu erheben. Man vermutete bereits, der berühmte Autor fesselnder Kriminalromane fange an zu spinnen. Als man indes in einem Interview den Bürgermeister Jacques Médecin, Sohn eines früheren berühmten Bürgermeisters der Stadt, nach Greenes Anschuldigungen befragte, fing der an, vom Kochen zu reden und lieferte ein Rezept für die Zubereitung von Stockfisch. Er setzte sich dann rechtzeitig nach Südamerika ab, wo man zwar ausgezeichneten gesalzenen Kabeljau bekommt, wo allerdings an echtem Stockfisch Mangel herrscht.

Den Angaben Médecins zufolge, die aber nicht immer Glauben verdienen, erhielt sein Vater das folgende Rezept von einem ortsansässigen Fischer namens Barba Chiquin, was im dortigen Dialekt soviel heißt wie »der Onkel, der eine gute Flasche liebt«. Barba Chiquin habe zu diesem Essen gern Kinder eingeladen.

Man nimmt einen trockenen Stockfisch und zertrümmert mit dem Hammer 100 Gramm auf einem Stein zu einer Art Pulver. Für 100 Gramm Stockfisch zerquetscht man 4 Knoblauchzehen in einem Mörser. Man erhitzt Olivenöl in einer Bratpfanne, bis es zu rauchen beginnt und bräunt darin 2 pébréta [scharfe Peperoni]. Wenn das Öl zu rauchen anfängt, schiebt man die Mischung aus Stockfisch und Knoblauch hinein. Ist die Masse leicht gebräunt, verteilt man sie auf ein Stück pain de campagne [Landbrot] und schlingt es hinunter.

Jacques Médecin, Exbürgermeister von Nizza

Médecin fügte die Mahnung an, das Rezept nur auszuprobieren, sofern man über einen gutgefüllten Weinkeller verfüge, um »mit einem Durst fertig zu werden, der mindestens vier oder fünf Tage anhält«.

DIE SCHLIMME KUNDE IN WALDEN POND

»Es geht das Gerücht, daß im Herbst die Kühe hier manchmal mit Kabeljauköpfen gefüttert werden! Der göttergleiche Teil des Kabeljaus, der wie der menschliche Kopf merkwürdig und wundersam geformt ist, auch wenn er fürwahr nur wenig Gehirn birgt – und nimmt ein solches Ende! Von Kühen zermalmt zu werden! Ich spüre, wie mein eigener Schädel mitfühlend kracht. Was, wenn man die Köpfe von Menschen abschnitte und an die Kühe einer höheren Klasse von Wesen verfütterte, die Inseln im Äther bewohnen? Da geht es hin, das herrliche Gehirn, die Heimstatt des Gedankens und des Gefühls, um den Wanst eines Wiederkäuers zu füllen! – Ein Ortsansässiger versicherte mir allerdings, sie verfütterten die Kabeljauköpfe normalerweise nicht an die Kühe; diese fräßen die Köpfe nur gelegentlich.«

Henry David Thoreau, *Cape Cod*, 1851

Thoreau machte diese Beobachtungen bei einem Besuch in Cape Cod, im gleichen Jahr, in dem Herman Melville in *Moby Dick* von Kühen in Nantucket berichtete, die mit Kabeljauköpfen an den Füßen herumtrotteten. Thoreau hatte recht damit, daß die Köpfe im Normalfall nicht den Kühen überlassen wurden; aber der Grund dafür war, daß die Menschen sie selbst gerne aßen.

Nicht die Lippen: Gebratener Kabeljaukopf

Man besorgt 4 Kabeljauköpfe mittlerer Größe. Wenn die Familie groß ist, mehr. Nachdem sie zurechtgeschnitten sind (man schneidet einen Kopf zurecht, indem man ihn mit einem scharfen Messer bis zu den Augen durchtrennt, dann fest den Hinterkopf packt und zieht), bereitet man sie folgendermaßen zu:
Man zerschneidet die Köpfe in zwei Hälften, befreit sie von der Haut und entfernt die Lippen. Die Kopfhälften werden gut gewaschen und abgetrocknet. Beide Hälften wälzt man in Mehl und salzt und pfeffert sie nach Bedarf. Man brät sie in Fett, bis sie auf beiden Seiten goldbraun sind. Serviert werden sie mit Kartoffeln und grünen Erbsen oder einem anderen Gemüse, wenn man das vorzieht.

Mrs. Lloyd G. Hann,
Wesleyville, Neufundland,
aus *Fat-back & Molasses: A Collection of Favourite Old Recipes from Newfoundland & Labrador,*
hrsg. von Ivan F. Jesperson, St. John's, 1974

Nicht die Augen: Fischers Kabeljau-Fischtopf

8 Kabeljauköpfe, aus denen die Augen entfent sind
10 Gramm gesalzener Schweinespeck
2 in Scheiben geschnittene Zwiebeln
6 in Scheiben geschnittene Kartoffeln
Butter
Salz und Pfeffer

Der Speck wird ausgelassen (ausgeschmolzen). Man gibt die Zwiebeln dazu und brät sie, bis sie goldgelb

sind. Das gibt man dann in einen Kessel und dazu die Kabeljauköpfe und die Kartoffeln. Man bedeckt das Ganze mit kaltem Wasser und kocht es, bis die Kartoffeln gar sind. Würzen nicht vergessen; dazu kommt noch ein ordentliches Stück Butter.
Die Gräten vorher zu entfernen halten die Fischer für weichlich. Zum Kabeljaukopf gehören natürlich die Zunge und die Backen. Manchmal briet man auch die Schwimmblasen der Kabeljaue, die sogenannten »Lungen« oder »Luftsäcke«, in ausgelassenem Speck und gab sie dann ebenfalls in den Fischtopf.

zusammengetragen von Harriet Adams,
Vittles for the Captain: Cape Cod Sea-Food Recipes,
Provincetown, 1941

Marblehead

Im Jahre 1750 behauptete Kapitän Francis Goelet, Marblehead in Massachusetts sei berühmt für seine großgewachsenen, gutgenährten Kinder, die, wie er meinte, »die größten in Nordamerika« seien. Goelet zufolge »wird das hauptsächlich der Tatsache zugeschrieben, daß sie Kabeljauköpfe essen, die ihre vorwiegende Nahrung sind«.

»Schlittenfahren macht die Kids von Cape Cod nicht munter,
Zieht, hievt, mit aller Kraft, hau ruck,
Sie fahren auf Kabeljauköpfen die Hänge runter.«

Seemannslied

Isländische Weisheit

Bis in unser Jahrhundert wurden die getrockneten Köpfe auf Ponys ins Landesinnere transportiert; die Trockengestelle waren mit sechzig Köpfen besetzt, die auf beiden Seiten herausstaken. Sowohl den Norwegern als auch den Isländern dienen sie als Imbißhappen. »Wissen Sie«, sagt Küchenchef Úlfar Eysteinsson aus Reykjavík, »man sitzt um den Tisch, plaudert und krrracks« – er zeigt mit der Hand, wie er einen Kabeljaukopf zerreißt.

Im Jahre 1914 zieh der bekannte isländische Bankier Tryggvi Gunnarsson das Essen von Kabeljauköpfen der größten Sünde, die sich in den nordischen Ländern denken läßt: er erklärte sie für unpraktisch. Der Nährwert wiege die Produktionskosten nicht auf, sagte er und bewies das mit einer mathematischen Formel, die sogar die Eßdauer berücksichtigte. Der Direktor der Nationalbibliothek antwortete mit einer Abhandlung über die sozialen Tugenden, die dem Essen von Kabeljauköpfen innewohnten. Unter anderem führte er an, die Tätigkeit lehre Geduld; er schloß sich auch der alten isländischen Überzeugung an, daß durch das Essen von Tierköpfen die Intelligenz gestärkt werde. (Die Isländer essen auch Schafsköpfe.)

Die jüngeren Generationen in Island essen nicht mehr sehr viel getrockneten Kabeljaukopf oder Schafskopf; von einem nachweisbaren Rückgang der Intelligenz ist nichts bekannt.

Der Inselkopf

In vielen Gegenden, in denen gesalzener Kabeljau gegessen wird, spinnen sich mythenhafte Geschichten um den Kabeljaukopf, weil man ihn dort selten zu Gesicht bekommt. Einer mittelalterlichen katalanischen Legende zufolge wird der Kopf des Kabeljaus entfernt, damit niemand sieht, daß er menschlich ist. Obwohl gesalzener Kabeljau fester Bestandteil des karibischen Speiseplans ist, haben nur wenige Menschen in der Karibik je einen Kabeljaukopf zu Gesicht bekommen. Carmelite Martial, eine beliebte kreolische Köchin in Guadeloupe, die 1919 zur Welt kam, erklärt, sie habe noch nie einen gesehen. Ihre Großmutter allerdings, die 1871 geboren ist, habe ihr erzählt, sie besitze einen Kabeljaukopf, eingeschlossen in einer Geldkassette. Und zu allem Überfluß sei der Kopf behaart gewesen. »Ich habe ihn nie gesehen«, bekennt Martial, in deren zahlreichen Kabeljaugerichten Kabeljaukopf nicht vorkommt.

ERSATZTEILE

»Zwei verhutzelte kleine Jungen, die eher winzigen Greisen ähnelten, erschienen mit Blechbüchsen. Sie hatten kniehohe Stiefel an und wateten am Wasserrand zwischen den Fischköpfen herum. Beide hatten ein Taschenmesser, und wenn sie einen Kopf fanden, der ihnen zusagte, machten sie unter der Kinnlade einen dreieckigen Schnitt und nahmen die Zunge heraus. War ihr Blechgefäß voll, schütteten sie die Zungen auf einen leeren Tisch und füllten das Gefäß mit sauberem Meerwasser. Dann wuschen sie den Haufen und füllten die Zungen zurück in das Gefäß ...
... Eine Woche lang sahen wir jeden Tag der Säuberungsaktion zu, ohne daß wir je die mindeste Aversion gegen Kabeljaugerichte auf der Menükarte entwickelten, aber wann immer auf der Speisekarte »gegrillte Kabeljauzungen« stand, tauchten vor unserem inneren Auge zwei schmale, blasse Gesichter und zwei schmächtige, über einen Haufen Kabeljauköpfe gebeugte Körper auf, und wir wußten, daß wir die Zungen unmöglich bestellen konnten.«

Doris Montgomery, *The Gaspé Coast in Focus*, 1940

Wenn das Fleisch, der Kopf und die Leber verzehrt sind, ist dann der Rest dazu bestimmt, zu Fischmehl vearbeitet zu werden? Von den verfallenen Fischerdörfern der Küsten Neufundlands und Labradors, den unwirtlichen Ortschaften Neuenglands, den Fischerfamilien der Bretagne und der Normandie, von den baskischen Frauen, die für einen Hungerlohn gesalzenen Kabeljau wuschen, den fast mittellosen Isländern der Zeit vor dem 20. Jahrhundert stammen die folgenden Gerichte, von denen die meisten heute als Delikatesse gelten, obwohl sie ursprünglich Armeleuteessen waren.

Zungen und Backen

Die kammuschelgroße oder manchmal auch größere Scheibe Fleisch beidseits des Kopfes ist das Delikateste, was der Kabeljau zu bieten hat. Es wird oft zusammen mit den »Zungen« serviert, den Kehlen, die von vollerem Geschmack und von eher gelatineartiger Beschaffenheit sind.

Kabeljauzungen und Kabeljaubacken [werden] in Maismehl gewälzt und braun gebraten. Die Zunge ist keine wirkliche Zunge, sondern der Klecks Fleisch an der Zungenbasis.
Kotelett nennt man eine Backe, die zusammen mit einem Stück Kinnlade abgeschnitten und gebraten wird.

zusammengetragen von Harriet Adams, *Vittles for the Captain: Cape Cod Sea-Food Recipes,* Provincetown, 1941

Geschmorte Kabeljauzungen

1 Pfund Kabeljauzungen
1 große Zwiebel
1/2 Pfund fetter Schweinespeck
Salz
Pfeffer

Man gibt den Speck in eine Bratpfanne und läßt ihn braun werden, fügt die Zwiebeln und dann die gut gesäuberten Zungen hinzu. Salzen und pfeffern nach Geschmack. Man läßt das Ganze etwa eine halbe Stunde lang bei schwacher Flamme garen.

zusammengetragen von Ingonish Women's Hospital Auxiliary, From the Highlands and the Sea, Ingonish, Cape Breton, Nova Scotia, 1974

Die Baskische Zunge: Kokotchas de Bacalao Verde

Die Basken schwärmen für Fischzungen, sowohl von gesalzenem Kabeljau als auch von frischem Seehecht. Sie haben dafür das baskische Wort *kokotxas* (das wie kokoatschas ausgesprochen wird und vor Einführung des modernen Baskisch gelegentlich phonetisch wiedergegeben wurde); Dutzende von Rezepten sind bei ihnen gängig. Der bekannteste Klassiker ist das folgende Rezept. Beim Öl handelt es sich stets um Olivenöl.

Zutaten: 100 Gramm gesalzene Kabeljauzungen, Knoblauch nach Geschmack, Petersilie (je mehr, desto besser), eine kleine Zwiebel, Öl, Milch

Zubereitung: Die Zungen werden 24 Stunden gewässert, wobei das Wasser dreimal am Tag gewechselt wird. Dann schüttet man das Wasser weg und läßt die Zungen abtropfen. Man setzt eine Schmorpfanne mit dem Öl, der gewünschten Menge Knoblauch, der Petersilie und der kleinen Zwiebel aufs Feuer, läßt alles ein wenig bräunen und fügt die Zungen hinzu. Man wendet sie einmal, nimmt sie dann vom Feuer und läßt sie zehn Minuten stehen. Dann setzt man den Kochvorgang bei ganz kleiner Flamme fort und gibt drei Eßlöffel Milch hinzu. Von Zeit zu Zeit rührt man behutsam um, und wenn man sieht, daß die Zungen gar sind, nimmt man sie vom Feuer, und sie können aufgetragen werden.

El Bacalao, die Rezepte von PYSBE
(Spanische Fischer und Trockner
von Gesalzenem Kabeljau),
San Sebastián, 1936

Kabeljaurogen

An Franzosen oder Fische zu verfüttern

Gut gesalzener und gepökelter Rogen vom Kabeljau wird hierzulande verachtet, soll aber in Frankreich einen guten Preis erzielen, wo man zumalen Soße aus ihm bereitet.
Um selbigen zu verwenden, zerquetschet man ihn zwischen zwei Tranchierbrettern und verquirlt ihn mit Essig, Weißwein usw.; dann läßt man es auf schwachem Feuer schmoren oder köcheln, mit Sardellen und anderen Zutaten, wo für Soße gebraucht werden, gibt Butter gut geschlagen dazu: Wir selbsten an den Küsten gebrauchen den Rogen von frischem Kabeljau zur Soße.

John Collins, *Salt and Fishery,* 1682

Oder an britische Seeleute ...

Wie angegeben kochen (pro fünf Liter Wasser fügt man eine Viertelpinte Essig und zwei Unzen Salz dazu. In das stark kochende Wasser gibt man den [Rogen], zieht den Topf an den Rand des Feuers und läßt es sanft sieden, bis der Fisch gar ist.) und mit Petersilie oder Kapernsoße servieren oder mit Ei oder Eierteig und Brotkrumen panieren und braten. Serviert wird es mit Zitronenscheiben oder Sardellenpaste.

C. H. Atkinson, *The Nautical Cookery Book for the Use of Stewards & Cooks of Cargo Vessels,* Glasgow, 1941

Zur Fastenzeit in Griechenland: Taramosaláta

Im gesamten christlichen Mittelmeer ist gesalzener Kabeljau seit alters ein Fastenessen. In Griechenland serviert man während der Fastenzeit *Taramosaláta.* Da Rogen, wenn er nicht gesalzen oder geräuchert ist, rasch verzehrt werden muß, stellt er normalerweise eine Delikatesse der nördlichen Länder dar. *Taramosaláta* wurde ursprünglich aus dem Rogen der Goldmeeräsche zubereitet, die im Mittelmeer heimisch ist. Aber in dem Maße, wie es mit der Fischerei im Mittelmeer bergab ging, fingen die Griechen an, haltbar gemachten Kabeljaurogen aus Norwegen einzuführen, den sie *taramá* nannten.

150 Gramm taramá (gesalzener Kabeljaurogen)
1 mittelgroße Zwiebel, gerieben oder fein gehackt
*1 Scheibe (5–6 cm dick) trockenes Brot**
*1 gekochte Kartoffel**
Saft von 1–2 Zitronen
1 Tasse Olivenöl

Man schneidet vom Brot die Kruste ab, weicht es ein und preßt es trocken. Man spült das taramá in einem feinmaschigen Sieb mit Wasser ab, um einen Teil des Salzes zu entfernen.
Man zerstößt die Zwiebel in einem Mörser (goudi), falls vorhanden, zu Brei, dann das Brot und die Kartoffel, gibt dazu das Öl und den Zitronensaft, zerstampft oder rührt alles, bis es sämig ist und gibt es in einen elektrischen Mixer. Man verteilt mit dem Löf-

* Man kann auch nur Brot oder nur Kartoffel verwenden, aber die Kombination ergibt eine gute Konsistenz. Weißbrot mit der Kruste liefert ein besseres Aroma.

fel ein bißchen Öl auf der Oberfläche und garniert das Ganze mit Oliven.
Manche Rogen sind kräftiger gefärbt als andere; man kann bei der fahleren Spielart, die tatsächlich die hochwertigere ist, mit ein bißchen Rote-Bete-Saft der Farbe nachhelfen.

Anne Yannoulis,
Greek Calendar Cookbook,
Athen, 1988

Kabeljauschwimmblasen

Wie man Kabeljauschwimmblasen schmort

Man reinigt sie, übergießt sie mit kochendem Wasser und reibt sie mit Salz ein. Die schorfige Haut wird abgezogen, sie werden vorgekocht, dann in Mehl gewälzt und geschmort, bis sie gar sind. Man trägt sie auf und übergießt sie mit einer Soße aus gebräunten Grieben, Pfeffer, Cayenne, Salz, ein wenig Mehlschwitze, einem Teelöffel mit frisch gemachtem Senf und einem mit Soja. Kabeljauschwimmblasen werden als Ragout zubereitet, indem man sie wie angegeben kocht (man kocht sie langsam in reichlich Wasser mit einer Handvoll Salz) und in Schweineschmalz schmort, wobei man ein bißchen Sahne und Mehlschwitze zufügt und mit Zitronenschale, Muskatnuß und Muskatblüte würzt. Man schneidet sie in Scheiben. Sie lassen sich braten.

Margaret Dods,
Cook and Housewife's Manual,
London, 1829

Mägen finden als Wursthäute Verwendung. Hallfredur Örn Eiríksson zufolge, der am Arni-Magnússon-Institut über Volksbräuche arbeitet, werden sie »sorgfältig gereinigt, mit Leber gestopft, die manchmal mit Roggenmehl verknetet wird, und dann gekocht und gegessen. Dasselbe machte man auch gelegentlich mit Schwimmblasen.«

Auch die Kutteln, die Mageninnenwände, werden gelegentlich verwendet. Im Jahre 1571 wurde für Elisabeth von Österreich in Paris ein Empfang gegeben. Auf der Speisekarte fanden sich Kabeljaukutteln.

Seehecht und Tintenfisch mit Kabeljaukutteln à la Katalonien

Zutaten für vier Portionen: 4 ausgesuchte Mittelstücke vom Seehecht, 2 Tintenfische von jeweils 30 Gramm nach dem Säubern, 100 Gramm Kabeljaukutteln, Rindsbrühe, 100 Gramm Spinat, 1 Löffel Korinthen, 1 Löffel Pinienkerne, weiße Bohnen, ein Sträußchen Kerbel, 1 Schalotte, Butter, kaltgepreßtes Olivenöl, Rotwein, Salz und Pfeffer.

Am Abend zuvor weicht man die Bohnen, die Korinthen und die Kutteln getrennt voneinander ein.
Man schuppt den Seehecht, beläßt aber die Haut und wäscht ihn.
Man säubert die Tintenfische und entfernt die Saugarme.
Man kocht die Bohnen bei schwacher Hitze in Wasser weich.
Man kocht die Kutteln und hebt das Kochwasser auf.

Man schneidet die Tintenfische in schmale Streifen und brät sie in Olivenöl an.
Man stellt eine Pfanne bei mittlerer Hitze aufs Feuer und gart die kleingehackte Schalotte in Butter. Wenn sie weich ist, fügt man Rotwein hinzu, der bereits eingekocht ist. Dann gibt man die Bohnen und gewürfelten Kutteln dazu, anschließend ein wenig Rindsbrühe und kocht es auf. Man bindet es mit Butter, salzt und pfeffert es.
Man würzt den Seehecht und legt ihn mit der eingeölten Haut nach unten in eine Pfanne.
Man erhitzt rasch den vorher gewaschenen Spinat und fügt die Pinienkerne und die Korinthen hinzu.
Auf jedem Teller macht man ein Bett aus Bohnen, gibt einen Löffel Kutteln darauf, etwas Soße und Tintenfisch. Darauf legt man den Seehecht, mit der Haut nach oben. Die Ränder garniert man mit Bohnen, Spinat, Pinienkernen und Korinthen. Auf den Fisch legt man ein Zweiglein Kerbel.

Restaurant El Raco de con Fabes,
Barcelona, von Rafael García Santos,
El Bacalao en la cocina Vasca y las mejores recetas del mundo
(Gesalzener Kabeljau in der baskischen Küche und die besten Rezepte der Welt), 1996

Bis auf die Haut und die Knochen

Ehe Island ein modernes Land wurde, röstete man dort Kabeljauhaut und setzte sie den Kindern mit Butter vor. Hallfredur Eiríksson erinnert sich aus seiner Kindheit: »Ehe der getrocknete Fisch gegessen wird, zieht man immer die Haut ab; die trockene Haut ist zäh, wird aber weich und eßbar, wenn man sie über dem offenen Feuer röstet.«

Kabeljaugräten (wie auch die Knochen von Schafen und Rindern) wurden folgendermaßen zubereitet:

> *[Die Gräten] werden in saurer Molke eingelegt, wo sie bleiben, bis sie teilweise aufgelöst und weich sind, und dann wird das Ganze langsam gekocht, bis die Gräten zart sind und das Gemisch gerinnt, so daß es den Eindruck von dickem Haferbrei macht.*
>
> Andrea Nikólina Jónsdóttir, *Ny matreidslubók*, 1858

FISCHTOPF

Das englische Wort für Fischtopf, *chowder*, stammt von *chaudière*, womit im Französischen ein großer eiserner Topf bezeichnet wird. Heute sind die Töpfe häufig aus Aluminium, gehören nach wie vor zur Standardausrüstung auf Fischereifahrzeugen und werden für die Zubereitung eines einfachen, warmen Eintopfs aus frischem Fisch und den Vorräten des Schiffes benutzt. Die meisten Fischereigemeinden im Nordatlantik haben ihre eigene Spielart dieses Gerichts. Ein Fischtopfrezept aus dem 16. Jahrhundert wurde in der keltischen Sprache Cornwalls abgefaßt. Daß in Cornwall ein Fischhändler *jowter* heißt, hat einige Historiker zu der These veranlaßt, das Wort *chowder* stamme von dort. Man trifft häufig auf die Behauptung, französische und englische Fischer von den Grand Banks hätten den Fischtopf in die neufundländische Küche eingeführt, von wo er dann südwärts nach Nova Scotia und Neuengland gewandert sei. Aber der Fischtopf gehörte bereits zur Küche der nordamerikanischen Eingeborenen dieser Gegenden, als die Europäer dorthin kamen, allerdings ohne das Schweinefleisch.

Die ursprünglichen Zutaten waren gesalzenes Schweinefleisch, Schiffszwieback und entweder frischer oder gesalzener Kabeljau, alles sorgfältig in Schichten übereinandergehäuft. Die Zutaten stellen die üblichen, durch lange Haltbarkeit ausgezeichneten Vorräte auf einem Fischereischiff dar. Schiffsszwieback, der später je nach Form und Größe namentlich unterschieden wurde und etwa als »Lotsenbrot« oder »Kreuzkräcker« firmierte, war der Vorläufer des heutigen Hartkeks – ein Brot, das zu hart war, um zu schimmeln. Später wurden zum Fischtopf auch noch Kartoffeln hinzugefügt. Der neufundländische Fischerschmortopf ist ein klassisches Eintopfgericht, bei dem die Flüssigkeit allerdings verkocht sein muß. (Siehe S. 19)

Aber bitte …

»Heutzutage kommt [Fischtopf] nur allzu häufig im Fingerhut auf den Tisch. Ausgeteilt wird er mit einer Pipette. Seinerzeit aber war Fischtopf das Hauptgericht bei einer Mahlzeit. Und auch wenn er diese stolze Stellung eingebüßt hat, ist er doch nach wie vor nicht, beileibe nicht, eine jener zarten, dünnen, flüchtigen Brühen, mit denen man sich im Salon einer Dame von Stand feinsinnig vergnügt … Und P. S. – Bitte nicht in einer Tasse servieren.«

zusammengetragen von Harriet Adams,
Vittles for the Captain: Cape Cod Sea-Food Recipes,
Provincetown, 1941

Zutaten nach Geschmack

Vier Pfund Fisch reichen aus, um einen Fischtopf für vier oder fünf Personen zuzubereiten; auf den Boden des Topfes kommen ein halbes Dutzend Scheiben gesalzenes Schweinefleisch; den Topf hängt man hoch, so daß sie nicht anbrennen; man nimmt das Schweinefleisch heraus, wenn es stark gebräunt ist; nun legt man eine Schicht Fisch hinein, der in Längsrichtung in Scheiben geschnitten ist, dann eine Schicht aus Hartkeksen, kleinen oder in Scheiben geschnittenen Zwiebeln und Kartoffelscheiben, die so dünn sind wie ein Geldstück, vermischt mit Stücken des gebratenen Schweinefleischs; anschließend wieder eine Schicht

Fisch und so weiter. Sechs Hartkekse reichen aus. Über jede Schicht wird ein bißchen Salz und Pfeffer gestreut: über das Ganze gießt man eine Schale mit einem Gemisch aus Mehl und Wasser, bis die Flüssigkeit die gleiche Höhe wie der Topfinhalt hat. Zitronenscheiben fördern das Aroma. Eine Tasse Tomatenketchup paßt hervorragend. Manche tun auch Bier hinein. Ein paar Muscheln sind eine hübsche Zutat. Der Topf muß zugedeckt sein, damit möglichst kein Quentchen Dampf entweicht. Erst öffnen, wenn es fast gar ist, um zu kosten, ob die Würze stimmt.

Lydia Maria Child,
The American Frugal Housewife,
Boston, 1829

In Neuengland waren im 19. Jahrhundert Fischtopf-Gesellschaften große Mode. Ein Dutzend oder mehr Personen unternahmen eine vomittägliche Segeltour und bereiteten dann den Fischtopf entweder an Bord oder später am Strand zu. Damals kam es auch in Mode, Milch in den Fischtopf zu geben, was bedeutete, daß ein Fischtopf nicht mehr mit den für eine Seefahrt unabdingbaren Vorräten auskam. (Siehe S. 87)

Fischtopf: Ein Neuansatz

Fannie Merritt Farmer, eine enorm einflußreiche Kochbuchautorin, glaubte an den Sinn detailliertester Anweisungen und setzte sich für genaue Mengenangaben bei Rezepten ein, das heißt, sie half dabei mit, jene Illusion von Wissenschaftlichkeit zur gängigen Norm zu erheben, der wir es verdanken, daß seit über hundert Jahren Hausfrauen sich verwundert fragen: »Was habe ich denn falsch gemacht? Ich habe doch genau das Rezept befolgt.« Sie war die berühmteste Leiterin der Bostoner Kochschule, die eine Generation zuvor gegründet worden war, um Frauen aus dem Arbeitermilieu beizubringen, wie man »mit System« kochte. Unter dem Einfluß dieser Schule wurde dem Kochen nach Rezept allmählich jede Entscheidungsfreiheit ausgetrieben; Experimentieren war immer mehr verpönt.

Fannie Farmers Fischtopfrezept unterscheidet sich stark von den vorhergehenden, nicht nur im Punkte seiner genauen Maßangaben, sondern auch insofern, als es auf die Zubereitung in einem einzigen Topf verzichtet und völlig von dem Schichtprinzip Abstand nimmt. Das folgende Rezept ist offensichtlich für einen Kochherd gedacht, der einem erlaubt, mit mehreren Töpfen und sogar mehr als einer Kochstelle gleichzeitig zu arbeiten. Als die Kochherde die Küchenfeuer ersetzten, änderte sich die Kochtechnik.

4 Pfund Kabeljau oder Schellfisch.
6 Tassen Kartoffeln, in gut 1/2 Zentimeter dicke Scheiben geschnitten, oder 4 Tassen Kartoffeln in gut 1 1/2 Zentimeter große Würfel geschnitten.
1 in Scheiben geschnittene Zwiebel
4 Zentimeter große Würfel gesalzener Schweinespeck
1 Teelöffel Salz
1/8 Teelöffel Pfeffer
3 Eßlöffel Butter
4 Tassen abgekochte Milch
8 normale Hartkekse

Man bestellt den Fisch ohne Haut, aber mit Kopf und Schwanz. Man schneidet Kopf und Schwanz ab und löst den Fisch vom Rückgrat. Man zerschneidet den Fisch in fünf Zentimeter dicke Stücke und legt sie beiseite. Den Kopf, den Schwanz und das in Teile zerbrochene Rückgrat legt man in einen Schmortopf, fügt zwei Tassen kalten Wassers hinzu, erhitzt langsam bis zum Siedepunkt und läßt zwanzig Minuten lang kochen. Den in kleine Stücke geschnittenen Schweinespeck läßt man aus, fügt die Zwiebel hinzu und brät fünf Minuten lang; das Fett seiht man in den Schmortopf. Die Kartoffeln bedeckt man mit kochendem Wasser und kocht sie fünf Minuten lang vor; dann gießt man ab und gibt die Kartoffeln in das Fett; dann fügt man zwei Tassen kochendes Wasser dazu und kocht fünf Minuten lang. Man fügt die Flüssigkeit hinzu, in der die Gräten gekocht wurden, sowie den Fisch, deckt den Topf zu und läßt zehn Minuten lang bei schwacher Hitze garen. Dann gibt man Milch, Salz, Pfeffer, Butter und die Hartkekse dazu, die man vorher zerbricht und in soviel kalter Milch einweicht, daß sie durchfeuchten. Manchmal wird anstelle der normalen Hartkekse »Lotsenbrot« verwendet.

Fannie Merritt Farmer,
The Boston Cooking-School Cook Book, 1896

Die letzten Terre-Neuvas

In den französischen Kanalhäfen hießen die Männer, die vor Neufundland fischten, Terre-Neuvas. Die letzten von ihnen liefen in den siebziger Jahren aus dem bretonischen Hafen St.-Malo und dem Normandiehafen Fécamp aus. Ein Jahr, nachdem das folgende Buch erschien, nämlich beim Fischzug von 1961, wurden immerhin noch 22 000 Tausend Tonnen gesalzener Kabeljau in Fécamp angelandet. Das ursprüngliche französische Wort für Fischtopf, *la chaudrée*, ist verschwunden; und hier wird dafür das Marseiller Wort für Fischsuppe verwendet.

Bouillabaisse à la Fécamp

Zubereitung: 30 Minuten

Zutaten: 500 Gramm gesalzener Kabeljau, 750 Gramm Kartoffeln, 100 Gramm Zwiebel, ein paar Selleriestengel, der weiße Teil einer Porreestange, 2 Knoblauchzehen, 2 Eßlöffel Tomatenmark, 3 Eßlöffel Öl, 1 bouquet garni, Salz, Pfeffer, gehackte Petersilie.

Man entsalzt den Kabeljau, übergießt ihn mit kochendem Wasser, läßt ihn abtropfen und erhitzt das Öl in einem Kochtopf. Man gibt die gehackten Zwiebeln sowie Porree und Sellerie, die man ebenfalls kleingehackt hat, hinein. Das läßt man zehn Minuten lang kochen. Die Kartoffeln werden geschält, in dicke runde Scheiben zerschnitten und in dem beschriebenen Fond gekocht. Wenn sie fast gar sind, gibt man den gesalzenen Kabeljau dazu. Man läßt das Ganze zehn Minuten lang ziehen. Man bringt es heiß auf den Tisch, bestreut mit gehackter Petersilie. Falls gewünscht, kann man vor dem Servieren ein wenig Crème fraîche hinzufügen.
Dieses Rezept gewann den Prix Terre-Neuve.

Forschungs- und Informationsausschuß für die Förderung des Verzehrs von Gesalzenem Kabeljau, *Gesalzener Kabeljau: Der Fisch, seine Zubereitung, sein ernährungspraktischer, kulinarischer und ökonomischer Wert*, Paris, 1960

DIE DIASPORA DES WESTINDIENKABELJAUS

Westafrika: Stockfisch und Eguzi

Die Epoche des Sklavenhandels ließ Westafrika mit einem Faible für haltbar gemachten Kabeljau zurück, obwohl bei den meisten Westafrikanern davon nichts mehr übriggeblieben ist als eine Tradition, Fische der Gegend zu salzen und zu trocknen. Einige westafrikanische Städte wie etwa Kaolack im Senegal bieten einen Anblick, der aus Gloucester und Petty Harbour verschwunden ist – eine Küste, die kilometerlang mit Trockengestellen bedeckt ist. Kaolack liegt im Landesinnern, aber nahe der Küste am Fluß Saloum, und dient als ein Ausgangspunkt für die Fahrt zum Oberlauf des Niger, der eine Hauptverkehrsader für den regionalen Handel bildet, der den Salzfisch in die Gebiete südlich der Sahara und in die Sahara selbst bringt. Nigeria hingegen besitzt dank seines Erdöls Devisen und kann Kabeljau importieren. Die Nigerianer, vor allem die Ibos, lieben getrockneten Kabeljau, den auch sie Stockfisch nennen. Das folgende Rezept stammt von einer Ibo, die in der Stadt Bende in der Nähe des Deltas zur Welt kam und heute in den USA lebt.

> *Man wäscht den Stockfisch in heißem Wasser und läßt ihn fünf Minuten lang quellen. Dann kocht man ihn mehrere Stunden lang, bis er weich ist. Dann fügt man Ziegenfleisch hinzu. Wenn das Ziegenfleisch gar ist, gibt man eguzi [Samen des grünen Pâtisson-Kürbis, der in Nigeria als Melone gilt] dazu. Hinzu kommen*

Zwiebeln und gehacktes ukazi [ein Kräuterblatt]. Dazu noch Flußkrebs. Anschließend rührt man ugbo ein [Bindemittel, das aus gemahlenen Samen besteht, die stundenlang gekocht werden müssen, damit sie weich werden].

Joy Okori, Washington, D.C., 1997

Brasilien: Bacalhua com Leite de Coco

1 Pfund gesalzener Kabeljau
1 frisch geraspelte Kokosnuß
4 Eßlöffel Butter oder Öl
2 kleingehackte Zwiebeln
2 kleingeschnittene Tomaten
2 oder 3 Tropfen Chilisoße
1 Eßlöffel Dendê-Öl [ein Palmöl aus Bahia]

Der Kabeljau wird entsalzen. Die dickflüssige Kokosmilch wird abgegossen und zurückbehalten. Zum übrigen gibt man zwei Tassen heißes Wasser und preßt in einem Sieb die verdünnte Milch heraus. Man brät den gesalzenen Kabeljau in Butter oder Öl zusammen mit den Zwiebeln und den Tomaten und hält das Ganze mit der dünnen Kokosmilch feucht. Man köchelt auf kleiner Flamme und rührt gelegentlich um. Bevor der Fisch auf den Tisch kommt, besprengt man ihn mit der Chilisoße und gießt das Dendê-Öl und die dickflüssige Kokosmilch darüber.

Rosa Maria, A Arte de Comer Bem,
Rio de Janeiro, 1985

Jamaika: Kabeljau versenkt

Heute wird »versenkter« Kabeljau normalerweise mit dunklem, fettem Fisch aus der Gegend zubereitet. Aber traditionell wurde gesalzener Kabeljau verwendet. Alphanso McLean kocht es für Freunde, auch wenn es als zu »rustikal« gilt, um in dem Hotel, in dem er kocht, serviert zu werden.

> *Man raspelt Kokosnuß und läßt sie Flüssigkeit ziehen. Dann preßt man sie durch ein Tuch. Man kocht die ausgepreßte Flüssigkeit unter ständigem Umrühren, bis auf der Oberfläche Öl schwimmt. Man fügt Salzfisch, Zwiebeln, Tomate hinzu und reicht als Beilage gelbe Jamswurzel und grüne Banane.*
>
> Alphanso McLean, Küchenchef,
> Terra Nova Hotel, Kingston, 1996

Jamaika: Akipflaume und Salzfisch

> *»Elena war so unbesonnen, Violet um die Zubereitung eines einheimischen Gerichts zu bitten. Die kochte ein Essen, das Salzfisch und Akipflaume genannt wird – und das ich später als ein Gericht beschrieben fand, das von den Einheimischen hochgeschätzt werde, weniger allerdings von anderen Menschen.«*
>
> *Edmund Wilson, The Sixties, 1993*

Wilsons Bärbeißigkeit angesichts dieses Themas rührte wohl hauptsächlich daher, daß er sich an Akipflaumen vergiftet hatte. »Ich erinnere mich nicht, jemals auf so eigentümliche Weise gelitten zu haben wie bei dieser Gelegenheit«, schreibt er. Ackee ist eine westafrikanische Frucht, die der berüchtigte Kapitän Bligh im Jahre 1793 nach Jamaika brachte – und die nach ihm *Blighia sapida* benannt ist. Mit der gleichen Vorsicht, die beim Umgang mit ihrem Namensgeber geboten war, ist auch die Frucht selbst zu genießen. Wenn sie im bergigen Binnenland Jamaikas flammendrot am Baum hängt, muß sie voll ausgereift sein – das heißt, sie muß schon aufplatzen –, um gefahrlos genossen werden zu können.

Akipflaume und Salzfisch gilt den Jamaikanern als ihr Nationalgericht; allerdings ist Salzfisch heute so teuer, daß die Jamaikaner ihn schon im Scherz zu ihrem »Internationalgericht« erklären – nur die Touristen können ihn sich noch leisten. Der Küchenchef des Hotels Terra Nova, Alphanso McLean, serviert auf der geräumigen, luftigen Hotelveranda jamaikanisches Frühstück (Akipflaume und Salzfisch mit gebratenen Biskuits) weniger an Touristen als an betuchte jamaikanische Geschäftsleute und Politiker. Die gebratenen Biskuits werden »johnny cakes« genannt, und sind die gleichen Biskuits, die mit jamaikanischer Melasse in der anderen Terranova, in Neufundland, zum Frühstück auf den Tisch kommen. Aus dem südöstlichen Neuengland stammend, wurden sie aus Maismehl und Melasse gemacht und in Schweinefett ausgebacken; der Name »johnny cakes« leitet sich von »journey cakes« (»Reisegebäck«) her, weil man sie unterwegs auf der Straße zu essen pflegte. Sie sind der Melasse-Salzkabeljauroute gefolgt.

Zu karibischen Salzfischgerichten gehört immer, daß der Fisch zerkleinert wird, weil er von geringer Qualität ist. Der kaum eingeweichte Salzfisch ist hart und salzig. Die Gerichte beziehen daraus ihr Aroma.

Man weicht 1/4 Pfund gesalzenen Kabeljau 20 Minuten lang ein und kocht ihn zehn Minuten lang. Das Fruchtfleisch von einem Dutzend frischer Akipflaumen wird fünf Minuten lang gekocht. Dann wird pflanzliches Öl in einer Bratpfanne erhitzt. Auf dem Land benutzten wir immer Kokosnußöl, aber hier verwende ich Sojaöl. Man fügt gehackte Zwiebeln, Schalotten, Thymian und gemahlenen schwarzen Pfeffer hinzu. Der gemahlene Pfeffer gibt der Sache ein schönes Aroma. Dann gibt man feingehackte Peperoni [scharfe scotch bonnet] dazu. Darein gibt man die Akipflaumen und den zerkleinerten Salzfisch.

Alphanso McLean, Terra Nova Hotel,
Kingston

Puerto Rico: Serenata de Bacalao

In der puertorikanischen Stadt San Juan macht La Casita Blanca ihrem Namen alle Ehre – es ist ein einstöckiges weißes Gebäude, eine Kiezbar, die im Jahre 1922 erbaut wurde und die Jesus Perez 1985 übernahm. Sie befindet sich in Barrio Obrero, einem Viertel, in das sich viele nach Einbruch der Dunkelheit nicht mehr hineinwagen. Aber mit seinen niedrigen ein- und zweistöckigen Häusern in Türkis und Lachsfarbe zählt das Viertel auch zu den alten Stadtteilen San Juans, in denen noch keine Hochhausarchitektur Fuß gefaßt hat.

Perez erinnert sich daran, daß in seiner Familie immer *bacalao* mit Wurzelgemüse, Jams, Brotfrucht und Yucca zubereitet wurde. »Sie aßen es auf diese Weise viel öfter als mit Gemüse. Meine Mutter kaufte immer einen ganzen harten, flachen Fisch. Ich kaufe heute Filets. Sie sind weich. Sie sind gesalzen, aber nicht getrocknet.« Das Trocknen verteuert das Produkt, und da mittlerweile auf der Insel Kühlschränke weit verbreitet sind, senken die Puertorikaner und viele andere Völker überall in der zivilisierten Welt dadurch die Kosten, daß sie grünen Kabeljau kaufen. Ein Salzfischgericht aus seiner Kindheit, das sich auch heute noch großer

Beliebtheit erfreut, heißt *Serenata*. In Santa Lucia nennt man es *Brule Jole*; in Trinidad *Buljol*; in Haiti, Guadeloupe und Martinique *Chiquetaille*.

2 Tassen gesalzener Kabeljau, entsalzt, gesäubert, zerkleinert und gekocht
1 große Zwiebel, in Scheiben geschnitten
1 Knoblauchzehe, zerdrückt
2 scharfe grüne Peperoni
1/2 Tasse gefüllte Oliven
4 hartgekochte Eier, in Scheiben geschnitten
2 gekochte Kartoffeln, geschält und in Scheiben geschnitten
1 Tasse Olivenöl

Alles wird gut vermischt und, mit Salz und Pfeffer abgeschmeckt, serviert.

Jesus Perez, La Casita Blanca, San Juan, 1996

Guadeloupe: Feroce

Befragt, was ihr Lieblingsgericht in Sachen gesalzener Kabeljau sei, antwortet Carmelite Martial: »Nun, da ich Salzfisch eigentlich gar nicht mag, vielleicht ein bißchen *feroce*. Ich mag Avocados.«

Man vermischt Avocados, Cassave (Maniokmehl), gegrillten Salzkabeljau und ein bißchen scharfe Peperoni sowie Sonnenblumenöl. Zum Vermengen benutzt man einen Spatel. Manche tun Gurke dazu, aber entscheidend ist das nicht.

Carmelite Martial, Le Table Creole, St. Felix, Guadeloupe

DIE GROßE FRANZÖSISCHE MASKERADE

»Te conozco, bacalao,
Aunque vengas desfrazao.«
(»Ich erkenne dich, Salzkabeljau,
Selbst wenn du in Verkleidung auftrittst.«)

Kubanisches Sprichwort

Mindestens seit Taillevents Zeiten wird gesalzener Kabeljau immer durch Fett gesänftigt, weil er herb ist. Man benutzt Butter, Olivenöl, Rahm – die Isländer gießen das ausgelassene Fett von Lammleber darüber. Im Jahre 1654 erfand Louis de Béchamel, Marquis de Nointel, Finanzier am Hofe Ludwigs XIV., der große Summen in die Neufundland-Fischerei investiert hatte und feststellte, daß der französische Markt stagnierte, weil die Franzosen diesen getrockneten und gesalzenen alten Fisch nicht mochten, eine eigene Soße dafür, die heute Béchamelsoße heißt. Die Soße brachte es im Zusammenhang mit gesalzenem Kabeljau und mit vielen anderen Gerichten zu ungeheurer Beliebtheit. Ursprünglich war es eine einfache Rahmsoße mit Gewürzen wie etwa Muskatnuß. Später wurde sie mit Ei angereichert:

Salzfisch mit Rahm

Man nimmt guten Kabeljau vom Faß und kocht ihn; dann zerpflückt man ihn in Flocken, legt die in einen Schmortopf mit Rahm und würzt mit ein wenig Pfeffer; dazu tut man eine Handvoll überbrühte und zerkleinerte Petersilie und köchelt es, bis es zartweich ist; dann schüttet man es mit ein bißchen sämiger Butter und zwei oder drei Eigelb zusammen und richtet es an; garniert wird es mit verlorenen Eiern und Zitronenscheiben.

Charles Carter, *The Compleat Practical Cook*,
London, 1730

Noch später kam Mehl hinzu. Ihren Gipfelpunkt an Kompliziertheit erreichte die Soße im frühen 20. Jahrhundert mit dem aufwendigen Rezept von Auguste Escoffier aus dem Jahre 1921, das auch Kalbfleischstücke vorsieht. Eine schlichtere Béchamelsoße aus Mehl und Rahm blieb indes die Norm in Portugal, Spanien, Italien, Neuengland (gesalzener Kabeljau in Rahm) – überall da, wo gesalzener Kabeljau gegessen wird.

BOULETTEN

Kein einzelnes Gericht ist allen Kulturen, in denen Kabeljau gegessen wird, so sehr gemeinsam wie die Kabeljaubouletten. Zu Ende des 19. Jahrhunderts diskutierte der Senat der USA gerade über ein in Vorschlag gebrachtes Lebensmittelreinheitsgesetz, als sich Senator George Frisbie Hoare, der den gleichen erhabenen Sitz einnahm, von dem herab einst Daniel Webster die Vorzüge des Fischtopfes gepriesen hatte, erhob, um eine längliche Lobrede auf »das köstliche Aroma des Kabeljaus« zu halten, wenn er »gesalzen, zu Bouletten geformt und an einem Sonntagmorgen genossen« werde.

Neuengland: Man tut gut daran, samstags anzufangen

Salzfisch vermengt mit zerquetschten Kartoffeln und mit guter Butter oder Speckstücken, damit er nicht zu trocken ist, schmeckt am zweiten Tag noch besser als am ersten. Der Fisch muß ganz fein zerdrückt werden, während er noch warm ist. Wenn er erst kalt und trocken ist, hat man Schwierigkeiten, die Aufgabe ordentlich zu erledigen. Es gibt keine hübschere Methode, Salzfisch zum Frühstück zuzubereiten, als ihn zu kleinen Bouletten zu formen; nachdem er mit den Quetschkartoffeln vermengt ist, taucht man die Masse in Ei und brät sie goldbraun aus.

Lydia Maria Child, *The American Frugal Housewife*, Boston, 1829

Frankreich: Morue en Croquettes

Das Buch, in dem dieses Rezept steht, war Anfang des 20. Jahrhunderts ein Klassiker in französischen Haushalten und dort überall anzutreffen.

Nachdem der gesalzene Kabeljau wie oben angegeben gekocht ist (den gesalzenen Kabeljau in kaltes Wasser legen und zum Kochen bringen. Unmittelbar vor dem Siedepunkt vom Feuer nehmen, abschöpfen und zudecken), entfernt man die Haut und die Knochen und bereitet eine Béchamelsoße zu, die man mit dem gesalzenen Kabeljau vermischt; anschließend das ganze kalt werden lassen; es muß kalt genug sein, um es zu Bouletten formen zu können; das setzt voraus, daß die Soße dick ist.
Man bereitet ein Dutzend Bouletten zu und wälzt sie in feinen Brotkrumen, taucht sie dann in verquirltes Ei, wälzt sie ein zweitesmal in Brotkrumen und gibt sie in eine sehr heiße Friteuse. Wenn sie schön Farbe angenommen haben, nimmt man sie heraus, stapelt sie als Pyramide und bestreut sie mit kleingehackter Petersilie.

Tante Marie, *La Véritable Cuisine de Famille,*
Paris, 1925

Italien: Kroketten aus gesalzenem Kabeljau

Die Tante Marie Italiens hieß Ada Boni; sie war Herausgeberin der führenden italienischen Frauenzeitschrift *Preziosa*. Die erste Auflage ihres Kochbuchs erschien im Jahre 1928. Das folgende Rezept stammt aus der 15. Auflage.

1 1/2 Pfund eingeweichte baccalà
3 Sardellenfilets, kleingehackt
1 Eßlöffel kleingehackte Petersilie
1/2 Eßlöffel Pfeffer
1 Eßlöffel geriebener Parmesan
2 Scheiben Weißbrot, in Wasser eingeweicht und ausgedrückt
2 Eier, leicht geschlagen
1/2 Tasse Mehl
1 Ei, leicht geschlagen

Man kocht den Fisch 30 Minuten lang in Wasser und läßt ihn dann abkühlen. Er wird entgrätet und enthäutet und dann fein gehackt. Man fügt die Sardellen, die Petersilie, den Pfeffer, den Käse, das Brot und die Eier hinzu und mischt das Ganze gut durch. Man formt daraus Kroketten, wälzt sie in Mehl, tunkt sie in Ei, wälzt sie in Semmelbrösel und brät sie in Olivenöl, bis sie von allen Seiten gebräunt sind. Die Bratzeit beträgt etwa 4 Miuten für jede Seite. Reicht für vier Personen.

Ada Boni, *Talismano della Felicità,* 1950

Portugal: Sonhos de Bacalhau

1 Tasse zerkleinerter gesalzener Kabeljau
1 Tasse Mehl
1 Tasse Wasser
1 Eßlöffel Butter
Salz und Pfeffer nach Geschmack
3 Eier

Man weicht über Nacht zwei Stücke gesalzenen und getrockneten Kabeljau ein. Man zerpflückt den Fisch mit den Fingern in ganz kleine Stücke. Man mißt von dem zurückgehaltenen Wasser ab und bringt darin den Fisch zum Kochen, fügt Butter und Pfeffer hinzu, schüttet das Mehl hinein und rührt kräftig, bis sich an den Rändern des Topfes Teig absetzt. Man nimmt den Topf vom Feuer und läßt ihn abkühlen. Man gibt die Eier hinzu, eines nach dem anderen, und vermischt das Ganze gut. Man brät die Masse in einer tiefen Bratpfanne in reichlich heißem Öl aus, wobei man sie löffelweise hineingibt. Man brät sie golbraun aus. Ergibt etwa 20 bis 24.

Deolinda Maria Avila,
Foods of the Azores Islands, 1977

Jamaika: Stomp and go

Man mischt ein Pfund Mehl mit Wasser, bis es nicht mehr dickt
Man fügt 1/4 eingeweichten, gekochten und zerkrümelten Salzfisch hinzu.
Man rührt zwei Eier ein.
Man gibt ein bißchen Backpulver, geröstete Zwiebeln, Schalotten, Thymian dazu.
Das Ganze wird vermengt.
Man gibt es löffelweise in heißes Öl.

Alphanso McLean,
Terra Nova Hotel,
Kingston

Puerto Rico: Bacalaitos

Pupa ist der volkstümliche Spitzname für Providencia Trabal, die für alles Puertoricanische schwärmt. Sie pflegte im Fernsehen die Küche Puerto Ricos vorzustellen. Heute kocht sie für Verwandte in der engen, hohen Küche ihres Appartements in San Juan. *Bacalaitos* bereitet sie folgendermaßen zu:

Etwa 2 Tassen Weizenmehl
1 oder 2 Eßlöffel Backnatron
Zu letzterem gibt man von dem Wasser hinzu, in dem der gesalzene Kabeljau eingeweicht war.
Man knetet daraus einen dicken Teig.
1/2 Pfund gekochter gesalzener Kabeljau wird hineingebrockt
Hinzu kommt ein Löffel Knoblauch, kleingehackt zusammen mit Oregano
Hinzu kommen zwei Eßlöffel feingehackte Zwiebeln
Hinzu kommen zwei Eßlöffel feingehackte Tomate
Hinzu kommen in gehackter Form Korianderblatt und culantro (ein Kraut aus der Gegend)
Man brät es in heißem Maisöl aus, wobei die Masse schöpflöffelweise in die Pfanne gegeben wird.

Providencia Trabal, San Juan, 1996

»*Aye, Que Bonito!*« rief sie aus, und sie sind wirklich herrlich: fünf Zentimeter große bernsteinfarbene Teilchen mit dem Rot und Grün der Kräuter und Gemüse, deren Farben das rasche Ausbraten noch intensiviert hat.

BRANDADE

Nach Ansicht mancher stammt *brandade de morue* aus Nîmes, aber wahrscheinlicher ist, daß es sich um ein provenzalisches Gericht handelt. Ursprünglich hieß es *branlade*, was »geschlagene Masse« bedeutet und eine zutreffende Bezeichnung ist. Zur Zeit der Französischen Revolution war das Gericht bereits nach Paris vorgedrungen und ist von dort nicht mehr verschwunden. Im Jahre 1894 rief der Romancier Alphonse Daudet einen Zirkel ins Leben, der sich im Café Voltaire an der Place d'Odéon regelmäßig zu einem *diner de la brandade* traf.

Da gesalzener Kabeljau mittlerweile teuer ist, sind Kartoffeln dazugekommen – *brandade de morue parmentier.* Antoine-Auguste Parmentier war ein Offizier, der sich im 18. Jahrhundert für den Verzehr von Kartoffeln in der französischen Arme einsetzte; seither bedeutet sein Name »mit Kartoffeln«. Im Jahre 1886 wurde *brandade* zu einem offiziellen Bestandteil des Speiseplans der französischen Soldaten erklärt. In dem Maße, wie der gesalzene Kabeljau teurer wurde, stieg der Kartoffelanteil in der *brandade.* Manchmal wirkt das Gericht einfach nur wie ein Kartoffelbrei mit Fischgeschmack. In ihrem 1841 erschienenen Buch *The Good Housekeeper* schrieb die Amerikanerin Sara Josepha Hale: »Gesalzener Kabeljau ist ein billiges Nahrungsmittel, wenn man an Kartoffeln nicht spart.« Die ursprüngliche *brandade* kannte keine Kartoffeln.

Das folgende Rezept, das von dem großen provenzalischen Küchenchef J.-B. Reboul aus dem letzten Jahrhundert stammt, ist besonders schmackhaft, weil die Haut mitverwendet wird.

Morue en Brandade

Man nimmt guten Salzkabeljau, der nicht zu stark aufgeweicht und gut geschuppt ist, kocht ihn wie oben angegeben (zwölf Stunden in frischem Wasser einweichen, schuppen und in viereckige Stücke zerschneiden. Er wird in einen Topf gelegt, mit kaltem Wasser bedeckt und aufs Feuer gestellt, bis sich an der Oberfläche Schaum sammelt, der abgeschöpft wird) und läßt ihn abtropfen. Man entfernt vorsichtig die Gräten, beläßt aber die Haut, die entscheidend für den Erfolg der Zubereitung ist. Die sorgfältig behandelten Stücke gibt man in einen Topf, den man am Herdrand plaziert, so daß er sanft erhitzt wird; daneben in einem Töpfchen die Milch und in einem anderen das Öl, beides nicht zu heiß. Zuerst gibt man einen Löffel Öl zu dem gesalzenen Kabeljau, wobei man die Stücke heftig mit einem Holzlöffel bearbeitet und gegen die Topfwände quetscht; nach und nach fügt man in kleinen Mengen das Öl und die Milch hinzu, immer abwechselnd, während man mit dem Holzlöffel ununterbrochen weiterarbeitet. Wird das Gericht sämig, so daß sich keine Stücke mehr unterscheiden lassen, ist die brandade *fertig.*

J.-B. Reboul, *La Cuisinière Provençale,*
Marseille, 1910

Der Autor bemerkt anschließend, daß Trüffeln, Limonensaft, weißer Pfeffer und gemahlene Muskatnuß mögliche Zutaten seien, und fügt warnend hinzu: »Wären wir Gesundheitsberater, würden wir Ihnen empfehlen, dieses Gericht maßvoll zu genießen.«

DER FISCH, DER BASKISCH SPRACH

Die höchstentwickelte Salzkabeljauküche der Welt ist die der baskischen Landesteile Spaniens. Bis zum 19. Jahrhundert war gesalzener Kabeljau ausschließlich ein Armenessen; der Fisch kam gewöhnlich in verkochter Form als Schmortopf auf den Tisch. In der Sammlung von Salzkabeljaurezepten, die im Jahre 1936 die PYSBE herausbrachte, nehmen Schmortöpfe den breitesten Raum ein. Nur wenige dieser traditionellen Salzkabeljaugerichte trifft man heute noch in den Restaurants der baskischen Gebiete an; in privaten Haushalten allerdings werden sie nach wie vor aus den *desmigado* (Abfallstücke) genannten billigsten *bacalao*-Stücken zubereitet. Die teuersten Teile sind Zungen und *lomo*, das saftige Mittelfiletstück aus der Rückenregion dicht hinter dem Kopf, herausgeschnitten aus einem größeren Exemplar.

Mit Apfelmost

Omelett mit gesalzenem Kabeljau und *chuleta* – im Salz gewälztes, gegrilltes Muschelsteak – sind die beiden Spezialitäten baskischer Apfelmostkeltereien. In beiden Fällen besteht die Absicht darin, etwas Salziges zu servieren, um die Kunden durstig zu machen. In der Provinz Guispúscoa mit der Hauptstadt San Sebastián haben die Keltereien, *sidrerias* genannt, von Januar bis April geöffnet; in dieser Zeit versuchen sie, so viele Leute wie möglich in ihre Probierstuben zu locken, um Abnehmer für den in Fässern gärenden Apfelmost zu gewinnen, der im April in Flaschen abgefüllt wird. Die Kunden bekommen das Essen an hohen

Tischen stehend serviert. Wenn sie dann durstig vom Salz sind, wandern sie in die Probierstube, kosten verschiedene Sorten, wandern zurück und essen noch ein bißchen, um dann wieder von dem Most zu probieren. In dem Raum mit dem Apfelmost stehen Fässer, die über drei Meter hoch sind. Ein Faß wird angezapft, und die Kunden stehen in der Mitte des Raumes und fangen den heraussprudelnden Apfelmost in hohen, geradwandigen Gläsern auf. Die Gläser müssen senkrecht gehalten werden, so daß der Strahl auf die entgegengesetzte Wand und nicht auf den Boden des Glases auftrifft, so daß eine leichte Schaumkrone entsteht, während der Koster das Glas auf das Faß zubewegt und es dann weghebt, um den Spund freizugeben, damit der Most im Glas des nächsten Kosters landen kann, der hinten im Raum darauf wartet, an die Reihe zu kommen. Daß bemerkenswert wenig Most auf dem Fußboden landet, ist wahrscheinlich dem geringen Alkoholgehalt des Getränks zu danken.

Das folgende Rezept stammt aus einer *sidreria*, die in den bewaldeten Bergen am Rande von San Sebastián liegt. Das Omelette schmeckt herrlich nach gesalzenem Kabeljau, wobei das Aroma wahrscheinlich durch die Tatsache gewinnt, daß ein weit besseres Stück Fisch verwendet wird, als bei diesem Gericht traditionell üblich.

> *Man weicht das* lomo *nicht länger als 36 Stunden ein, damit es ein wenig Geschmack behält. Man brät kleingehackte Zwiebeln und eine Prise Petersilie in Olivenöl an. Dahinein gibt man den eingeweichten Salzkabeljau, nachdem man ihn hat abtropfen lassen. Dazu kommen Eier, die man mit ein bißchen Wasser verquirlt hat. Das Erfolgsgeheimnis besteht in der Geschwindigkeit, mit der man das alles tut.*
>
> Nati Sancho, Koch in der Sidreria Zelaia, 1996

Bacalao à la Vizcaína

Im 19. Jahrhundert wurden köstliche Salzkabeljaugerichte kreiert, indem man ein Stück *lomo* bester Qualität nahm, es einschließlich Haut ganz beließ und mit einer Soße servierte. Drei Gerichte waren dabei führend und sind es bis heute geblieben: *bacalao à la Vizcaína*, *al pil pil* und *club ranero*. Mit ihren roten, gelben und orangefarbenen Soßen bestachen diese Gerichte nicht zuletzt durch ihren Anblick. Wie ein Konzertgeiger über sein Standardrepertoire verfügen muß, müssen auch alle großen baskischen Küchenchefs ihre Fertigkeit bei diesen drei Gerichten unter Beweis stellen, ohne daß sie an den Standardrezepten nennenswert herumdoktern dürfen. Um Geheimprobleme wie das Einweichen des Fisches wird heftig gestritten. Sollen es achtunddreißig Stunden sein, wie Jenaro Pildain von der Guria in Bilbao behauptet, oder achtundvierzig, wie José Castillo von der Casa Nicolas in San Sebastián empfiehlt? Pildain weicht den Fisch im Kühlschrank ein. Castillo verwendet manchmal Mineralwasser zum Einweichen, weil er meint, im Leitungswasser einen Hauch von Chlorgeschmack zu entdecken.

Ihrer Eleganz ungeachtet traf man diese Gerichte in den einfachsten Milieus an. Vor dem spanischen Bürgerkrieg gab es eine Tavernenwirtin in Arakaldo, einem kleinen baskischen Dorf in Viscaya. Wie für die billigen dörflichen Speisegaststätten in den dreißiger Jahren üblich, bot die Taverne in Arakaldo den armen Dörflern alle klassischen Salzkabeljaugerichte. Der Sohn der Wirtin half ihr und erlernte das Speisenrepertoire. Heute wird er oft als *el rey de bacalao* (der König des gesalzenen Kabeljaus) bezeichnet. Sein berühmtes Restaurant in der Hauptgeschäftsstraße von Bilbao, Restaurante Guria, gilt als *der* Ort für die drei klassischen Gerichte, die seine Mutter ihm beibrachte.

»Ulkig, damals war es ein Armeleuteessen. Jetzt sind es

die prestigebefrachtetsten Gerichte, die ich zubereite«, sagt Pildain.

Er stellt zwar das folgende Rezept zur Verfügung, weist aber darauf hin, daß er ein Jahr braucht, um einem neuen Koch die Zubereitung der Salzkabeljaugerichte beizubringen.

In einem spanischen Buch aus dem Jahre 1888 findet man die Behauptung, *Paella* und *bacalao a la Vizcaína* seien die in der übrigen Welt bekanntesten spanischen Gerichte. Das gilt auch heute, mehr als hundert Jahre später, noch. Nur daß *bacalao al la Vizcaína* woanders praktisch gar nicht nachzukochen ist. Die Soße baut auf einer rundlichen, kleinen grünen Paprika auf, *choricero* genannt, die knapp acht Zentimeter lang wird, sich dann rötet und getrocknet wird. Bis vor kurzem wuchs *choricero* nur in der Provinz Viscaya; auch heute noch ist sie ausschließlich in Nordspanien heimisch.

In den spanischsprechenden Gebieten der Karibik, wo Kubaner und Puertoricaner dieses Gericht als Bestandteil ihrer eigenen Nationalküche betrachten, hat es mit dem Original nicht einmal entfernte Ähnlichkeit. Nicht nur gibt es hier die Paprika nicht, der gesalzene Kabeljau der Westindischen Inseln ist auch so minderwertig, daß er nur zerkleinert und als Eintopf zubereitet werden kann, gewöhnlich mit Tomaten und Kartoffeln.

Für 6 Personen.

12 Stücke gesalzener Kabeljau à 200 Gramm
l Liter Vizcaína-Soße
4 Knoblauchzehen
1 Liter Olivenöl

Man weicht den gesalzenen Kabeljau zwischen 36 und 44 Stunden lang ein. Man kostet den Fisch, um zu

sehen, ob er vollständig entsalzen ist. Sobald das der Fall ist, nimmt man ihn aus dem Wasser und läßt ihn abtropfen. Man schuppt ihn gut und entfernt die Gräten.
Man stellt eine Schmorpfanne mit Öl und in Scheiben geschnittenem Knoblauch aufs Feuer und nimmt den Knoblauch heraus, wenn er goldbraun gebraten ist. Man legt den Kabeljau mit der Hautseite nach oben in die Schmorpfanne und dünstet ihn ungefähr 5 Minuten lang. Sobald er durch ist, nimmt man den Kabeljau vom Feuer und gießt die Vizcaína-Soße darüber.

Zutaten für einen Liter Vizcaína-Soße:

1 Kilo rote und weiße Zwiebeln
10 fleischige choricero-Paprika
75 Gramm Schinken
2 Sträußchen Petersilie
1/2 Liter Olivenöl
1 Liter Fleischbrühe
30 Gramm Butter
3 Knoblauchzehen
gemahlener weißer Pfeffer
Salz

Man stellt das Öl mit dem Knoblauch in einem Aluminiumtopf aufs Feuer. Sobald der Knoblauch eine Goldfärbung angenommen hat, fügt man die gehackten Zwiebeln, den Schinken und die Petersilie hinzu, läßt das Ganze 5 Minuten lang stark und weitere 30 Minuten lang schwach kochen, wobei man mit einer Schaumkelle umrührt, damit nichts anbrennt. Man schneidet die choricero-Paprika auf und setzt sie, nachdem man die Samen entfernt hat, in lauwarmem

Wasser aufs Feuer. Wenn es zu kochen beginnt, gibt man ein bißchen kaltes Wasser dazu, um den Kochvorgang zu bremsen. Das wiederholt man viermal. Man läßt die Paprika gut abtropfen und gibt sie in die bereits vorbereitete Mischung. Man kocht das Ganze 5 Minuten lang auf kleiner Flamme, schöpft das Öl und die Petersilie ab, fügt die Fleischbrühe, den weißen Pfeffer und Salz hinzu und läßt es weitere 15 Minuten kochen. Wenn es gut durch ist, gibt man es in einen Mixer und passiert es dann zweimal durch ein Sieb. Man stellt es noch einmal für 5 Minuten aufs Feuer, arbeitet die Butter ein und schmeckt mit Salz und Pfeffer ab, um der Sache den letzten Schliff zu geben.

Jenaro Pildain,
Restaurante Guria, Bilbao, 1996

WIE MAN DEN LETZTEN GROSSEN KABELJAU ZUBEREITET

»Worauf man bei der Auswahl eines frischen Kabeljaus achten muß: ›Der Kopf sollte groß sein, der Schwanz klein, die Schultern dick, die Leber sahnig weiß und die Haut rein und silbrig schimmernd mit bronzefarbenem Glanz.‹«

Britische Admiralität, *Manual of Naval Cookery,* 1921

Nur Menschen, die am Nordatlantik gelebt haben, wissen, was frischer Kabeljau bedeutet. Nicht einmal mit frischem tiefgefrorenem Kabeljau hat er, außer vielleicht in der Farbe, Ähnlichkeit. Frischer Kabeljau zerfällt ärgerlicherweise beim Kochen; das ist der Grund, warum Sam Lees Kunde in New Orleans die Sendung nicht mochte. Wenn er nicht in Flocken zerfällt, ist der Kabeljau auch nicht frisch. Dem Pariser Küchenchef Alain Senderens zufolge ist frischer Kabeljau »weiß, zart, elastisch. Langes Kochen verträgt er nicht. Kocht man ihn behutsam, flockt er und sondert eine milchige Kochflüssigkeit ab.«

Alle, die frischen Kabeljau kennen – von den großen Feinschmeckerlokalen Frankreichs über die Fish-and-Chips-Läden des britischen Arbeitermilieus bis zum Hafenviertel im neufundländischen St. John's –, stimmen in drei Punkten überein: Der Fisch muß rasch und behutsam gegart werden, er verlangt nach einer unkomplizierten Zubereitung, und vor allem muß es sich um ein dickes Stück handeln. Nur ein dickes Stück läßt sich angemessen kochen. Der berühmte Paul Bocuse aus der Gegend von Lyon beginnt ein einfaches

Rezept für frischen Kabeljau nebst Kartoffeln und Zwiebeln mit der Anweisung: »Man nehme ein Kabeljaustück von etwa 30 Zentimetern Länge, das aus der Mitte des Fisches stammt.« In seinem Mittelteil ist der Fisch am dicksten. Bocuse spricht vom erlesenen Kernstück eines Kabeljaus von einem Meter Länge; jeder, der frischen Kabeljau kennt, kann sich nichts Besseres vorstellen. Aber es wird immer schwerer, solch ein Stück zu bekommen.

Folgende Tips für die Auswahl eines guten Kabeljaus findet man bei Alexandre Dumas: »Man sucht einen schönen gefleckten Kabeljau aus, der von Ostende oder aus dem Englischen Kanal kommt ... die besten sind weißhäutig mit gelben Flecken.« Er hat auch das folgende Rezept zu bieten:

Panierter Kabeljau

Man zerschneidet den Kabeljau in fünf oder sechs Stücke, die man mit Salz, Pfeffer, Petersilie, Schalotten, Knoblauch, Thymian, Lorbeerblatt, grünen Zwiebeln, Basilikum, alles kleingehackt, dem Saft zweier Zitronen und zerlassener Butter mariniert; man bestreicht die Stücke mit der Marinade, paniert sie und gart sie in einer Bratröhre.

Alexandre Dumas, *Le Grand Dictionnaire de cuisine*, 1873 (posthum)

Kabeljau-Vereine

Überall, wo Norweger leben, findet man Kabeljau-Klubs. In New York gibt es einen und in der Umgebung von Minneapolis-St. Paul vier. Die Klubs sind gewöhnlich ausschließlich Männersache. Laut Bjarne Grindem, dem früheren norwengischen Konsul in Minneapolis, nehmen drei der vier Klubs in der Zwillingsstadt nur Männer auf, während der vierte »liberaler« ist. Obwohl die Kabeljau-Klubs Wert auf ihre Exklusivität legen und Anwärter jahrelang auf ihre Aufnahme warten müssen, zählen sie jeweils bis zu zweihundert Mitglieder. Hundert oder mehr Männer kommen einmal im Monat zum Mittagessen zusammen, und stets besteht die Mahlzeit aus gekochtem Kabeljau mit Butterkartoffeln; dazu werden Aquavit und ein flaches Brot gereicht, das *kavli* heißt. »Ob sie zusammenkommen, um zusammenzukommen, oder ob sie zusammenkommen, um Kabeljau zu essen, ist eine andere Frage, aber immer ist es der Kabeljau, um den sie sich versammeln«, sagt Grindem. Der älteste, exklusivste Klub der Zwillingsstadt ist der Norwegische Kabeljau-Klub, der im Interlochen-Landklub in Edina zusammenkommt. Während die Mitglieder sich lang und breit darüber auslassen, wie ein Kabeljau gekocht werden muß und daß man das Wasser nie wirklich sprudelnd kochen lassen darf, ist das Küchenpersonal weniger etepetete: »Man löst Salz in Wasser auf und bringt das Wasser zum Kochen, gibt den Fisch hinein, deckt den Topf zu und läßt eine halbe Stunde lang kochen. Es ist ein guter dicker Fisch, etwa ein Pfund pro Person.«

Der Letzte der Nordrasse

Stella's Restaurant ist ein gemütliches kleines Restaurant im Hafenviertel von St. John's. Wundersamerweise konnte das Restaurant eines Tages von der Fischereiwacht genug große, dicke Kabeljaufilets kaufen, um für einen Abend das alte Standardgericht auf die Speisekarte zu setzen – bloß zum Trotz, um die Neufundländer daran zu erinnern, was ihnen verlorengegangen war. In Stella's Restaurant lehnt man die neufundländische Tradition ab und weigert sich, Schweinespeck zu verwenden – verständlicherweise, wenn man bedenkt, wie ungesund er ist.

Gebratener Kabeljau

4 frische Kabeljaufilets
2 Eier, verquirlt mit 1/4 Tasse Milch
1 Tasse Mehl vermischt mit 1 Teelöffel Paprika, 1/4 Teelöffel schwarzem Pfeffer, 1 Teelöffel Petersilie

Man tunkt den Fisch in das verquirlte Ei und wälzt ihn dann in der Mehlmischung. Anschließend brät man ihn in pflanzlichem Öl, das man stark erhitzt hat; sobald der Fisch in der Pfanne ist, dreht man die Flamme herunter.

Mary Thornhill,
Stella's Restaurant, St. John's,
1996

Bibliographie

Allgemeine Geschichte

Auden, W. H., und Louis MacNeice. *Letters from Iceland*. London: Faber and Faber, 1967.

Babson, John J. *History of the Town of Gloucester, Cape Ann*. Introduction by Joseph E. Garland. Gloucester: Peter Smith, 1972.

Boorstin, Daniel J. *The Americans*. 3 vols. Vol. 1, *The Colonial Experience*. Vol. 2, *The National Experience*. Vol. 3, *The Democratic Experience*. New York: Random House, 1958, 1965, 1973.

Davant, Jean-Louis. *Histoire du Peuple Basque*. Bayonne: Elkor, 1996.

Draper, Theodore. *A Struggle for Power: The American Revolution*. New York: Times, 1996.

Fabre-Vessas, Claudine. *The Singular Beast: Jews, Christians and the Pig*, trans. Carol Volk. New York: Columbia University Press, 1997.

Felt, Joseph B. *Annals of Salem*. Vol. 1 Boston: W. und S. B. Ives, 1945.

Huxley, Thomas Henry. *Man's Place in Nature and Other Essays*. London: J. M. Dent and Sons, 1906.

Lukas, J. Anthony. *Common Ground: A Turbulent Decade in the Lives of Three American Families*. New York: Knopf, 1985.

Massachusetts House of Representatives, compiled by a committee of the House. *A History of the Emblem of the Codfish in the Hall of the House of Representatives*. Boston: Wright and Potter Printing, 1895.

Miller, William Lee. Arguing About Slavery: *The Great Battle in the United States Congress*. New York, Knopf, 1995.

Morison, Samuel Eliot. *The Great Explorers: The European Dis-*

covery of America. New York: Oxford University Press, 1978.
Nugent, Maria. *Lady Nugent's Journal: Jamaica One Hundred and Thirty Years Ago.* Edited by Frank Cundall. London: West India Committee, 1934.
Perley, Sidney. *The History of Salem Massachusetts.* Salem: published by the author, 1924.
Smith, Adam. *An Inquiry into the Nature and Causes of the Wealth of Nations.* Edited by Edwin Cannon. New York: Modern Library, 1937. First published in 1776. Dt. Übers.: *Der Wohlstand der Nationen.* Eine Untersuchung seiner Natur und seiner Ursachen, München: dtv 1996.
Thoreau, Henry David. *Cape Cod.* New York: Penguin, 1987. First published in 1865.

Fische und Fischerei

Binkley, Marian. *Voices from Off Shore: Narratives of Risk and Danger in the Nova Scotian Deep-Sea Fishery.* St. John's: Iser, 1994.
Blades, Kent. *Net Destruction: The Death of Atlantic Canada's Fisheries.* Halifax: Nimbus, 1995.
Butler, James Dave. »Codfish; Its Place in American History.« Transactions of the Wisconsin Academy of Science, Arts, and Letters, vol. 11, 1897.
Chantraine, Pol. *The Last Cod Fish: Life and Death of the Newfoundland Way of Life.* Toronto: Robert Davies, 1994.
Clement, Wallace. *The Struggle to Organize: Resistance in Canada's Fishery.* Toronto: McClelland and Stewart, 1986.
Collins, Captain J. W. *Howard Blackburn's Fearful Experience of a Gloucester Halibut Fisherman, Astray in a Dory in a Gale off the Newfoundland Coast in Midwinter.* Gloucester: Ten Pound Island, 1987.
Convenant, René. *Galériens des Brumes: Sur les voiliers Terreneuvas.* St.-Malo: L'Ancre de Marine, 1988.
Doel, Priscilla. *Port O'Call: Memories of the Portuguese White Fleet in St. John's, Newfoundland.* St. John's: Iser, 1992.
Earle, Liz. *Codd Liver Oil.* London: Boxtree, 1995.
Garland, Joseph E. *Gloucester on the Wind: America's Greatest Fishing Port in the Days of Sail.* Dover, N. H.: Arcadia, 1995.

Grzimeks *Tierleben. Enzyklopädie des Tierreiches.* Bd. 4: Fische. Zürich: Kindler, 1970.

Homans, J. Smith, und J. Smith Homans. Jr., ed. *Cyclopedia of Commerce and Commercial Navigation.* New York: Harper and Brothers, 1858.

Innis, Harold A. *The Cod Fisheries: The History of an International Economy.* New Haven: Yale University Press, 1940.

Jentoft, Svein. *Dangling Lines: The Fisheries Crisis and the Future of Coastal Communities: The Norwegian Experience.* St. John's: Iser, 1993.

Joncas, L. Z. *The Fisheries of Canada.* Ottawa: Office of the Ministry of Agriculture, 1885.

Jónsson, J. »Fisheries off Iceland, 1600–1900.« Ices Marine Science Symposium, 198 (1994): 3–16.

Kipling, Rudyard. *Captains Courageous.* Pleasentville, N.Y.: Reader's Digest, 1994.

Martin, Cabot. *No Fish and Our Lives: Some Survival Notes for Newfoundland.* St. John's: Creative Publishers, 1992.

McCloskey, William. *Fish Decks: Seafarers of the North Atlantic.* Nev York: Paragon, 1990.

Melville, Herman. *Moby Dick or The Whale.* New York: Random House, 1930. First published in 1851. Dt. Übers.: *Moby Dick.* Hamburg: Claassen 1955.

Ministry of Agriculture and Fisheries. *Fishery Investigations,* series 2, vol. 7, no. 7. London, 1923.

Montgomery, Doris. The Gaspé Coast in Focus. New York: E. P. Dutton, 1940

Parsons, Gillian A. *The Influence of Thomas Henry Huxley on the Nineteenth-Century English Sea Fisheries.* Lancaster. University of Lancaster, 1994.

– »Property, Profit, Politics, and Pollution: Conflicts in Estuarine Fisheries Management, 1800–1915.« Doctoral dissertation, University of Lancaster, 1996.

Pierce, Wesley George. *Coin' Fishin': The Story of the Deep-Sea Fishermen of New England.* Salem: Maine Reseach Society, 1934.

Ryan, Shannon. *Fish out of Water: The Newfoundland Saltfish Trade, 1814–1914.* St. John's: Breakwater, 1986.

Storey, Norman. *What Price Cod? A Tugmaster's View of the Cod Wars.* North Humberside: Hutton Press, 1992.

Taggart, C. T.; J. Anderson; C. Bishop; E. Colbourne; J. Hutchings; G. Lilly; J. Morgan; E. Murphy; R. Myers; G. Rose; and P. Shelton. »Overview of Cod Stocks, Biology, and Environment in the Northwest Altantic Region of Newfoundland, with Emphasis on Northern Cod.« *ICES Marine Science Symposium* 198 (1994): 140–57.
Thór, Jón Th. *British Trawlers and Iceland, 1919–1976.* Göteborg, Schweden: University of Goteborg, 1995.
Yvon, R. P. *Avec les pecheurs de Terre-Neuve et du Groenland.* St.-Malo: l'Ancre de Marine, 1993.

Geschichte des Essens und Ethnologisches

Allen, Brigid. *Food: An Oxford Anthology.* Oxford: Oxford University, 1994.
Artusi, Pellegrino. *The Art of Eating Well.* Translated by Kyle M. Phillips III. New York: Random House, 1996.
Brereton, Georgina E., und Janet M. Ferrier, ed. *Le Mesnagier de Paris.* Paris: Le Livre de Poche, 1994.
Brillat-Savarin, Jean Anthelme. *Physiologie du goût.* Paris: Flammarion, 1982. First published in 1825. Dt. Übers.: *Physiologie des Geschmacks oder Physiologische Anleitung zum Studium der Tafelgenüsse.* Braunschweig: Vieweg 1878.
Capel, José Carlos. *Manual del pescado.* San Sebastián: R and B, 1995.
Collins, John. *Salt and Fishery, Discourse Thereof.* London, 1682.
Couderc, Philippe. *Les Plats qui ont fait La France: De l'andouillette au vol-au-vent.* Paris: Julliard, 1995.
Davidson, Alan. *North Atlantic Seafood.* London: Macmillan, 1979.
De Andrade, Margarette. *Brazilian Cookery: Traditional and Modern.* Rio de Janeiro: A Casa do Livro Eldorado, 1985.
de la Falaise, Maxime. *Seven Centuries of English Cooking: A Collection of Recipes.* Edited by Arabella Boxer. New York: Grove Press, 1973.
Dumas, Alexandre. *Le Grand Dictionnaire de cuisine.* Vol. 3, *Poissons.* Payré: Édit-France, 1995. First published in 1873.
Hieatt, Constance B., ed. *An Ordinance of Pottage: An Edition*

of the Fifteenth Century Culinary Recipes in Yale University's Ms Beinecke 163. London: Prospect, 1988.
Hope, Annette. *A Caledonian Feast.* London: Grafton, 1989.
McClane, A. J. *The Encyclopedia of Fish Cookery.* New York: Henry Holt, 1977.
McGee, Harold. *On Food and Cooking: The Science and Lore of the Kitchen.* New York: Scribner's, 1984.
Montagne, Prosper. *Larousse gastronomique.* Paris: Larousse, 1938.
Oliver, Sandra L. Saltwater. *Foodways: New Englanders and Their Food, at Sea and Ashore, in the Nineteenth Century.* Mystic, Conn.: Mystic Seaport Museum, 1995.
Otaegui, Carmen. El Bacalao: *Joya de nuestra cocina.* Bilbao: BBK, 1993.
Pizer, Vernon. *Eat the Grapes Downward: An Uninhibited Romp through the Surprising World of Food.* New York: Dodd, Mead, 1983.
Riley, Gillian. *Renaissance Recipes.* London: New England Editions, 1993.
Root, Waverley. *Food.* New York: Simon and Schuster, 1980.
Root, Waverley, and Richard de Rochemont. *Eating in America: A History.* New York: William Morrow, 1976.
Scully, Terence, ed. *The Viandier of Taillevent.* Ottawa: University of Ottawa Press, 1988.
Sloat, Caroline, ed. *Old Sturbridge Village Cookbook.* Old Saybrook, Conn.: Globe Pequot Press, 1984.
Tannahill, Reay. *Food in History.* New York: Stein and Day, 1973, Dt. Übers.: *Kulturgeschichte des Essens.* Wien/Berlin: Neff, 1975.
Thorne, John, with Matt Lewis Thorne. *Serious Pig: An American Cook in Search of His Roots.* New York: North Point Press, 1996.
Toussaint-Samat, Maguelonne. *History of Food.* Translated by Anthea Bell. Oxford: Blackwell, 1992.
Trager, James. *The Food Chronology: A Food Lover's Compendium of Events and Anecdotes, from Prehistoy to the Present.* New York: Henry Holt, 1995.
Visser, Margaret. *Much Depends on Dinner: The Extraordinary History and Mythology, Allure and Obsessions, Perils and Taboos of an Ordinary Meal.* New York: Macmillan, 1986.

Wilson, C. Anne. *Food and Drink in Britain: From the Stone Age to the 19th Century.* Chicago: Academy Publishers, 1991.

Dank

Dieses Buch hat vielen Menschen rund um den Atlantik viel zu verdanken, besonders aber: José Juan Castillo in San Sebastián, Hallfredur Örn Eiríksson am Arni-Magnússon-Institut in Reykjavík, Lillian Gonzalez in New York, Einar Gustavsson vom Scandinavian Tourist Board in New York, Jørgen Leth in Port-au-Prince, Louis Menashe in New York, David S. Miller in Kopenhagen, Rosita Marrero in San Juan, Gillian Parsons an der University of Lancaster, Christine Toomey in London, John Walton an der University of Lancaster und Monique Zerdoun in Paris. Besonders verpflichtet fühle ich mich Lisa Klausner.

Großen Dank schulde ich auch Denise Martin und Linda Perney dafür, daß sie mir so viel von ihrer Zeit und ihren bemerkenswerten Fähigkeiten zur Verfügung gestellt und mir mit wertvollem Rat zur Seite gestanden haben. Für all ihre Unterstützung und Beratung danken möchte ich auch Charlotte Sheedy. Unglaubliches Glück habe ich bei diesem Buch mit Lektor und Verlag gehabt. Tiefempfundenen Dank schulde ich Nancy Miller für ihre Freundschaft, ihr Vertrauen, ihre Begeisterung und ihre kompetente Arbeit sowie George Gibson, der ein Verleger ist, wie man sich ihn erträumt.

Register